湖北省烟草科学研究院
中国烟草白肋烟试验站

湖 北 烟 草
种质资源图鉴

主编 ◎ 曹景林　程君奇

华中科技大学出版社
http://www.hustp.com
中国·武汉

内 容 简 介

　　《湖北烟草种质资源图鉴》系统地总结了湖北省烟草科学研究院多年来对湖北烟草种质资源的研究工作。全书共编入烟草种质资源 352 份，以文字和株型、叶形图片对各品种逐一介绍，共有彩色图片 704 幅，以便识别品种特征。全书分为烤烟种质资源、晾烟种质资源和晒烟种质资源 3 个部分。其中，烤烟种质资源包括国内烤烟种质资源 67 份和国外烤烟种质资源 29 份；晾烟种质资源包括国内白肋烟种质资源 20 份、国外白肋烟种质资源 71 份、马里兰烟种质资源 4 份和雪茄烟种质资源 3 份；晒烟种质资源包括湖北晒烟种质资源 113 份、省外晒烟种质资源 42 份和黄花烟种质资源 3 份。本书文字简洁，内容丰富，资料翔实，图文并茂，可供烟草育种、种质资源研究、分子生物技术和功能基因组科研人员和农业科研、生产技术人员阅读参考。

图书在版编目（CIP）数据

湖北烟草种质资源图鉴 / 曹景林，程君奇主编 . —武汉：华中科技大学出版社，2022.4
ISBN 978-7-5680-8189-4

Ⅰ . ①湖…　Ⅱ . ①曹…②程…　Ⅲ . ①烟草—种质资源—湖北—图集　Ⅳ . ① S572.024-64

中国版本图书馆 CIP 数据核字 (2022) 第 065892 号

湖北烟草种质资源图鉴
Hubei Yancao Zhongzhi Ziyuan Tujian
　　　　　　　　　　　　　　　　　　　　　　　　　　曹景林　　程君奇　　主编

策划编辑：曾　光
责任编辑：白　慧
封面设计：孢　子
责任监印：朱　玢
出版发行：华中科技大学出版社（中国·武汉）　　　电话：（027）81321913
　　　　　武汉市东湖新技术开发区华工科技园　　　邮编：430223
录　　排：武汉创易图文工作室
印　　刷：湖北恒泰印务有限公司
开　　本：880 mm×1230 mm　1/16
印　　张：19.5
字　　数：508 千字
版　　次：2022 年 4 月第 1 版第 1 次印刷
定　　价：180.00 元

编委会名单

主 任 委 员　杨春雷

副主任委员　李进平　吴自友

委　　　员　（以姓氏笔画为序）

　　　　　　吕培军　李亚培　李进平　杨春雷　吴成林　吴自友　张俊杰
　　　　　　袁跃斌　郭　利　黄　凯　曹景林　程君奇　蔡长春　霍　光

主　　　编　曹景林　程君奇

副 主 编　吴成林　李亚培　张俊杰

编 写 人 员　（以姓氏笔画为序）

　　　　　　吕培军　李亚培　吴成林　张俊杰　袁跃斌　郭　利　黄　凯
　　　　　　曹景林　程君奇　霍　光

摄　　　影　李亚培　吕培军　周永碧　侯延勋　徐世国　谢永鹏　程君奇
　　　　　　蔡长春

审　　　校　李亚培　吴成林　曹景林　程君奇

编写说明

　　一、本书由湖北省烟草科学研究院烟草育种工程研究中心的科研人员根据自身长期从事湖北省烟草品种资源研究所取得的成果，经过多年的田间鉴定，拍摄各种质特性照片，并对相关记载资料加工整理编写而成。

　　二、该书编入的是湖北省烟草科学研究院多年来从国内外及湖北省各地区搜集、鉴定、整理并保存的烟草品种资源。本书图文并茂，系统地介绍了每份种质资源的特征特性、抗病性等。

　　三、全书按烤烟种质资源、晾烟种质资源和晒烟种质资源 3 个部分进行编写，种质资源名称按汉语拼音字母、英文字母顺序排列。

　　四、全书共编入烟草品种资源 352 份，其中，国内烤烟种质资源 67 份、国外烤烟种质资源 29 份、国内白肋烟种质资源 20 份、国外白肋烟种质资源 71 份、马里兰烟种质资源 4 份、雪茄烟种质资源 3 份、湖北晒烟种质资源 113 份、省外晒烟种质资源 42 份、黄花烟种质资源 3 份。每份种质资源除文字材料外，均配有典型株型和下中上部位叶形照片。

　　五、书中各种质资源材料特征特性的描述及相关数据是作者在湖北省利川市、恩施市和丹江口市等种植区多年田间鉴定的结果。书中编入的数据均为田间观察资料的平均值。

　　六、在没有特别说明的情况下，株高代表第一青果期测定的植株自然高度，叶数是指着生总叶数，叶形按叶片的长宽比例统一描述。

　　七、书中编入的烟草种质资源已全部由湖北省烟草科学研究院繁殖种子并妥善保存。

前　言

　　作物的种质资源是在漫长的历史过程中，经自然演化和人工选择而形成的一种重要的自然资源，它积累了由自然和人工引起的极其丰富的遗传变异信息，即蕴藏着各种性状的遗传基因，是培育作物优质、高产、抗病（虫）、抗逆新品种的物质基础，也是进行生物学研究的重要材料，更是我国农业得以持续发展的重要基础，因而是极其宝贵的自然财富。在生物技术迅猛发展的今天，一国的基因资源已成为他国所觊觎、本国所倚重的战略资源。"一个基因造就一个产业"，谁掌握了基因，谁就掌握了生物技术的制高点，就掌握了未来发展的主动权。

　　烟草是我国重要的经济作物之一，对发展国民经济有着十分重要的意义。烟叶是烟草行业发展的基础，而品种又是烟叶生产的基础。烟草种质资源是生物资源的一部分，是烟草遗传育种工作的物质基础，也是现代生物工程不可缺少的材料。大量的事实证明，烟草育种成效的大小，很大程度上取决于所掌握的种质资源的数量，以及对其特征特性和遗传规律的研究深度。烟草育种工作的突破性进展，往往来源于具有关键性基因的种质资源的发现和利用。比如，1920 年前后，美国发现和利用了中抗黑胫病资源大古巴(Big Cuba)和小古巴(Little Cuba)，从而育成了高抗黑胫病的品种Florida 301，继而利用 Florida 301 作为亲本，直接或间接地选育出 DB101、Oxford 1、Oxford 4 等一系列抗黑胫病品种，中国又利用 DB101 等品种直接或间接地选育出许多抗病品种。再如，20 世纪 30 年代发现野生种 *N. glutinosa* 具有较高的抗烟草普通花叶病特性，并成功地将其抗病基因转移到栽培烟草中之后，抗普通花叶病的烟草育种工作发生了历史性的转变。但是，现有的烟草种质资源材料都不可能具有与当前生产要求完全相适应的综合遗传性状，而各种不同的资源材料分别具有某些或个别特殊的性状，有些可能香气充足，有些可能烟碱含量较高，有些可能对某种病害、虫害有较强的抗性或耐性。烟草育种工作者的任务就是利用育种手段把这些优良的性状集中在一起，育成符合人们要求的优良品种。因此，必须广泛地搜集种质资源，认真地加以研究鉴定，从中筛选出有用的种质并用于育种程序中。有些资源材料可能在一时一地没有什么利用价值，但它可能在另外的地区或在今后某一时期成为珍贵材料，所以对种质资源中的所有材料都要精心保存，以备以后研究利用。

　　种质资源的工作内容包括资源的广泛搜集、妥善保存、深入研究、积极创新和充分利用。其中，种质资源的搜集是资源工作的第一步。不断地、广泛地考察并搜集种质资源，或者通过交换种质资源等来丰富种质库，这是做好资源工作的基础。在 20 世纪 60 年代以前，湖北烟叶种植基本以晒烟为主。湖北省有关科研机构曾先后 3 次进行了域内烟草种质资源的考察和搜集工作。20 世纪 50 年代，湖北省农科院对当地的种质资源进行了第一次搜集和整理。后来，随着三峡水库和丹江口水库的修建，分布在这些地区的地方晒烟品种面临着大量消亡的危机。这些地方晒烟品种中蕴藏着丰富的基因资源，一旦它们从地球上消失，就很难用任何现代化的手段再创造出来。为了拯救和保护这些地方晒烟资源，湖北省烟叶公司和湖北省烟草科学研究院分别于 20 世纪 80 年代和 21 世纪初在湖北省的长江三峡地区、秦巴山区和神农架地区进行了拯救性搜集工作，挖掘了一批珍贵资源。2007 年以来，结合中国种质资源平台建设项目，又陆续引进了省外一些名晒烟资源。有些地方晒烟品种资源在湖北烟叶生产和烟草育种工作中发挥了重要作用。20 世纪 60 年代以来，湖北烟叶种植逐步呈现多样化态势，相继引进烤烟、白肋烟、马里兰烟、香料烟和雪茄烟品种，并进行试种和生产，这使得湖北成为全国烟叶生产中烟草类型最为齐全的省份。根据湖北烟叶生产发展的需要，湖北省分别于 1974 年、2006 年、1981 年、1982 年和 2019 年开始了白肋烟、烤烟、马里兰烟、香料烟和雪茄烟的育种工作，同时从国内外引进了一批相应类型烟草的品种资源。截至 2021 年，湖北省烟草科学研究院通过多种途径搜集烟草种质资源，共拥有烟草种质资源 689 份，包括烤烟 226 份、白肋烟 149 份、地方晒烟 264 份、马里兰烟 22 份、雪茄烟 4 份、香料烟 5 份、黄花烟 18 份、野生烟 1 份。

对搜集和保存的种质资源进行系统的特征特性鉴定，全面地了解和掌握现有的烟草种质资源，明确每份资源的利用价值，这是烟草育种工作中亲本选配的主要依据，也是进一步开展育种目标相关性状的遗传规律和遗传物质基础研究的前提，因而是种质资源工作的重点。2007 年以来，湖北省烟草科学研究院对搜集和保存的部分品种资源陆续进行了植物学性状、农艺性状、经济性状、品质性状和部分抗病性状的鉴定和评价，并建立了种质资源档案，以便为烟草种质资源的充分利用提供保证。

《湖北烟草种质资源图鉴》是在湖北省烟草科学研究院多年来对烟草种质资源的搜集、整理和研究的基础上编撰而成的。从 2014 年开始进行初编工作到最后定稿，经历了 7 年时间，其间进行了资料的汇总、补缺和完善，照片的拍摄和补拍以及文字材料的多次修改，凝结了湖北省烟草科学研究院全体育种工作者的心血，是长期烟草种质资源研究工作的结晶。本书按烤烟种质资源、晾烟种质资源和晒烟种质资源 3 个部分进行编写。全书共编入烟草种质资源 352 份，其中，国内烤烟种质资源 67 份、国外烤烟种质资源 29 份、国内白肋烟种质资源 20 份、国外白肋烟种质资源 71 份、马里兰烟种质资源 4 份、雪茄烟种质资源 3 份、湖北晒烟种质资源 113 份、省外晒烟种质资源 42 份、黄花烟种质资源 3 份。本书所介绍的烟草种质资源的主要特征特性是根据相关记载资料整理而成的。株高是第一青果期测定的植株自然高度，叶数是着生总叶数，叶形按叶片的长宽比例统一描述。每份种质资源除文字材料外，均配有典型株型和下中上部位叶形图片。全书共插入各类种质资源典型株型和下中上部位叶形图片共计 704 幅。本书内容丰富，资料翔实，图文并茂，科学性、实用性较强。因此，本书的出版将有利于烟草种质资源的创新利用，能充分挖掘其潜在的社会经济效应，并促进烟草种质资源研究的发展。

曹景林和程君奇主持全书的编写工作，拟定编写大纲，经《湖北烟草种质资源图鉴》编写委员会审阅通过。湖北省烟草科学研究院曹景林和程君奇同志负责资料的整理、汇总，书稿的编写及修改工作，湖北省烟草科学研究院吴成林、李亚培和张俊杰，以及湖北省烟草公司十堰市公司吕培军和黄凯、恩施州公司霍光、襄阳市公司郭利、宜昌市公司袁跃斌等同志参与了部分资料的整理和编写工作。书中各晾、晒烟资源图片由程君奇、周永碧、徐世国、吕培军、蔡长春等同志共同拍摄，烤烟资源图片由李亚培、徐世国、谢永鹏、侯延勋等同志共同拍摄。书稿完成后，编写委员会全体成员负责审定，曹景林和程君奇同志负责统稿工作。

在本书烟草种质资源的分类整理、保存、田间鉴定评价、照片拍摄，以及文字材料的编写、修改和完善过程中，项目组科技人员付出了辛勤的汗水。本书在编审过程中，得到了湖北省烟草专卖局（公司）科技处李金海处长和李青诚副处长，湖北省烟草科学研究院杨春雷院长、李进平院长、王昌军副院长、吴自友副院长，以及湖北省烟草公司十堰市公司、恩施州公司、襄阳市公司和宜昌市公司领导的悉心指导。在此，我们对为本书出版而做出贡献的所有领导、专家、同事和朋友们表示衷心的感谢和崇高的敬意！

烟草种质资源的特征特性受海拔、气候、土壤等自然环境条件和施肥、密度、移栽期等栽培条件的影响，其表现不尽一致，品种资源的观察记载结果仅供参考。由于编者水平有限，时间仓促，编排不够完善，书中难免有错误和遗漏之处，恳请读者批评指正。

编　者

2021 年 10 月

Q 目录

概　　述

一、烟草的起源、传播与类型

1. 烟草的起源与传播

烟草（*Nicotiana tabacum*）在植物分类学上属于双子叶植物纲（Dicotyledoneae）管花目（Tubiflorae）茄科（Solanaceae）烟草属（*Nicotiana*）。烟草属大多数是草本植物，少数是灌木或乔木状，多数为一年生的，也有多年生的，主茎高度从十余厘米到数百厘米，单叶互生，有的品种有叶柄，有的品种无叶柄，叶形主要有椭圆、卵圆、披针、心形几种。烟草种间植株差异较大，但大多都能产生一种特有的植物碱，即烟碱。1561 年，法国驻葡萄牙大使 Jean Nicot 将烟草种子带回法国，精心栽培在自己的花园，人们为了纪念 Jean Nicot，将烟碱称为 Nicotine。1753 年，植物学家 Corolus Linnaeus 把烟草属的学名定为 *Nicotiana*。一般将烟草属分为 3 个亚属，即普通烟草亚属（*N. Tabacum*）、黄花烟草亚属（*N. Rustica*）和碧冬烟草亚属（*N. Petunioides*）。目前已发现烟草属有 76 个种，但栽培烟草只有普通烟草（*Nicotiana tabacum* L.）和黄花烟草（*Nicotiana rustica* L.）两个种，其他为野生种。普通烟草又叫红花烟草，是一年生或二、三年生草本植物，一般适宜种植在较温暖地区；黄花烟草是一年生或两年生草本植物，耐寒能力较强，适宜在低温地区种植。国内外栽培的烟草主要是普通烟草种，仅有零星地区栽培黄花烟草种。

有关烟草资源的考察证明，烟草起源于美洲、大洋洲及南太平洋的某些岛屿，其中普通烟草种和黄花烟草种都起源于南美洲的安第斯山脉。野生烟中有 45 个种分布在北美洲（8 个种）和南美洲（37 个种），15 个种分布在大洋洲，20 世纪 60 年代，又在非洲西南部发现了 1 个新的野生种 *N. africana*。之后半个多世纪的时间，一些研究者相继发现许多新种，其中 8 个烟草自然种得到普遍认可：*N. burbidgeae*、*N. wuttkei*、*N.beterantha*、*N. truncata*、*N. mutabilis*、*N. azambujae*、*N. paa*、*N. cutleri*。从烟草属植物的分布上看，原产于南美洲的烟草属品种最多，既有黄花烟草种、普通烟草种，又有碧冬烟草种，而原产于北美洲、澳大利亚和非洲的都属于碧冬烟草亚属；从烟草属植物的分类上看，南美洲的烟草属植物分为 3 个亚属，类型最丰富。因此，烟草起源于南美洲的学说最为研究者所认同。

考古学证据表明，早在 3500 年前，南美洲土著居民就已经有了种植和吸食烟草的行为。当地居民最初使用烟草是因为烟草具有解乏提神、镇静止痛和防虫蛇咬伤的重要作用。1492 年哥伦布发现美洲新大陆之后，烟草作为一种"药草"而被传入欧洲，因其神奇的疗效和作用，迅速受到上流社会青睐，被视为治疗百病的灵丹妙药。而烟草作为一种嗜好品，其本身具有兴奋和麻醉作用，会让人形成一种强烈的依赖性。因此，航海去美洲的水手将烟草种子带回欧洲后，不到百年的时间，吸食烟草便风靡全球，成为人们的一种消遣、娱乐活动。目前，烟草在世界上分布很广，从北纬 60° 到南纬 45°，从低于海平面的盆地到海拔 2500 m 的高原和山地都有烟草分布。烟草传入中国大约是在 16 世纪中叶，最开始传入的是晒晾烟，距今已有 400 多年的种植历史，接着传入的是黄花烟，距今有 200 多年的历史。其他类型烟草传入中国的时间较晚，烤烟于 20 世纪初引进，香料烟于 20 世纪 40 年代引进，白肋烟于 20 世纪 60 年代引进。之后，马里兰烟和雪茄烟等烟草类型也相继传入中国。烟草在传播的过程中，由于自然生态环境不同，其形态特征和生长特性也不断发生变异。在自然因素、品种特性、栽培技术、调制方法等多种因素的影响下，形成了多种多样的烟草种质资源，是科学研究和烟叶生产的重要宝贵资源。现在中国南起海南岛，北至黑龙江，东起黄海之滨，西至新疆伊犁，甚至在西藏海拔 3000 多米的高山上均有烟草种植，种植区域分布广泛，种类也丰富多样。

烟草作为一种特殊的消费品，催生了烟草种植业和烟草贸易的发展，现已成为一种高利润的经济作物。目前，烟草作为卷烟制品的主要原料，在世界上大约有 120 多个国家和地区种植，遍布亚洲、南美洲、北美洲、非洲及东欧的广大地区。近十几年来，世界烟叶生产总量基本保持稳定，据统计，目前全球烟草种植面积约 5000 万亩，烟叶总产量约 540 万吨。其中，中国的烟草种植面积和产量均居世界首位，烟草产量约占世界的 1/3 左右，是全球烟草生产和消费第一大国。当前，烟叶生产在中国国民经济中占有举足轻重的地位，尤其在边远山区的精准扶贫、容纳劳动力就业和新农村建设中，发挥着重要的作用。

2. 烟草的类型

烟草在长期栽培过程中，由于使用要求与调制方法、栽培措施和自然环境条件等方面的差异，形成了多种多样的类型。烟草按制品分类，可分为卷烟、雪茄烟、斗烟、水烟、鼻烟和嚼烟等；按调制方法分类，可分为烤烟、晾烟和晒烟三大类型。而根据烟叶品质特点和生物学性状的差异，每个类型又可分为若干小类型。

1）烤烟

烤烟是烟叶采收后放于烤房里，用火管加热烘干的烟叶，故又称火管烤烟。烤烟最初的调制方法是晾晒，于 1869 年起改用火管烘烤。烤烟是由美国弗吉尼亚人塔克（G. Tuck）于 1832 年发明的，因而又称为弗吉尼亚型烟。烤烟的主要特征是植株高大，叶片分布较疏而均匀；一般株高 120 ~ 150 cm，单株着生叶数 20 ~ 30 片，叶片厚薄适中，烤后烟叶呈金黄色，以植株中部烟叶质量最佳。其化学成分的特点是含糖量较高，蛋白质含量较低，烟碱含量中等。

烤烟目前是中国栽培面积最大的烟草类型，是卷烟工业的主要原料，也被用来做斗烟。中国烤烟种植面积和总产量都居世界第一位，产地主要集中在云南、贵州、四川、湖南、河南、福建、湖北、山东、安徽、广东、江西、陕西、黑龙江、辽宁、吉林等省。中国种植烤烟有一百多年的历史，在多种生态环境的驯化和人工选择及创造下，形成了丰富的烤烟种质资源，并从国外特别是美国引进了较多的烤烟品种和特异材料，这些资源对中国培育烤烟品种和发展烤烟生产具有十分重要的作用。

山西农业大学将药用植物与烤烟进行科、属间的远缘杂交，经过数十年的选择与培育，育成含有对人体有益的医药成分的、具有特殊香气的低焦油紫苏烟、罗勒烟、薄荷烟、人参烟、曼陀罗烟、黄芪烟等六大类药香型烤烟。这类烟草类型也是重要的烤烟资源。

2）晾烟

晾烟是指将烟叶逐叶采收，或者整株、半整株砍收后置于晾棚，利用自然温湿度完成颜色、内在化学成分、含水量的变化，以达到理想的要求。由于晾制时间较长，糖的氧化降解过程接近完成，因此烟叶晾制后糖碱比明显降低。晾烟一般分为浅色晾烟和深色晾烟两类，浅色晾烟包括白肋烟和马里兰烟，深色晾烟包括雪茄烟和地方性晾烟。中国晾烟主要是白肋烟，其次是马里兰烟和雪茄烟，地方性晾烟较少。

马里兰烟因原产于美国马里兰州而得名，其叶片大而薄，抗逆性强，适应性广，焦油和烟碱含量低，阴燃性好，填充力强。因此，将马里兰烟用于混合型卷烟中既可改善卷烟的阴燃性，又不会影响卷烟的香气和吃味，还能增加卷烟的透气度。世界上生产马里兰烟的国家主要是美国，集中在马里兰州。中国马里兰烟是从美国引进的，在湖北五峰有少量生产。

白肋烟是马里兰烟的一个突变种。1864 年，在美国俄亥俄州布朗县的一个农场的马里兰阔叶烟苗床里初次发现了缺绿的突变烟株，后经专门种植证明其具有特殊使用价值，因而发展成为烟草的一个新类型，其名字由原名 Burley 的音译兼意译而得。白肋烟的特点是茎秆和叶脉为乳白色，主脉较粗，叶片为黄绿色，叶绿素含量约为其他正常绿色烟的 1/3。白肋烟由于叶片成熟集中，适宜整株或半整株晾制，调制方法是挂在晾棚或晾房内晾干。晾制后的白肋烟，叶片大而薄，烟叶颜色多为浅红棕、浅红黄，叶片结构疏松，弹性强，填充力高，阴燃保火力强，并有良好的吸收能力，容易吸收卷制时的加料；烟叶中烟碱、总氮、蛋白质含量均较高，含糖量较低。白肋烟香气特殊，劲头大，具有调节香气和吃味的作用，是构成混合型卷烟独特风格不可缺少的原料。白肋烟目前在全世界广泛种植，主要分布在美洲、亚洲、欧洲、非洲，生产白肋烟的国家近 60 个。中国于 1956—1966 年先后在山东、河南、安徽等省试种，20 世纪 60—70 年代又先后在湖北、重庆等地试种。中国白肋烟种质资源主要为国外引进品种，有些种质在我国烟草育种上起了重要作用，如 MS Burley21 的不育性已转移到烤烟、晒烟和香料烟上，培育出一系列不育系和杂种一代并在生产上推广利用；Kentucky 56 对 TMV 的抗性，L-8 对黑胫病 0 号小种的抗性都被转移利用；L-8、TI1112 等载有的抗病抗虫基因也已得到了转移利用。

雪茄烟劲头大、香气浓郁、吃味浓，同时焦油与烟碱比值小，近年来国内外市场需求日益增长，产业前景广阔。目前世界上的优质雪茄生产地区包括古巴、巴西、多米尼加、美国、印度尼西亚等，世界上公认的高品质的雪茄大都产自古巴。中国目前保存的雪茄烟种质资源不多，主要来自美国和东欧，有些具有特殊的香味，如 Havana 10,Havana Ⅱ 等；有些是好的抗病种质，如抗黑胫病的 Florida 301，抗赤星病的 Beinhart 1000-1 等。这些资源正在中国的四川、湖北、云南、海南等省试种，但这些产地的烟叶尚无法替代国外优异雪茄烟叶原料，国内雪茄烟叶大部分用作茄芯，少部分用作茄衣，尚无规模化的高品质烟叶用作茄衣。因此，尚需要加大资源利用力度，选育出优异的茄衣、茄芯品种，以更快地推进中国雪茄烟工业的发展。

地方性晾烟是在特定的土壤、气候、品种和栽培条件下形成的带有地方特色的晾烟。这类烟调制后烟叶呈棕色，可作为卷烟、雪茄烟的原料。美国路易斯安那州的 Perique 烟属于此类，中国在广西武鸣、云南永胜有少量种植。

3）晒烟

晒烟即利用阳光调制烟叶，以晒为主、晾晒结合，将烟叶干燥。一般在调制初期避免烈日直晒，减缓干燥速度，以便让烟叶充分凋萎变黄，待烟叶内部化学成分完全转化后，再进行定色干燥，使所希望的颜色和内在品质固定下来。

因各地生态条件和栽培调制方法不同，形成了多种晒烟类型，按调制后的烟叶颜色，晒烟可分为晒红烟和晒黄烟两类。一般晒黄烟外观特征和所含化学成分与烤烟相近，晒红烟则与烤烟差别较大。

晒红烟一般叶片较少，叶肉较厚，分次采收或一次采收，晒制后多呈深褐色或褐色，上部叶片质量最好。烟叶一般含糖量较低，蛋白质和烟碱含量较高，烟味浓，劲头大。晒烟主要用于斗烟、水烟和卷烟，也可作为雪茄芯叶、束叶和鼻烟、嚼烟的原料。此外，有些晒烟还可以加工成杀虫剂。世界上生产晒烟的国家主要有中国和印度。中国晒烟资源极为丰富，绝大部分省份都有晒晾烟分布，大多数是国内地方品种。晒烟在我国有悠久的栽培历史，各地烟农不仅具有丰富的栽培经验，并且因地制宜地创造了许多独特的晒制方法，如四川的"什邡晒烟"、广东的"南雄晒烟"、广西的"大宁晒烟"、吉林的"关东烟"等，早已驰名中外。此外，一些晒晾烟品种还具有某些优异的特性和特点，如湖北黄冈的晒烟品种"千层塔""九月寒"，十堰的晒烟品种"毛把烟"等，晒后叶色黄亮，燃烧性好，香气浓，吃味好，深受国内卷烟工业的欢迎。广东廉江的晒烟品种"塘蓬"，是我国特有的烟草隐性遗传白粉病抗源（国外选育的抗病品种是显性遗传）。这些种质适应当地的环境条件，具有人们喜爱的香气和吃味，有的抗某些病害和虫害，在生产和育种上有重要的使用价值。

香料烟又称土耳其型烟或东方型烟，也属于晒烟的一个类型。其调制方法是先晾至凋萎变黄而后进行曝晒。这一类型烟草的特点是株型和叶片小，味芳香、吃味好，容易燃烧及填充力强。它是晒烟香型和混合型卷烟的重要原料，斗烟丝中也多掺用。香料烟的历史约始于发现美洲大陆后的一百年，主要产区在地中海东部沿海地带。中国香料烟主要集中在云南保山、浙江新昌、湖北郧西和新疆伊犁等地。中国香料烟资源主要引自希腊、土耳其以及东欧，其中有些材料载有抗病基因，如Samsun NN等，是珍贵的抗源。

黄花烟与上述几种烟草的根本区别是在植物分类学上属于不同的种，生物学性状差异很大，但从调制方法上看，也属于晒烟。黄花烟一般株高50～100 cm，着叶10～15片，叶片较小，呈卵圆形或心脏形，有叶柄；花绿黄色，种子也很大；生育期较短，耐寒，多被种植在高纬度、高海拔和无霜期短的地区。中国种植黄花烟的地区多在北方，但在湖北环神农架地区也有部分黄花烟资源。一般黄花烟的总烟碱、总氮及蛋白质含量均较高，而糖分含量较低，烟味浓烈。中国黄花烟资源大多数是国内地方品种，其中著名的有兰州黄花烟（即兰州水烟）、东北蛤蟆烟、新疆伊犁莫合烟（又称马合烟）。有些品种烟碱含量高，有些香气好，可在育种上利用。

二、烟草种质资源的重要性

种质资源（geneplasm resources）是育种工作者用以选育新品种的原始材料，亦称品种资源（variety resources），是一切具有一定种质或基因并能繁殖的生物体类型的总称，包括可用于育种的植物类型、植物品种、古老的地方品种、人工创造选育的新品种和高代品系、自然形成的突变种、野生种及其近缘种的植株、种子、无性繁殖器官、花粉、单个细胞甚至具有特定功能或用途的基因。以亲缘关系划分，种质资源可以是不同品种，甚至不同属、不同科的植物。目前随着分子生物学的迅速发展，烟草种质资源的范畴已得到拓展，许多动物、微生物的有利基因或种质，也可用来改良烟草。在利用烟草种质资源方面，既可通过有性杂交，又可通过体细胞融合、转基因和外源DNA导入技术。烟草育种，实际上就是选择利用各种种质资源中符合育种目标需求的一些遗传类型或少数特殊基因，将蕴藏于种质资源中的有益基因挖掘出来，经过若干育种环节，重新组成新的理想基因型，培育出新品种。因此，也可将种质资源称为遗传资源（genetic resources）、基因资源（gene resources），甚至更形象地把蕴藏有形形色色基因资源的各种材料概称为基因库或基因银行（gene bank）。现代育种所利用的现有品种材料和近缘野生植物，主要是利用其内部的遗传物质或种质，所以现在国际上大都采用种质资源这一名词。

1. 种质资源是烟草育种工作的物质基础

大量的事实证明，烟草育种成效的大小，很大程度上取决于所掌握的种质资源的数量、质量，以及对种质资源的特征特性及其生理生化基础和遗传规律研究的深度和广度。

烟草种质资源作为经过长期自然演化和人工创造而形成的一种重要的自然资源，在漫长的历史过程中，积累了由自然和人工选择引起的极其丰富的遗传变异信息，蕴藏着各种性状的遗传基因，是人类用以选育新品种和发展烟叶生产的物质基础。例如，中国在20世纪中叶以前是没有白肋烟的，白肋烟育种工作也就无从谈起，直到20世纪60年代，中国从美国引进白肋烟品种资源后才开始开展白肋烟育种工作。迄今为止，中国已经自主选育出21个白肋烟品种，分析其系谱可知，所育成的品种涉及的主要亲本有7个，包括 Burley 21、Kentucky 14、Virginia 509、Burley 37、Tennessee 90、Kentucky 8959 和达所26，绝大多数亲本都是引进的美国品种，个别亲本如达所26也是采用美国引进品种作为亲本，杂交选育而成的育种材料，涉及的其他亲本都是从引进的美国品种中系统选育出的育种材料。可见，中国白肋烟育种是在引进的美国白肋烟种质资源的基础上发展起来的。如果没有种质资源，中国烟草育种工作也就成了"无米之炊"。

育种工作者要选育符合育种目标的新品种，就要准确地选择载有所需基因的原始材料。因此，筛选和确定烟草育种的原始材料，是烟草育种的基础工作。但能否灵活地、恰当地选择育种的原始材料，又取决于对众多烟草种质资源的特征特性及其遗传规律的研究广度和深度。而种质资源研究工作的广度和深度又取决于拥有种质资源的数量和质量，烟草种质资源是研究其特征特性以及这些特征特性遗传规律不可缺少的基本材料。原始材料丰富，使用价值明确，才能育出好品种。没有大量的、优异的原始材料，就难以选育出符合育种目标的新品种。美国烟草育种能够取得巨大的成功，就主要缘于其对烟草种质资源的广泛搜集、深入研究与有效利用。美国在20世纪初就开始了烟草杂交育种工作，但成绩不大，后来在30至40年代多次派出考察队到南美洲搜集古老类型烟草品种和野生种，获得千余份宝贵的烟草资源材料，并编成 TI（tobacco introduction）系统。20世纪中期，美国烟草育种者对所搜集、保存的种质资源进行了广泛深入的系统研究，包括对种质资源的农艺性状、产量、品质、化学成分、抗病性、抗逆性的研究以及这些性状遗传规律的研究，尤其对烟草病害及抗病种质进行了更为详细和深入的研究，如20世纪40至50年代进行了主要病害抗原筛选、抗性遗传、病害发生流行规律以及病菌小种分化和致病力的研究。美国从 TI 系统中筛选出许多烟草栽培品种中所欠缺的基因资源，如发现了 TI245 的两对抗普通花叶病基因，TI1068 能够抵抗烟青虫和桃蚜两种虫害，TI57 抗霜霉病，TI87、TI88、TI89 抗根黑腐病，TI566、TI55C 抗枯萎病，TI448A 抗青枯病，TI706 高抗根结线虫病等。另外，通过育种手段成功地将野生烟和原始栽培品种的许多有利性状（特别是抗病性）转移到烟草栽培品种中，使品质与抗性得到很好的结合，从而选育出许多优质抗病新品种，如创制的黑胫病、根黑腐病、青枯病、根结线虫、PVY、TMV 和野火病抗性材料，就分别来自 Florida 301、

White Burley、TI448A、TI706、TI1406、*N.glutinosa* 和 *N.longiflora* 等原始栽培品种或野生种。这些工作为美国 20 世纪烟草抗病育种的快速发展奠定了坚实的基础,使得育成品种的抗病种类逐渐增多,如白肋烟,由最初的 Kentucky 16 抗 1 种病害,发展到后来的品种抗 5 种、7 种、8 种病害。10 余年来,烟草杂种优势在美国烟草育种上得到了广泛利用,这主要得益于 20 世纪中、后期美国多基因聚合育种的快速进展和种质资源遗传多样性研究的深入。实际上,美国目前烟叶生产上推广种植的杂交种也都是由 20 世纪中、后期所育成的优质多抗定型品种衍生而来的。由于美国对烟叶品质和重要烟草病害抗性的遗传机制研究较为深入,因此其育种选择策略的针对性很强,提高了烟草品种选育的预见性。由此看来,不断地扩大种质资源的搜集,拓展研究的广度和深度,不断挖掘优异种质,是保证育种技术不断提高的先决条件。

2 . 育种工作的突破性进展取决于关键种质的发现和利用

烟草育种工作的实践表明,一个特殊种质资源的发现和利用,往往能推动育种工作顺利进行并取得举世瞩目的成就,品种培育的突破性进展,往往都是因为找到了具有关键性基因的种质资源。纵观美国烟草育种历史可知,早在 20 世纪 20 年代初,由于病害的发生与流行,美国对大量烟草种质材料进行了鉴定评价,从中筛选出抗根黑腐病的白肋烟品种 White Burley,随后又通过系统选育,从 White Burley 变异株中培育出优质抗根黑腐病品种 Kentucky 16。抗根黑腐病品种 White Burley 的发现和优质抗根黑腐病品种 Kentucky 16 的育成,开启了美国白肋烟优质抗病育种的进程。20 世纪 40 至 50 年代,美国烟草育种工作者发现了 TMV 和白粉病抗源 *N.glutinosa* 以及野火病、角斑病和根结线虫病抗源 *N.longiflora*。利用 *N. glutinosa* 的抗病性,首先通过 *N. tabacum × N. glutinosa* 杂交多倍体和对此组合反复回交获得抗 TMV 品系,然后成功地将该品系的抗性导入白肋烟品种 Kentucky 16,育成第一个抗 TMV 兼抗白粉病的白肋烟品种 Kentucky 56,使抗 TMV 的烟草育种工作发生了历史性转变。利用 *N.longiflora* 的抗病性,通过杂交组合(*N. tabacum × N. longiflora*)× *N.tabacum* 育成高抗野火病和角斑病、中抗黑胫病和根结线虫病的品种 TL106;随后成功地将 Kentucky 56 和 TL106 的抗病性导入高抗根黑腐病的优质品种 Kentucky 16 中,培育出抗根黑腐病、TMV、野火病等病害的美国白肋烟育种上的主体亲本 Burley 21 等品种,拉开了白肋烟优质多抗杂交育种的序幕。美国从大量栽培品种中筛选出两个中抗黑胫病的雪茄烟品种大古巴(Big Cuba)和小古巴(Little Cuba),利用这两个品种杂交选育出高抗黑胫病的品种 Florida 301。20 世纪 60 年代,美国烟草育种工作者又成功地将 Florida 301 的抗病性导入优质品种 Burley 21 中,育成美国白肋烟育种上的另一主体亲本 Burley 49 等品种,进一步促进了白肋烟优质多抗育种的大发展。美国还从 TI 系统的种质资源中筛选出抗烟青虫、烟草天蛾和蚜虫种质 TI1068,20 世纪 80 年代,利用该种质培育出抗烟草天蛾的白肋烟杂交种 Kentucky 14 × TI1068,拉开了白肋烟抗虫育种的序幕。20 世纪后期,美国烟草育种工作者发现了 PVY、TEV、TVMV 抗源 TI1406,并成功地将其抗性导入优质品种 Burley 49 和 Burley 21 中,育成兼抗 PVY、TEV、TVMV 等多种病毒病的白肋烟品种 Tennessee 86、Tennessee 90、Kentucky 907、Kentucky 8529 等,使近代白肋烟抗病毒病育种提高到一个新水平。以上事例充分说明,烟草育种方面的突破性成就无一不取决于关键性优异种质资源的发现和利用。

3. 丰富的种质资源是拓宽品种遗传基础的根本保障

从生物遗传学的角度而言，在当前国内外烟叶生产上大面积推广使用的烟草品种存在两大突出问题：

一是遗传侵蚀现象严重。遗传侵蚀（genetic crosion）是指种质资源的多样性被破坏的现象。当今高产品种、杂交品种被大面积推广，迅速取代了性状多样、生态型丰富的地方品种，导致基因单一化，降低了烟草品种的生态适应性，致使病虫害流行危机的遗传侵蚀现象日趋严重。

二是遗传基础狭窄。目前，烟草育种工作者们所面临的共同问题是选用的原始材料不够广泛，育种工作中往往采用在优良品种的基础上进行重组，再选择超亲类型的策略来培育更好的品种，利用仅有的几个所谓主体亲本杂交组配，选育出的新品种所载基因类同，这不可避免地致使育成品种的遗传基础不断趋于狭窄。例如，目前美国乃至中国白肋烟生产上的主栽品种，其优质源几乎全部来自Kentucky 16，即其系谱中几乎都含有Kentucky 16的血统。又如，美国乃至中国选育推广的抗根黑腐病的白肋烟品种，其抗病基因几乎全部来自White Burley；抗TMV的白肋烟品种的抗病基因主要来自野生烟 *N. glutinosa*；抗野火病的白肋烟品种的抗病基因主要来自野生烟 *N. longiflora*；抗黑胫病的白肋烟品种的抗病基因大多来自Florida 301。这种遗传基础贫乏的现象潜伏着极大的生产危机，大量推广这一系列品种，将导致遗传单一，难于抗拒大范围的、突如其来的自然灾害或流行性病虫害。如果这些抗病基因一旦丧失了抗病性或是产生了致病性强的生理小种，用其选育的品种就难免受害，其损失将是无法估量的。1979年，烟草霜霉病（*Peronospora hyoscyami*）使美国东部和加拿大烟区的烟农损失2.4亿多美元的收入，第二年这个病害又侵袭了古巴，该国雪茄烟减产90%，雪茄烟厂被迫临时关闭，其主要原因就是不正常的季节性冷湿天气和品种遗传简单化使得霜霉病快速传播。

鉴于此，必须不断地拓宽烟草品种的遗传基础。只有选育遗传基础更广泛的品种，烟草生产才不会遭受大的灾害，从而顺利发展。丰富烟草品种遗传基础的前提条件就是要拥有丰富的烟草种质资源，并发掘和利用具有遗传多样性的种质。现有的种质资源材料都不可能具有与当前生产要求完全相适应的综合遗传性状，但各种不同的资源材料分别具有某些或个别特殊的性状，有些可能香气充足，有些可能烟碱含量较高，有些可能对某种病害、虫害有较强的抗性或耐性，等等。育种工作者的任务就是利用育种手段将这些优良的性状集中在一起，育成符合人们要求的优良品种。有些资源材料可能在一时一地没有什么利用价值，但它可能在另外的地区或在今后某一时期成为珍贵材料。因此，必须广泛地搜集种质资源并精心保存，认真地加以研究鉴定，从中筛选出有用的种质用于当下或以后的育种程序中。

早在20世纪30年代，美国烟草育种者就意识到种质资源对于提高商业品种抗病性的重要性，并广泛开展了品种资源的搜集与保存工作。美国曾两次派出考察队到烟草起源中心南美洲安第斯山区收集古老类型烟草种质和野生种，加上本国地方品种和选育品种，美国现拥有全套76个烟草野生种和众多的烟草资源材料，共计2154份，包括野生种137份、黄花烟种87份、从美国本土以外搜集到的TI系列红花烟草1244份、美国本土栽培品种656份和突变体30份。其中有不少种质具有特殊的使用价值，如高抗青枯病的TI448A、高抗根结线虫病的TI706、抗TMV的Ambalema等。日本除了大量搜集国外烟草种质外，20世纪60年代也派人到南美洲考察搜集烟草资源，并发现了一个新的烟

草野生种 *N. kawakamu*，现已拥有 1900 份烟草资源。苏联自 1920 年开始就组织世界植物考察队先后考察了 50 多个国家，搜集植物资源 13 万多份，其中有一部分是烟草资源。

在生物技术迅猛发展的今天，基因资源已成为一个国家的战略资源。20 世纪 50 年代，我国抗孢囊线虫病的北京小黑豆的发现和利用挽救了美国的大豆生产；而优质羊毛基因的育种应用直接造就了澳大利亚畜牧业生产的的繁荣。众多事例充分说明："一个物种就能影响一个国家的经济"，"一个基因关系到一个国家的盛衰"。因此，种质资源作为遗传物质的载体，谁掌握的种质资源的数量越多，遗传多样性越丰富，谁就越能在未来农业技术的竞争中占领先地位。

三、烟草种质资源的特点和利用价值

从育种的角度而言，凡是可用于烟草育种的可繁殖的种质或基因，甚至不同类型的植物，都属于烟草种质资源。一般而言，除了品质和调制性状因本类型烟草特点的要求，不得不从本类型烟草种质资源中寻求更加优异的基因外，其他育种的目标性状尤其是抗病抗逆性状，如果本类型烟草种质资源内基因缺乏，则可以从不同类型烟草的种质资源中挖掘相应的优异基因，如 Florida 301 和 Beinhart 1000-1 属于雪茄烟，但其抗性基因可以用于烤烟、白肋烟等类型烟草的育种，同样，野生烟 *N. glutinosa* 和 *N. longiflora* 的抗病基因也可以用于烤烟、白肋烟等栽培类型烟草的育种，甚至品质和调制性状也不是完全不可以借助于其他类型烟草的基因的。有时为了某种特殊需要，也可以将不同类型的植物的基因导入烟草品种中，如中国独家创制的曼陀罗烟、紫苏烟、薄荷烟、土人参烟、黄芪烟等，就是通过烟草与曼陀罗、紫苏、薄荷、土人参、黄芪等植物科属间的远缘杂交选育而成的。因此，仅就烟属植物而言，从烟草育种的使用角度，一般按种质资源的来源、生态类型或亲缘关系，将烟草种质资源分为四类，即野生种质资源、国内种质资源、国外种质资源和人工创造的种质资源。

1. 野生种质资源

野生种质资源主要指烟草栽培种的近缘野生种和有价值的近缘野生植物，通俗地说，就是烟属中除了普通烟草和黄花烟草这两个栽培种以外的所有烟草野生种。这些野生种质资源形态各异，未被人们大面积种植利用。由于野生种质资源长期在野外环境下生存进化，因此其抗病、抗虫、抗逆性较为突出，而且具有高度的遗传复杂性，不同种质之间具有高度的异质性，蕴藏着许多有用的基因资源，往往具有一般栽培烟草所缺少的某些重要性状，如顽强的抗病性、抗逆性、适应性、雄性不育性及独特的品质等。由于野生种质资源未被人工选择，其抗病、抗虫、抗逆等基因得到保留，而且这些基因多为显性，易于传递。因此，烟草野生种质资源是烟草主要病虫害的宝贵抗源。面对不断变化的生理小种和育种亲本日益狭窄的遗传背景，合理利用烟草野生种质资源，对烟草新品种的创制意义重大。

烟草野生种质资源的利用价值主要有四个方面：

一是作为特异基因供体。烟草野生种质资源中存在大量尚未开发和利用的优异基因，但不利的性状也较多，表型较差，而有利基因往往与不利基因连锁，并且可能存在远缘杂交不亲和的现象。为了利用野生种质资源中的优异基因，可以利用种间远缘杂交、细胞工程、现代生物技术等手段，将野生种质资源材料中所蕴藏的优良基因或携带优良基因的部分染色体片段，导入栽培烟草中，创造遗传基础丰富、具有特殊作用的烟草新品种和新类型。目前，野生种质资源的有些抗病虫基因已转移到栽培烟草，选育出了抗病品种。例如，通过 *N. tabacum × N. glutinosa* 杂交多倍体和对此组合反复回交获得抗 TMV 品系，然后与白肋烟品种 Kentucky 16 杂交，成功地将 *N. glutinosa* 对 TMV 的抗性导入白肋烟品种中，育成第一个抗 TMV 的白肋烟品种 Kentucky 56；通过杂交组合（*N. tabacum × N. longiflora*）× *N.tabacum* 育成高抗野火病的品种 TL106，随后与白肋烟品种 Kentucky 16 杂交，成功地将 *N.longiflora* 对野火病的抗性导入白肋烟品种中，育成抗野火病的品种 Burley 21；通过 *N. tabacum × N.gossei* 杂交，将 *N.gossei* 对蚜虫的抗性导入普通烟草中，得到抗烟蚜的后代；通过 *N. benthamina*、*N. glutinosa* 和 *N. tabacum* 杂交，将 *N. benthamina* 和 *N. glutinosa* 对烟草斜纹夜蛾的抗性导入普通烟草中，育出抗烟草斜纹夜蛾的烟草品种。

二是作为栽培烟草的不育基因供体。大量研究表明，相当一部分烟草野生种虽然与普通烟草有性杂交是亲和的，但往往产生细胞质雄性不育现象。因此，可以利用烟属野生种创造烟草雄性不育系，以供杂交种生产使用。

三是创造新物种。大量研究还表明，烟属植物不同组间甚至不同种间，具有高度的异质性，其配子染色体数也有很大差异。因此，可以利用烟属野生种合成异源多倍体，创造新物种。

四是作为烟草遗传与进化烟草的基础材料。烟草是一种重要的经济作物，同时也是植物学研究的模式植物，其起源、进化、多倍体演化过程，以及各种性状的遗传规律，一直备受研究者关注，可以为烟草育种提供理论基础。而烟草野生种质资源是研究烟草的起源与进化以及烟草性状遗传规律的基本材料。

随着育种技术和生物技术的不断发展，烟属野生种和其他近缘植物的开发利用也越来越受到人们的重视。遗憾的是，中国不是烟草的原产地，因此野生种全部来自国外，这给野生种质资源的研究和利用带来了一定困难。目前在国家烟草库中已编目的烟草野生种仅有 52 个，尚需采用多种形式进一步搜集其他烟草野生种，为中国烟草遗传和育种研究提供更充实的物质基础。

2. 国内种质资源

国内种质资源包括地方农家品种、选育成的新品种和品系、当前推广的改良品种，以及更换下来的老品种。

国内种质资源由于是在国内各地自然条件长期驯化和人工选择下形成的，因而具有两大特点：

一是对当地环境具有高度的适应性。国内种质资源的生长发育及生理特性均与当地气候、土壤条件和耕作栽培条件相适应，对当地不利的自然生态因素具有较强的抗御能力，对当地流行的病虫害也具有较强的抗性和耐性，有的还具有一些特殊用途，在育种上有重要的使用价值，是改良现有品种和育种工作最基本的材料。例如，广东廉江晒烟品种"塘蓬"（又称密节企叶）耐寒，抗 TMV 和赤星病，对白粉病免疫，且遗传力强，是中国特有的烟草隐性遗传白粉病抗源（国外选育的抗病品种是显性遗传）；河南省农科院烟草研究所于 1965 年从地方品种长脖黄中系统选育而成的烤烟品种"净叶黄"，高抗赤星病，抗性水平远高于美国赤星病抗源 Beinhart 1000-1，且没有 Beinhart 1000-1 那样浓重的雪茄烟味，作为抗赤星病育种的亲本更具优势，目前该种质已成为中国抗赤星病育种的主体亲本，由其衍生出的"许金4号""单育2号"等烤烟品种均具有较高的抗赤星病水平，也可以作为赤星病抗源使用；贵州省湄潭县农业局通过DB101×湄潭大柳叶杂交选育而成的"反帝3号"，抗青枯病、黑胫病，是中国抗青枯病育种的重要亲本；原辽宁省凤城农业科学研究所于1961年通过将国外引进的白肋烟品种Kentucky 56对TMV的抗性导入烤烟品种而育成的"辽烟8号"（又称抗44），高抗TMV，是较好的TMV抗源；江苏南京晒烟品种"南京烟"，抗青枯病、根结线虫病、CMV和蚜虫，可作为相应病虫害的抗源亲本使用；山东青州地方烤烟品种"窝里黄0774"，高抗蚜虫，高抗黑胫病，耐CMV，也可作为抗源亲本使用；湖北鹤峰县白肋烟型晒烟品种"黄筋莸""青筋莸"等，兼具白肋烟和晒烟两种风格，是极好的遗传研究材料。

二是具有遗传多样性。国内种质资源群体多是一些混合体，具有遗传多样性。鉴于此，国内种质资源中的古老品种蕴藏着许多有用的基因，一旦它们从地球上消失，用任何现代化手段都难以将它们创造出来。因此，在种质资源的研究和育种工作中，应首先加强对古老地方品种的搜集、保存、研究和利用，以本地区地方品种为基本材料，充分挖掘地方品种所具有的优质、抗逆性强等基因资源，在此基础上引进新的种质资源，将古老品种作为提供优良基因的载体，对引进种质加以改进，使之形成具有优质、高效益、适应性强等特点的优良品种。而对于长期推广种植的改良品种，由于其产量和品质均优于地方品种，能够适应新的生产条件和先进的农业技术措施，优良性状比较多，可作为系统选择和人工诱变的材料，也可作为杂交育种的亲本使用。

3. 国外种质资源

国外种质资源是指从国外引进的烟草种质资源，包括新选育的品种（品系）、古老类型品种以及具有特异性状的材料。中国不是烟草原产地，因此，广泛引进国外烟草种质资源对中国烟草新品种的选育和生产有着特殊的意义。目前，中国已从美国、日本、东欧、非洲、南美洲等20多个国家和地区共引入资源600多份，特别是白肋烟、马里兰烟、雪茄烟、香料烟品种资源，几乎都是从国外引进的。

国外引进的种质资源是在与本地区不同的生态环境和栽培条件下形成的，反映了各自原产地区的生态和栽培特点以及遗传的多样性，具有与国内种质资源不同的生物学、经济学和遗传学性状，其中有不少性状（如抗病性、品质性状）是国内品种资源所欠缺的，特别是烟属植物的起源中心以及次生中心的许多原始品种更为珍贵。美国搜集的白肋烟种质TI1406以及烟草种质TI1112，都是中国宝贵的抗虫资源，其中TI1406高抗烟草蚜虫，抗PVY，而TI1112高抗烟草蚜虫、烟草天蛾和烟青虫，其抗虫基因已被转移利用。美国在南美洲发现的TI448A（原品种名为Castillo），高抗青枯病和TMV，中抗黑胫病，叶斑病轻，其对青枯病的抗性是由多对基因所控制的，且其中有一个或一个以上的因子与宽叶及晚熟连锁，该种质是目前世界上抗青枯病育种的主要抗源。美国育成的白肋烟品种L-8、雪茄烟种Florida 301，都是高抗黑胫病0号小种的品种，其抗性为显性单基因控制，遗传力强，已被转移利用，并取得了显著成绩。美国于1949年通过（TI448A×400）F_3×Oxford与（Florida 301×400）BC_2F_3杂交，将TI448A对青枯病的抗性和Florida 301对黑胫病的抗性导入烤烟而育成的品种DB101，抗黑胫病和青枯病，目前已成为中国抗青枯病和黑胫病育种的重要抗源。美国在南美洲搜集的烟草品种TI706，高抗根结线虫病，是世界上抗根结线虫病育种的主要抗源。美国1961年以由TI706衍生的烤烟品种Bel4-30以及由TI706、TI448A和Florida 301衍生的烤烟品种Coker

139 为亲本，通过杂交组合 Coker 139×（Bel4-30×Coker 137）×Hicks Broad Leaf 选育而成的烤烟品种 NC95，1983 年以 Coker 139 以及由其衍生的 Coker 319 和由 NC95 衍生的 Coker 258 为亲本，通过杂交组合（Coker 258×Coker 319）×Coker 139 选育而成的烤烟品种 Coker 176，均高抗根结线虫病和青枯病，抗黑胫病，目前也成为中国抗根结线虫病育种的重要抗源。美国通过杂交组合(*N. tabacum* × *N. longiflora*) × *N.tabacum* 选育而成的种质材料 TL106 和津巴布韦育成的烤烟品种 Kutsaga 110 都是中国宝贵的抗野火病资源，其中，TL106 抗野火病和角斑病，中抗黑胫病和根结线虫病，其对野火病和角斑病的抗性由一对显性基因控制，而 Kutsaga 110 高抗野火病，抗 TMV。美国搜集的烟草品种 TI245，抗 CMV 和 TMV，其抗性由两个隐性基因 t1 和 t2 控制。美国育成的白肋烟品种 Kentucky 56，香料烟品种 Samsun NN 和 Xanthi-nc，都高抗 TMV。目前，TI245、Kentucky 56、Samsun NN 和 Xanthi-nc 都是中国抗 TMV 育种的抗源，其对 TMV 的抗性都被转移利用，并取得了显著成绩。津巴布韦育成的烤烟品种 Kutsaga 5IE，抗白粉病，是中国宝贵的抗白粉病资源。美国雪茄烟品种 Beinhart 1000-1 抗赤星病，是中国抗赤星病育种的重要抗源。此外，中国从美国引进的白肋烟品种资源，如 Burley 21、Burley 37、Tennessee 86、Tennessee 90、Kentucky 907 等，大多株型理想、抗性较好、丰产性好、品质优良，在中国白肋烟育种上起着重要作用，其中 Burley 21 不育系的不育性还被转移到烤烟、晒烟和香料烟上，培育出一系列不育系和杂交种并在生产上推广利用。

国外种质资源的利用价值主要有四个方面：

一是直接在生产上推广利用。将国外种质资源引入本地区后，通过对外引品种的比较试验，证明能够适应本地区生态条件并能满足生产要求的，就可以直接在生产上推广利用。例如，从美国引入的优质白肋烟品种 Tennessee 86、Tennessee 90、Kentucky 907 等，就被推荐为中国白肋烟产区推广种植的品种。

二是作为杂交育种的亲本材料。由于生态条件的差异，多数国外种质资源引入本地区种植时表现出对环境条件不相适应的缺点，但有的品种具有某方面的优良基因，且与本地种质性状差异较大，甚至在一些性状上具有互补性，可将其作为杂交育种的一个亲本加以利用。选用产地距离远、个体间性状差异较大的种质杂交组配，易于选出遗传基础广泛、利用价值高的新品种。例如从美国引进的白肋烟品种 Kentucky 8959 品质优良，高抗 TMV、野火病、根黑腐病，抗黑胫病、镰刀菌枯萎病，耐TEV、TVMV 和 PVY，利用这个品种作为育种材料，选育出了云白 3 号、鄂烟 101 等高抗 TMV、野火病、根黑腐病，兼抗黑胫病和 PVY 的优质白肋烟品种。又如从美国引进的白肋烟品种 Kentucky 14、Kentucky 907、Burley 64 和 Tennessee 90 品质较好，用这些品种作为杂交亲本，先后选育出了云白 2 号、云白 4 号等优质白肋烟品种。这些自主选育出的品种对稳定中国白肋烟生产起到了积极作用。

三是作为系统育种的基础材料。多数国外品种引入本地区种植后，由于受与原产地区不同的环境的影响而容易发生变异，因此可以采用系统育种的方法，从中培育出新的品种。如美国的白肋烟品种 Burley 37、Burley 21 和 Virginia 509 引入湖北省白肋烟产区种植，从 Burley 37 中选育出白肋烟品种鹤峰大五号和育种材料鄂白 006，从 Burley 21 中选育出育种材料鄂白 005、鄂白 007、鄂白

008、金水白肋1号、金水白肋2号、建选3号、省白肋窄叶、选择18号多叶等，从 Virginia 509 中选育出重要的育种亲本材料鄂白002、鄂白003等。

四是作为杂交种选育的亲本。利用地理差异和血缘距离，将国外引进的品种作为亲本之一，与本地区育成品种配组 F_1 代，产生杂种优势。例如云南省选育的云白1号，四川省选育的达白1号、达白2号、川白1号、川白2号，以及湖北省选育的鄂烟1号、鄂烟2号等11个鄂烟系列杂交种，都是基于杂种优势利用，以国外引进品种作为亲本或亲本之一培育而成的优质白肋烟品种，在中国白肋烟生产上发挥了重要作用。

4. 人工创造的种质资源

人工创造的种质资源是指在育种工作中，育种工作者利用理化诱变、有性杂交、细胞融合、远缘杂交、遗传控制等各种途径和技术创造的各种突变体、育成品系、基因标记材料、多倍体材料、非整倍体材料、属间或种间杂种等育种材料。

人工创造的种质资源，其特点就是具有特殊的遗传变异。这类材料尽管不具备优良的综合性状，一般在生产上没有直接利用价值，但可能携带一些特殊性状，是扩大遗传变异性、培育新品种或进行有关理论研究的珍贵材料。例如1926年 Clausen 和 Goodspeed 首次报道，后经 Clausen 利用遗传控制的不联合条件配齐的24个烟草单体，是人工创造的特别重要的种质，在理论研究方面具有很高的利用价值，利用单体可把基因快速定位在特定染色体上。又如美国创造的低烟碱品系 LAFC-53，烟碱含量只有0.2%，Chaplin 用这个品系分别与烤烟品系 NC95、SC58 杂交，而后用 NC95 和 SC58 分别做轮回亲本进行回交，选育出烟碱含量为0.38%~4.82%的一系列同型系，用这些稳定的品系来研究烟碱含量的变化对其他农艺性状和品质性状的影响。再如烟草资源材料中有一个人工合成的抗花叶病品系 GAT，能抗6种病毒病，是目前烟草抗 TMV 和抗 CMV 育种的主要抗源材料。山西农业大学魏治中教授采用药用植物与烟草进行科、属间的远缘杂交，经过数十年的选择与培育，选育出紫苏烟、罗勒烟、薄荷烟、人参烟、曼陀罗烟、黄芪烟等6大类型药烟，创制了179份科、属间远缘杂交新种质，极大地丰富了中国烟草种质资源的遗传基础。这些新类型烟草含有对人体有益的医药成分，焦油释放量低，具有特殊香气，在新型烟草制品研发中具有广阔的应用前景。

四、烟草种质资源的鉴定

种质资源的工作内容包括资源的广泛搜集、妥善保存、深入研究、积极创新和充分利用。其中，种质资源的搜集是资源工作的第一步。不断地、广泛地考察并搜集种质资源，或者通过交换种质资源等来丰富种质库，这是做好资源工作的基础。但更为重要的是，对搜集和保存的种质资源进行系统的特征特性鉴定，全面地了解和掌握现有的烟草种质资源，明确每份资源的利用价值，这是烟草育种工作中亲本选配的主要依据，也是进一步开展育种目标相关性状的遗传规律和遗传物质基础研究的前提，因而是种质资源工作的重点。

1. 鉴定方法

鉴定的方法可分为：直接鉴定和间接鉴定、自然鉴定和诱发鉴定、当地鉴定和异地鉴定等。

1）直接鉴定和间接鉴定

直接鉴定是指在能使性状直接显现的条件下进行鉴定。直接鉴定可以在田间或室内进行，也可以在当地或异地通过感官或借助仪器对烟草的一些性状进行鉴定。例如，对于烟草田间长势长相，如叶色、花色、原烟外观质量、评吸等项目，可通过眼看、手摸、口感进行鉴定；对于株高、叶长、叶宽、节距等性状，要用尺子量；对于叶重、种子千粒重，要用天平称；对于烟叶或烟气化学成分等项目，要借助现代化仪器进行快速、精确的分析鉴定。这些鉴定都称为直接鉴定，直接鉴定是最可靠的鉴定方法。

间接鉴定是对一些不易直接鉴定的性状或有些生理、生化特性，根据性状间的相关关系进行鉴定。例如测定烟草抗旱特性，可通过观察叶片气孔数目的多少加以判断。在育种工作中，每年要处理大量材料，如果对每份材料都进行调制后计产，则大大增加了工作难度，可通过测定鲜叶重来估算，鲜叶重与烟叶调制后重量呈正相关，相关系数达 0.989，即鲜叶重高的材料，其产量必定高。随着性状研究的深入，采用间接鉴定的项目会越来越多，大大减轻了工作量，但性状的相关是有限度的，尤其对于易受环境影响的性状来说，采用间接鉴定常常会造成较大的误差。所以，间接鉴定的结果不能代替直接鉴定的结果，最终必须以直接鉴定结果作为结论。

2）自然鉴定和诱发鉴定

自然鉴定是指在田间自然条件下进行性状鉴定，如在病虫害流行时鉴定材料的抗病性，在积水条件下鉴定耐涝性，在干旱条件下鉴定抗旱或耐旱性等。自然鉴定能真实反映材料的特征特性及优劣。

诱发鉴定是指人工创造所需的逆环境，对材料进行鉴定的方法，这种方法不受环境条件影响，鉴定的准确性高。例如接种病毒、病菌、虫源，鉴定抗病虫特性；人工造成干旱、低温环境，鉴定抗旱性或耐寒性等。但要注意，诱发条件要适度，过宽失去了鉴定的意义，过严则使材料全部受害而造成损失。

3）当地鉴定和异地鉴定

一般资源材料都在当地鉴定，但有时需要将材料送至生态条件差异大的地区或自然发病中心去种植，以鉴定材料的生态反应特性、适应性或抗病虫特性等。异地鉴定结果一般只作为参考，不作为该材料在本地表现的结论。

2. 鉴定内容

主要鉴定内容包括以下几个方面。

1）农艺性状鉴定

农艺性状是指具有烟草农艺生产利用价值的一些特征特性，是鉴别品种及其生产性能的重要标志，具体包括生育期性状、植株形态性状、叶片性状和成熟性状。

（1）生育期：烟草出苗至种子成熟时的总天数，生产上指烟草出苗至烟叶采收结束时的总天数。包含苗期和大田生育期两大时期。

苗期是指从种子播种至成苗期的总天数，主要记载播种期、出苗期和成苗期。其中，播种期即播种日期，出苗期指播种区 50% 的幼苗子叶完全展开时的日期，成苗期指苗床全区 50% 的幼苗达到适栽和壮苗标准，可进行大田移栽的日期。

大田生育期是指从移栽至种子成熟时的总天数，生产上指移栽至烟叶采收结束时的总天数，主要记载移栽期、团棵期、旺长期、现蕾期、中心花开放期、打顶期、烟叶成熟期以及叶片成熟期天数。其中，移栽期即移栽日期；团棵期指全区 50% 的植株达到团棵标准，此时叶片数为 12 ~ 13 片，叶片横向生长的宽度与纵向生长的高度比例约为 2 : 1，形似半球状；旺长期指植株从团棵到现蕾天数；现蕾期指全区 50% 的植株现蕾的日期；中心花开放期指全区 50% 的植株中心花开放的日期；打顶期指全区 50% 的植株可以打顶的日期；烟叶成熟期指烟叶达到工艺成熟的日期，分为脚叶成熟期（第一次采收）、腰叶成熟期和顶叶成熟期（最后一次采收）；叶片成熟期天数即首次采收至末次采收的天数。

（2）植株形态特征：烟株的长势长相，包括苗期生长势、大田生长势、腋芽生长势、苗色、叶色、花色、整齐度、株型、叶形、花序、植株高度、打顶株高、着生叶数、有效叶数、茎围、节距、茎叶角度、叶长、叶宽等。其中，对于需要测量的性状，一般每个小区选择能代表小区水平的 5 株烟株进行测量，计算平均值；而对于不需测量的性状，则以群体或小区整体为观察对象进行目测。根据烟株发育的进程，可分为苗期、现蕾前期、现蕾期、中心花开放期、打顶期和采收成熟期 6 个时段进行记载。

苗期主要调查苗期生长势和苗色等。其中苗期生长势以及大田生长势和腋芽生长势均分为强、中、弱 3 级；苗色及大田叶色均分为深绿、绿、浅绿、黄绿 4 级。

现蕾前期主要调查大田生长势，分别在移栽后 35 天和移栽后 50 天各观察 1 次。

现蕾期主要调查整齐度、株型、茎叶角度和叶色。其中，整齐度分为整齐、较整齐、不整齐 3 级，以小区为观察对象进行调查，株高和叶数变异系数在 10% 以下的为整齐，在 25% 以上的为不整齐；茎叶角度分为小（< 30°）、中（30° ~ 60°）、大（60° ~ 90°）和甚大（> 90°）4 级，一般调查中部最大叶的茎叶夹角，也可分别调查各部位叶片的茎叶夹角。

中心花开放期主要调查着生叶数、植株高度和花色。着生叶数指不打顶的植株实际着生叶片总数，一般从茎基部数到中心花下第 5 花枝处；待第 1 青果出现后可测量植株高度，一般自地表茎基处量至第 1 青果柄基部。在开花期可进一步观察花色、花序特征、蒴果性状和种子特征。花色分深红、红、淡红、白、黄；花序特征分密集、松散，一般于盛花期记载；蒴果性状在蒴果长成且尚呈青色时记载，包括蒴果的形状、长度、直径；种子特征在种子成熟时记载，包括颜色、光泽、形状和大小。

打顶期主要调查打顶株高、有效叶数、茎围和节距、腋芽生长势。其中，打顶株高是打顶植株顶叶生长定型后（一般为平顶期，即打顶后 10 ~ 15 天）所测量的地表茎基处至茎部顶端的高度；有效叶数是指打顶后有生产价值的留叶数；茎围是于第 1 青果期（打顶后 1 周至 10 天内）在茎高约 1/3 处所测量的茎的周长；节距是于第 1 青果期（打顶后 1 周至 10 天内）所测量的株高 1/3 处上下各 5 个叶位（共 10 个节距）的平均长度；腋芽生长势于打顶后第 1 次抹杈前观察。

采收成熟期主要调查叶长、叶宽和叶形。叶长是自茎叶连接处至叶尖的直线长度，叶宽是叶面最宽处的直线长度，一般于工艺成熟期调查最大叶片的长度和宽度，也可调查各部位叶片的长度和宽度；叶形分为椭圆形、卵圆形、心脏形和披针形，椭圆形又分为宽椭圆形、椭圆形和长椭圆形，可先根据烟草叶形模式图确定叶片的基本形状，再依据叶片的长宽比例，确定叶片的实际形状，一般只观察腰叶，也可分部位观察。

（3）叶片性状：包括叶柄、叶面、叶尖、叶缘、叶耳、叶肉组织、叶片厚薄、主脉粗细、主侧脉夹角，一般于现蕾期以小区群体为观察对象进行描述。

叶柄分有和无2种；叶面指叶片表面的平整程度，分皱折、较皱、较平和平4种；叶尖指叶片尖端的形状，分钝尖、渐尖、急尖和尾状4种；叶缘指叶片边缘的形状，分平滑、微波、波浪、皱折和锯齿5种；叶耳分大、中、小和无4种；叶肉组织分粗糙、中和细致3种；叶片厚薄分薄、较薄、中等、较厚和厚5种；主脉粗细分粗、中和细3级，或以烟筋百分率（主筋／全叶）表示；主侧脉夹角指叶片最宽处主脉与侧脉的夹角大小，分小、中和大3级。

（4）成熟性状：烟叶在成熟时期表现的成熟特性，包括成熟的早迟、耐熟与否、成熟均匀与否，一般在采收成熟期进行观察。

2）经济性状鉴定

经济效能的高低是决定种质使用价值的重要指标。作为烟草品种，其经济效能的直接体现就是单位土地面积上所产烟叶的产值，而产值取决于单位土地面积上的烟叶产量和烟叶出售均价。产量可以通过测定鲜叶重来估算，也可以在调制后直接测定，但出售均价的高低必须根据调制后的烟叶外观质量状况来测算，均价的高低取决于上等烟比例或上中等烟比例的高低，尤其是取决于上等烟比例的高低。因此，对烟草种质资源经济性状的鉴定，可以采用将其在田间的长势长相与调制后烟叶外观质量情况结合起来进行鉴定的方法，主要鉴定产量和上等烟比例的高低。

（1）产量鉴定：根据品种在田间的长势、叶片的多少和大小、单叶重等性状，结合调制后烟叶的产量多少，综合评价品种产量的高低。

（2）上等烟比例鉴定：根据烟叶分级标准，对品种的调制后烟叶进行分级，然后统计上等烟比例。

3）品质性状鉴定

烟叶是供人们吸食的原料，其品质的好坏决定着使用价值的高低。一般来说，烟叶品质性状鉴定包括原烟外观质量、化学成分和吸食质量这3个方面的鉴定。

（1）原烟外观质量鉴定：烟叶外观质量是决定商品价值的依据。烟叶外观品质因素主要包括叶片颜色、成熟度、身份、叶片结构、叶面、光泽、色度、叶片大小等。根据中国烟叶分级标准对调制后的烟叶进行分级，上等烟比例高的品种品质优良。

（2）化学成分鉴定：烟叶内的化学成分有多种，每种含量的多少，比例是否协调，直接关系到烟叶香气和吃味的好坏。一般讲的化学成分是指糖、氮、蛋白质、烟碱、氯、钾等。不同的烟叶类型，有不同的烟叶化学成分要求。

（3）吸食质量鉴定：烟叶吸食质量是其使用价值的最直接的衡量标准。吸食质量鉴定包括香型风格（香型彰显程度、烟气浓度、劲头）、香气特性（香气质、香气量、杂气程度）、口感特性（刺激性、干燥感、回甜感、余味）、燃烧性（阴燃性和灰色）等几方面内容。以香型彰显程度高、香气质好、香气量足、杂气轻、口感好为优。

4）抗耐性状鉴定

烟草品种的抗耐性是决定烟草品种能否稳产稳质的关键因素。一般来说，抗耐性状鉴定包括抗病性、抗虫性和抗逆性这3个方面的鉴定。

（1）抗病性、抗虫性鉴定。

种质资源抗病虫性状的好坏，尤其是抗病性状的好坏是生产上正确选择品种、育种上选择亲本的重要依据。本项工作的开展情况，直接影响着烟草育种和生产的发展。烟草病害有 10 多种，主要有黑胫病、青枯病、根黑腐病、根结线虫病、野火病、角斑病、赤星病、白粉病、TMV、CMV、PVY、TEV 等。虫害主要有蚜虫、烟青虫等。鉴定方法有多种。

①田间鉴定和温室鉴定：自然条件下的田间鉴定是最基本的鉴定方法，它反映出的种质抗病性最实际，也最全面。由于年度间自然条件的差异，应进行多年多点的联合鉴定，以便取得比较准确的结果。在充分利用自然条件的基础上，也要适当添加人为的控制或调节措施，如培养病圃地，进行人工接种等，以提高鉴定结果的准确性。黑胫病、青枯病、根黑腐病、根结线虫病等可在自然条件下进行鉴定。为了不受季节限制，加速工作进程，可在温室内进行抗病虫鉴定。温室内鉴定需要增补光照，调节温度和湿度，进行人工接种，多数是苗期鉴定，如 TMV、CMV、炭疽病等；也有的进行成株鉴定，如根结线虫病、赤星病等。

②成株鉴定和苗期鉴定：这两种鉴定方法既可在田间进行，也可在温室内进行。对于苗期发生的病害（如炭疽病、猝倒病），以苗期鉴定为宜。对于成株病害，如果苗期和成株期的抗病性基本一致，也可采用苗期鉴定。苗期鉴定省时省工，利于大批材料的筛选和比较，如 TMV 等。

③离体鉴定：如果知道鉴定的抗病性是以组织细胞、分子水平的抗病机制为主，而不是全株功能的作用，便可采取枝、叶等器官或组织和细胞进行离体培养，利用人工接种来鉴定其抗病性。烟草的茎和叶可在水培条件下维持较长时间的生命活动，并保持其原有的抗病和感病能力，因而可用于进行抗病性鉴定。烟草的愈伤组织和原生质体也可用于抗病性鉴定，并可从感病品种的突变抗病的原生质体中直接培养出抗病品种。离体鉴定简单易行，出结果快，可以鉴定田间任一单株的当代抗病性而不妨碍其结实。

以上方法各具优缺点。总体来看，自然条件下的田间鉴定是必不可少的方法，是借以评价抗性强弱的主要根据。温室鉴定的结果，只有经过田间验证才能确定。以上各项鉴定均需要有高抗和感病（虫）的 2 种品种作为对照，具体方法可参照相关文献和国家颁布的相关标准。根据调查结果，参照对照品种的抗病虫情况划分抗病等级，一般划分为高抗、抗、中抗、中感和感 5 个等级。病毒病在此基础上增加了免疫等级。病情统计公式如下：

$$发病率 = \frac{发病株数}{调查总株数} \times 100\%$$

$$病情指数 = \frac{\Sigma（各级病株或叶数 \times 该病级值）}{调查总株或叶数 \times 最高级值} \times 100$$

（2）抗逆性鉴定。

烟草品种在最适宜的生长发育环境中，能得到最好的产量和质量。但生产实践中，常遇到干旱、低温、多雨、缺肥等不利因素，影响着烟草的生长和发育，这些不利于烟草生长和发育的环境叫逆境。不同的品种对逆境的抵抗能力是不同的。抗逆性鉴定就是鉴定不同品种对逆境的抵抗性能，包括对寒、热、旱、涝、风等不良气候条件的抗性或耐性，对酸、碱、盐碱等不良土壤条件的反应，对光照、温度的反应等方面的鉴定，同时从大量资源材料中筛选能够抗干旱、耐瘠薄、耐低温等抗逆性强的种质。抗逆性鉴定常用的方法有2种。

①人工模拟逆境鉴定：在人工气候设备中，能严格控制环境条件，试验结果比较准确，可供参考。例如，利用旱棚遮挡雨水，人工控制土壤含水量，鉴定烟草品种的抗旱性；在不施肥或少施肥条件下，鉴定品种的耐瘠薄性等；在人工气候箱中设置较低的温度，鉴定品种的耐低温性等。

②自然条件下鉴定：在具有逆境的地区种植资源材料，鉴定它们的抗逆性。这种方法费用较低，但每年遇到的逆境强度可能不同，所得结果可能有差异。例如在干旱的山区进行抗干旱鉴定，在低温地区进行抗低温的鉴定，一般要进行3年以上的重复或多点试验。

烟草的不同生育阶段对逆境的敏感性不同，一般应在烟草对逆境最敏感的时期进行抗逆性鉴定。例如苗期和大田前期遇干旱、低温易造成早花现象而减产降质，因此烟草品种的耐旱、耐低温鉴定宜放在苗期和大田前期进行。

五、烟草种质资源的创新

种质资源的创新是作物育种工作的发展对品种资源工作的要求。近年来，烟叶种植中病害生理小种或致病型不断发生变化，致使烟草病害种类日益增多，危害日趋严重，同时干旱、低温等灾害性天气日趋频繁，加之卷烟工业对烟叶质量的要求越来越高，因此，培育优质多抗新品种是烟草育种的头等目标。而培育优良品种，特别是优质多抗品种，需要及时发现和提供新的基因。但是，在现有的烟草种质资源中，有些种质资源如抗赤星病、抗白粉病、抗角斑病、抗CMV、抗TEV、抗TMV、抗虫等方面的资源十分缺乏，甚至有些病害如靶斑病、TRV、TSV、TSWV等，虫害如烟粉虱、斑须蝽、斜纹夜蛾、烟草潜叶蛾等，以及低温、干旱等逆境迄今尚未找到有效的抗源。因此，不断创新烟草种质资源就显得尤为重要和迫切。

种质资源的创新是指通过杂交、诱变及其他手段对现有种质包括近缘野生种进行加工，从而创造新的种质资源。品种资源的创新不同于作物育种，它是为育种服务的，是品种培育的重要组成部分，在现代作物育种中具有十分重要的作用，为世界各国所重视。例如美国抗黑胫病种质Florida 301、抗TMV品系Holmes、不育系种质、单倍体、DH群体以及29个烟草单体的创造等，为全世界的烟草育种和遗传研究做出了贡献。因此，必须通过品种资源分类、特征特性鉴定、细胞学研究、遗传性状评价，全面深化对品种资源的了解，利用一切最佳的方法为烟草育种工作提供新的育种材料，在深入研究的基础上积极开展烟草种质资源的创新研究。

种质资源创新包括创造新作物、新类型以及在良好的遗传背景中导入或诱发个别优异基因。通常来说，新的作物种质资源有3个方面的来源：第一是育种家、遗传学家和生物工程学家通过研究创造出的新物种、新品种、新品系和新的遗传材料；第二是通过自然变异或人工诱变不断产生的突变材料；第三是品种资源工作者的创新，即通过品种间或远缘杂交、遗传控制、理化因素诱变（如离子注入、X射线辐射、烷化剂处理等）、生物工程等手段来强化某一优良性状或将某些优良性状进行综合，有目标地扩大遗传基础，形成育种家易于进一步利用的新的种质资源。不过这些材料多半为中间材料，仅可作为过渡亲本使用。而就烟草育种来说，种质资源创新就是要拓宽烟草种质基础，开发利用不同类型的烟草种质和近缘野生种质，创新基础研究材料，扩增种质数量，尤其要优先开发目前十分缺乏而急需的抗源种质，在良好的遗传背景中导入或诱发个别优异基因，如抗靶斑病基因、抗 TSV 基因、抗烟粉虱基因、抗斑须蝽基因、抗低温基因、抗干旱基因等。

种质资源创新的过程，就是对种质资源预先采取某种育种手段和方法并进行转换的过程。植物育种学家在育种实践中引进和创造了多种种质资源的利用与创新方法，尤其是应用生物技术创造新的种质资源方面，已显示出巨大的优越性和有效性，如体细胞无性系变异和突变体筛选技术、染色体组工程技术、转基因技术等。在烟草种质资源的创新过程中，可以充分借鉴其他作物尤其是模式植物如水稻、拟南芥等种质创新成功的方法，综合采用多途径、多手段、多家单位通力协作的策略，提高种质资源创新的工作效率。

六、湖北烟草种质资源概况

湖北省介于东经 118° 21′ ～ 116° 07′，北纬 29° 05′ ～ 33° 20′，地处亚热带，位于典型的季风区内。作为长江中游省份，湖北不仅在地理位置上具有南北过渡的性质，而且处于中国地势由第二级阶梯向第三级阶梯的过渡地带，地貌丰富多样，兼具山地 (包括高山、中山、低山)、丘陵、盆地、平原等多种地貌类型。湖北西、北、东三面被武陵山、巫山、大巴山、武当山、桐柏山、大别山等山地环绕，地势呈三面高起、中间低平状态，山地约占总面积的 55%，丘陵占 25%，平原湖区占 20%。地貌、气候、土壤等自然禀赋和生态条件，为湖北的烟叶生产提供了得天独厚的条件。

湖北烟叶种植历史悠久，大约始于明末，距今已有 400 多年的时间。在 20 世纪 60 年代以前，湖北烟叶种植基本以晒烟为主，曾经是全国最大的晒烟生产省份。据史料记载，1936 年湖北晒烟产量达到了 43.5 万担，约占当时全国晒烟总产量的 8%。悠久的烟草种植历史、复杂的生态环境、分散独立且自给自足的烟草生产方式形成了湖北独特的烟草种质资源，其烟叶质地优良，驰名中外。例如，湖北省黄冈市东部山区种植的千层塔、九月寒等品种，烟叶调制后色泽黄亮、叶片平整、筋小叶薄、油分充足、富有弹性、填充力高、燃烧性强、醇正爽口、劲头适中，形成了驰名中外的"黄冈晒烟"，是配制混合型卷烟、烤烟型卷烟不可缺少的重要原料。据记载，"黄冈晒烟"曾在 1915 年的巴拿马国际博览会上荣获金奖，1927 年在太平洋国际博览会上再次被列为世界最佳烟草品种之一。再如，十堰市丹江口库区种植的毛把烟品种，烟叶调制后色泽鲜黄、油润丰满、香气浓郁、口感舒适，形成了享负盛名的"均州晒烟"，该烟叶香型独特，似烤烟，可广泛应用于烤烟型、混合型、雪茄型等各类产品配方中，对于提升烟香丰富性、增加香气浓度和"减害降焦"具有积极的作用。据记载，"均州晒烟"是清代和民国时期国内绝无仅有的优质深色晒黄烟，产品销往全国各地，还是清代光绪年间的皇室贡品。湖北省有关科研机构曾先后 3 次进行了域内烟草种质资源的考察和搜集工作。20 世纪 50 年代，湖北省农科院对当地的种质资源进行了第一次搜集和整理。后来，随着三峡水库和丹江口水库的修建，分布在这些地区的地方晒烟品种面临着大量消亡。这些地方晒烟品种中蕴藏着丰富的基因资源，一旦它们从地球上消失，就很难用任何现代化的手段再创造出来。为了拯救和保护这些地方晒烟资源，湖北省烟叶公司和湖北省烟草科学研究院分别于 20 世纪 80 年代和 21 世纪初在湖北省的长江三峡地区、秦巴山区和神农架地区进行了拯救性搜集工作，挖掘了一批珍贵资源，并进行了有效的保存。2007 年以来，结合中国种质资源平台建设项目，又陆续引进了省外一些名晒烟资源，如南雄晒烟、大宁旱烟、龙岩晒烟、塘蓬烟、大叶密合等地方晒烟品种。有些地方晒烟品种资源在湖北烟叶生产和烟草育种工作中发挥了重要作用，如毛把烟、大叶密合等。

20 世纪 60 年代以来，湖北烟叶种植逐步呈现多样化态势，相继引进烤烟、白肋烟、马里兰烟、香料烟和雪茄烟品种，并进行试种和生产，这使得湖北成为全国烟叶生产中烟草类型最为齐全的省份。

20 世纪 50 年代，湖北开始引进和试种烤烟，主要品种为当时山东、河南等地的大金黄、小金黄、大柳叶等。20 世纪 60 至 70 年代，又从云南、河南、山东等地引进了云南多叶、乔庄多叶、金星 6007 、许金 1 号、许金 2 号、单育 1 号、单育 2 号等高产抗病品种，使湖北烤烟生产得到了较大发展。1980 年，湖北省政府确定了襄阳、利川、浠水等 8 个县市为湖北烤烟生产基地，烤烟生产由此进入了快速增长期。1984 年，湖北省烟草公司成立后，对烤烟种植进行了统一规范管理，逐渐淘汰一批落后品种，并于 1992 年筛选确定 G28、G80、K326、NC89 等为湖北烤烟主打品种，之后，又在湖北推广了 K346、CF80、RG11、RG17 等品种，使湖北烤烟生产进入相对平稳的发展期。1985—1989 年烤烟年均产量 101.7 万担，1990—1997 年年均产量 140.9 万担，其中 1997 年曾经达到了创历史纪录的 218.3 万担。进入 21 世纪以来，湖北烤烟生产上使用的主要品种是云烟 87 和 K326。2006 年，湖北开始了烤烟育种工作，从国内外引进了百余份或优质、或抗病的品种资源，如反帝 3 号、云烟 317、人参烟、HT05、D101、Coker 176、Coker 371 Gold、K730、Kutsaga 51E、LK33/60 等，并在此基础上培育出了金神农 1 号、鄂烤 2 号、鄂烤 030、HB202、HB204、HB1709、HB1710 等优质抗病品种（系）。

20 世纪 60 年代中后期，湖北在襄阳、枣阳、建始、咸丰、利川等县市开始引进和试种白肋烟。1974 年以来，逐渐形成了以恩施地区为中心的白肋烟产区，产量和质量均居于全国领先地位。其间，生产规模几经波动，至 1997 年种植面积达到 29.5 万亩，产量 87.24 万担，双双创历史最高纪录。2005 年以后，由于国内外市场对中国白肋烟需求量的减少，湖北白肋烟种植面积下滑至约 15 万亩，到 2012 年，中国白肋烟种植面积再次急剧萎缩，目前种植面积在 7.5 万亩左右，主要分布在湖北省西部的建始县、恩施市、鹤峰县和长阳县。白肋烟种植初期，栽培品种均为从美国引进的优质品种，主要是易感黑胫病品种 Burley 21 和中抗黑胫病品种 Burley 37。1976 年，湖北育成杂交种鄂烟 1 号，由于该品种抗烟草黑胫病且质量较好，因而迅速得到推广，基本取代了引进品种。1986 年后，湖北又陆续从国外引进了一批白肋烟品种，如 Kentucky 14、Virginia 509、Tennessee 86、Tennessee 90、Kentucky 8959 等，并在此基础上培育出了鄂烟 2 号、鄂烟 3 号等 12 个白肋烟品种，同时选育出了一部分白肋烟品系，为稳定和发展中国白肋烟生产做出了一定贡献。利用自育品种（系）和引进品种，湖北省烟草科学研究院对白肋烟品种的植物学性状、农艺性状、经济性状、品质性状、腺毛性状、烟叶组织结构、烟碱转化性状和部分抗病性状进行了鉴定，并进行了遗传特性研究。这些工作为白肋烟育种提供了有效的理论支撑。

1981 年，湖北在五峰、巴东、房县、郧县等县市开始引进和试种马里兰烟，经过几年试种、示范和筛选，五峰县于 1987 年成为全省乃至全国唯一的生产马里兰烟的基地县，主要种植品种是

Md609。之后，又引进了 MD10、MD201、MD341、MD872 等品种，并在此基础上开展了马里兰烟育种工作，培育出五峰 1 号、五峰 2 号等品种。

1982 年以来，湖北还先后在十堰、襄阳、竹山等县市引进和试种香料烟，此后逐渐在十堰地区形成了一定的生产规模。曾试种过 Samsun、Basma、Xanthi 等品种，生产上种植的主要品种是 Samsun。

雪茄烟在湖北试种的时间相比上述各类型烟草较晚。2011 年首先在来凤试种成功，截至 2013 年，全县雪茄烟叶种植面积已达到 900 亩，收购量为 1200 担，主要种植品种是从印尼引进的 H382。2019 年以来，湖北又在丹江口市、五峰县发展雪茄烟生产，已初步具有一定规模，种植品种有楚雪 07、楚雪 14、楚雪 26 等。2021 年，湖北省烟草科学研究院结合国家烟草专卖局雪茄烟开发和利用重大专项，又从国内外引进了百余份品种资源，并在此基础上启动了雪茄烟育种工作。

湖北省烟草科学研究院通过直接引种、交换引种等方式，多途径开展烟草种质资源的搜集工作，通过品种间杂交或系统选育等方式创造了部分新的烟草种质资源，现已收集拥有烟草种质资源 689 份，其中包括烤烟 226 份、白肋烟 149 份、地方晒烟 264 份、马里兰烟 22 份、雪茄烟 4 份、香料烟 5 份、黄花烟 18 份、野生烟 1 份。2007 年以来，湖北省烟草科学研究院对保存的部分品种资源陆续进行了植物学性状、农艺性状、经济性状、品质性状和部分抗病性状的鉴定和评价，并建立了种质资源档案，以便为烟草种质资源的充分利用提供保证。

第一部分　烤烟种质资源

一、国内烤烟种质资源

6388

品种编号　HBKGN001

品种来源　河南省农业科学院烟草研究所用许金五号 ×G70 选育而成，2007 年从该单位引进。

特征特性　株式筒形，株高 114.8 ~ 163.5 cm，茎围 9.3 ~ 10.6 cm，节距 3.7 ~ 5.3 cm，叶数 19.7 ~ 33.0 片，腰叶长 58.0 ~ 75.6 cm、宽 27.5 ~ 40.4 cm，茎叶角度甚大；叶形宽椭圆，无叶柄，叶尖渐尖，叶面较平，叶缘波浪状，叶耳中，叶片主脉粗细中等，主侧脉夹角大，叶色浅绿，叶肉组织较细致，叶片稍薄；花序密集，花色淡红。移栽至现蕾 57 ~ 70 d，移栽至中心花开放 62 ~ 77 d，大田生育期 112 ~ 130 d。田间长势强，易烤。亩产量 128.65 ~ 140.81 kg，上中等烟率 72.45% ~ 84.95%。

外观质量　原烟颜色柠檬黄，结构疏松，身份中等，油分有，色度中。

化学成分　总糖含量 14.77% ~ 28.18%，还原糖含量 10.58% ~ 23.93%，总氮含量 1.99% ~ 2.30%，烟碱含量 2.60% ~ 3.00%，钾含量 1.93% ~ 2.39%。

评吸质量　香气质较好，香气量较足，浓度中等，劲头适中，余味较舒适，杂气较轻，微有刺激性，燃烧性中等，质量档次中等。

抗 病 性　中抗黑胫病、根结线虫病、气候性斑点病和烟蚜，中感 TMV 和 PVY，感青枯病、赤星病和 CMV。

6388

6517

品种编号　HBKGN002

品种来源　安徽省农业科学院烟草研究所用（K346×K326）×(中烟 98×9504) 选育而成，2013

年从该单位引进。

特征特性　株式塔形，株高 151.3 cm，茎围 9.4 cm，节距 5.3 cm，叶数 20.0 ~ 24.0 片，腰叶长 70.5 cm、宽 29.0 cm，茎叶角度中等，叶片上下分布较均匀；叶形长椭圆，无叶柄，叶尖急尖，叶面较皱，叶缘微波状，叶耳中，叶片主脉粗细中等，主侧脉夹角中等，叶色绿，叶肉组织较细致，叶片厚薄中等；花序密集，花色淡红。大田生育期 117 ~ 121 d。田间长势强。亩产量 162.50 kg，上等烟率 37.60%，上中等烟率 86.70%。

外观质量　原烟颜色金黄至深黄，结构疏松，身份中等，油分有，色度中。

抗病性　中抗黑胫病和青枯病，中感 TMV、根结线虫病和气候性斑点病，感赤星病、CMV 和 PVY。

6517

8021-2

品种编号　HBKGN003

品种来源　辽宁省丹东农业科学院烟草研究所用 7273×Coker 86 杂交选育而成，2007 年从该单位引进。

特征特性　株式筒形，株高 131.0 ~ 195.0 cm，茎围 9.0 ~ 12.2 cm，节距 4.4 ~ 6.1 cm，叶数 19.0 ~ 24.2 片，腰叶长 55.0 ~ 75.1 cm、宽 30.7 ~ 40.2 cm，茎叶角度较大；叶形椭圆，无叶柄，叶尖钝尖，叶面较平，叶缘波浪状，叶耳中，叶片主脉粗细中等，主侧脉夹角中等，叶色绿，叶肉组织较粗糙，叶片厚薄中等；花序密集，花色淡红。移栽至现蕾 53 ~ 66 d，移栽至中心花开放 58 ~ 74 d，大田生育期 112 ~ 116 d。田间长势强，成熟落黄较差。亩产量 114.01 kg，上等烟率 5.86%。

外观质量　原烟尚成熟，颜色金黄，结构尚疏松，身份中等，油分较少，色度强。

化学成分　总糖含量 29.41%，还原糖含量 19.05%，总氮含量 2.11%，烟碱含量 1.36%，钾含量 1.73%。

抗 病 性　对 TMV 免疫，高抗气候性斑点病，中抗根结线虫病和赤星病，中感黑胫病，感青枯病，高感烟蚜。

8021-2

C151

品种编号　HBKGN004

品种来源　广东省农业科学院作物研究所选育而成，2013 年从黑龙江省烟草科学研究所引进。

特征特性　株式塔形，株高 185.0 cm，茎围 10.9 cm，节距 6.0 cm，叶数 26.4 片，腰叶长 55.0 cm、宽 21.6 cm，茎叶角度中等；叶形长椭圆，无叶柄，叶尖渐尖，叶面较平，叶缘微波状，叶耳小，叶片主脉粗，主侧脉夹角中等，叶色绿，叶肉组织较细致，叶片较厚；花序松散，花色白。移栽至现蕾 56 d，移栽至中心花开放 62 d。亩产量 104.82 kg，上等烟率 9.69%。

　外观质量　原烟颜色柠檬黄，结构紧密，身份稍薄，油分有，色度弱。

　化学成分　总糖含量 11.38%，还原糖含量 9.13%，总氮含量 2.41%，烟碱含量 2.09%，钾含量 2.70%。

　评吸质量　香气质较好，香气量较足，浓度中等，劲头适中，余味较舒适，杂气较轻，微有刺激性，燃烧性中等，质量档次中等。

　抗 病 性　高抗 PVY，抗 CMV，中抗黑胫病和 TMV，感青枯病和赤星病，高感烟蚜。

CF203

品种编号　HBKGN005

品种来源　中国农业科学院烟草研究所选育而成的烤烟品系，2008 年从安徽省农业科学院烟草研究所引进。

C151

特征特性 株式筒形，株高 104.8 ~ 116.7 cm，茎围 10.0 ~ 10.4 cm，节距 4.4 ~ 4.7 cm，叶数 20.0 ~ 25.0 片，腰叶长 72.1 ~ 72.6 cm、宽 30.1 ~ 36.6 cm，茎叶角度中等，株型较紧凑，叶片上下分布均匀；叶形椭圆，无叶柄，叶尖渐尖，叶面较平，叶缘微波状，叶耳中，叶片主脉粗细中等，主侧脉夹角中等偏大，叶色绿，叶肉组织细致，叶片厚薄中等；花序密集，花色淡红。移栽至现蕾 48 ~ 63 d，移栽至中心花开放 53 ~ 73 d，大田生育期 112 ~ 125 d。田间长势强。叶片分层落黄，易烘烤。亩产量 162.08 kg，上等烟比例 33.16%，上中等烟比例 78.04%。

外观质量 原烟颜色正黄至金黄，结构尚疏松，身份中等，油分有，色度中。

化学成分 总糖含量 24.92%，还原糖含量 21.38%，总氮含量 2.44%，烟碱含量 3.39%，钾含量 2.11%。

抗病性 抗黑胫病，中抗青枯病和赤星病，中感根结线虫病，感 TMV、CMV 和 PVY。

CF203

CF222

品种编号 HBKGN006

品种来源 中国农业科学院烟草研究所选育而成的烤烟品系，2010年从该单位引进。

特征特性 株式筒形，株高126.9 cm，茎围10.0 cm，节距5.3 cm，叶数17.0～22.0片，腰叶长79.3 cm、宽38.4 cm，茎叶角度中等偏大，叶片上下分布较均匀，株型较紧凑；叶形长椭圆，无叶柄，叶尖渐尖，叶面较皱，叶缘皱折，叶耳中，叶片主脉稍粗，主侧脉夹角中等偏小，叶色绿，叶肉组织稍粗糙，叶片厚薄中等；花序密集，花色淡红。移栽至现蕾52 d，移栽至中心花开放56 d，大田生育期107～115 d。大田长势强，腋芽生长势较强。叶片分层落黄，易烘烤。

外观质量 原烟颜色正黄至金黄，结构疏松至尚疏松，身份中等，油分有，色度中至强。

化学成分 总糖含量29.95%，还原糖含量25.13%，总氮含量2.18%，烟碱含量2.50%，钾含量1.94%。

抗病性 抗黑胫病，中抗根结线虫病、赤星病和PVY，中感青枯病和TMV。

CF222

CF223

品种编号 HBKGN007

品种来源 中国农业科学院烟草研究所选育而成的烤烟品系，2010年从该单位引进。

特征特性 株式筒形，株高113.2 cm，茎围9.5 cm，节距4.8 cm，叶数20.0～23.0片，腰叶长79.3 cm、宽30.8 cm，中下部叶片分布稍密，茎叶角度小；叶形长椭圆，无叶柄，叶尖渐尖，叶面较皱，叶缘皱折，叶耳较大，叶片主脉粗细中等，主侧脉夹角中等，叶色绿，叶肉组织尚细致，叶片稍厚；花序松散，花色淡红。移栽至现蕾48 d，移栽至中心花开放55 d，大田生育期110～115 d。大田长势中等，腋芽生长势较强，不耐肥。叶片分层落黄，易烘烤。

外观质量 原烟颜色正黄至金黄，结构尚疏松，身份中等至稍厚，油分有至稍有，色度中。

化学成分 总糖含量28.37% ~ 29.37%，还原糖含量22.46% ~ 23.53%，总氮含量2.16% ~ 2.43%，烟碱含量2.35% ~ 3.71%，钾含量1.4% ~ 2.1%。

抗 病 性 中抗黑胫病、根结线虫病和赤星病，中感青枯病，感TMV和PVY。

CF223

CF225

品种编号 HBKGN008

品种来源 中国农业科学院烟草研究所选育而成的烤烟品系，2013年从黑龙江省烟草科学研究所引进。

特征特性 株式筒形，株高136.9 ~ 147.6 cm，茎围10.0 ~ 11.2 cm，节距3.5 ~ 4.7 cm，叶数25.0 ~ 29.0片，腰叶长69.3 ~ 79.9 cm、宽30.1 ~ 37.7 cm，茎叶角度中等偏小，株型紧凑，叶片上下分布较均匀；叶形椭圆，无叶柄，叶尖急尖，叶面较平，叶缘波浪状，叶耳中，叶片主脉稍粗，主侧脉夹角中等偏大，叶色绿，叶肉组织稍粗糙，叶片稍厚；花序松散，花色淡红。移栽至现蕾53 d，移栽至中心花开放57 d，大田生育期110 ~ 120 d。大田长势强，腋芽生长势较强。叶片分层落黄，易烘烤。

外观质量 原烟颜色正黄至金黄，结构尚疏松，身份中等，油分有至稍有，色度中。

化学成分 总糖含量32.11%，还原糖含量28.06%，总氮含量2.37%，烟碱含量2.36%，钾含量1.81%。

抗 病 性 对TMV免疫，高抗PVY和气候性斑点病，抗黑胫病、青枯病、赤星病和白粉病。

CF225

CV58

品种编号　HBKGN009

品种来源　中国农业科学院烟草研究所用 [(单育 2 号 × 革新 3 号)F₁×(净叶黄 ×G28)F₃]× G28 杂交选育而成，2013 年从黑龙江省烟草科学研究所引进。

特征特性　株式塔形，株高 116.0 ~ 170.6 cm，茎围 9.3 ~ 10.7 cm，节距 5.2 ~ 6.2 cm，叶数 15.0 ~ 23.6 片，腰叶长 66.0 ~ 80.3 cm、宽 32.0 ~ 37.2 cm，茎叶角度较大，叶片略平展且上下分布尚均匀；叶形椭圆，无叶柄，叶尖渐尖，叶面较皱，叶缘皱折，叶耳小，叶片主脉粗细中等，主侧脉夹角小，叶色绿，叶肉组织较细致，叶片厚薄中等；花序密集，花色淡红。移栽至现蕾 53 ~ 64 d，移栽至中心花开放 58 ~ 74 d，大田生育期 112 ~ 125 d。田间长势强，不易烤。

外观质量　原烟颜色柠檬黄，结构疏松至尚疏松，身份中等，油分有至稍有，色度强至中，易褪色。

抗病性　对 TMV 免疫，高抗气候性斑点病，抗赤星病，感黑胫病和青枯病。

CV58

CV87

品种编号 HBKGN010

品种来源 中国农业科学院烟草研究所用 CV58×(G28×NC82) 选育而成，2007 年从该单位引进。

特征特性 株式塔形，株高 75.7 ~ 130.5 cm，茎围 9.1 ~ 12.0 cm，节距 3.3 ~ 7.3 cm，叶数 15.0 ~ 25.5 片，腰叶长 67.4 ~ 84.2 cm、宽 26.0 ~ 44.3 cm，茎叶角度大，下部叶片宽大、分布较密；叶形椭圆，无叶柄，叶尖急尖，叶面较平，叶缘微波状，叶耳中，叶片主脉粗细中等，主侧脉夹角中等，叶色绿，叶肉组织较细致，叶片厚薄中等；花序密集，花色淡红。移栽至现蕾 49 ~ 67 d，移栽至中心花开放 54 ~ 76 d，大田生育期 112 ~ 125 d。田间长势强，腋芽生长势强，不易烤。亩产量 144.48 ~ 179.78 kg。

外观质量 原烟颜色柠檬黄，结构疏松，身份中等，油分有，色度强，易褪色。

化学成分 总糖含量 25.02%，还原糖含量 20.06%，总氮含量 1.92%，烟碱含量 1.61%，钾含量 2.02%。

抗病性 对 TMV 免疫，高抗赤星病和气候性斑点病，抗 PVY，感黑胫病和野火病。

CV87

CV91

品种编号 HBKGN011

品种来源 中国农业科学院烟草研究所用 CV58×G28 选育而成，2013 年从黑龙江省烟草科学研究所引进。

特征特性 株式塔形，株高 172.4 cm，茎围 9.2 cm，节距 7.1 cm，叶数 18.0 ~ 21.0 片，腰叶长 68.3 cm、宽 31.2 cm，茎叶角度较大，叶片略平展且上下分布较均匀；叶形长椭圆，无叶柄，叶尖渐尖，叶面皱，叶缘皱折，叶耳中，叶片主脉较粗，主侧脉夹角甚小，叶色绿，叶肉组织较粗糙，叶片稍厚；花序密集，花色淡红。移栽至现蕾 52 d，移栽至中心花开放 56 d，大田生育期 105 ~ 110 d。田间长势较强,适应性强,不易烤。

外观质量 原烟颜色柠檬黄,结构尚疏松,身份中等,油分稍有,色度中,易褪色。

抗病性 对TMV免疫,高抗PVY、CMV和气候性斑点病,抗赤星病,中抗青枯病,感黑胫病。

CV91

FY813

品种编号 HBKGN012

品种来源 安徽省农业科学院烟草研究所选育而成的烤烟品系,2007年从该单位引进。

特征特性 株式筒形,株高117.0～167.2 cm,茎围8.7～9.9 cm,节距4.3～5.2 cm,叶数19.0～24.2片,腰叶长66.3～80.0 cm、宽25.3～31.8 cm,茎叶角度中等,叶片上下分布均匀;叶形长椭圆,无叶柄,叶尖渐尖,叶面较皱,叶缘皱折,叶耳较大,叶片主脉较细,主侧脉夹角中等,叶色绿,叶肉组织较细致、柔软,叶片厚薄中等;花序密集,花色淡红。移栽至现蕾48～62 d,移栽至中心花开放53～68 d,大田生育期112～125 d。田间长势强,耐肥,上部叶开片好。叶片分层落黄,耐熟,易烤。亩产量115.50～135.00 kg。

外观质量 原烟颜色金黄至橘黄,结构疏松至尚疏松,身份中等,油分有,色度强。

抗病性 抗黑胫病,中抗根结线虫病和赤星病,中感青枯病,感TMV、CMV和PVY。

HB1505

品种编号 HBKGN013

品种来源 湖北省烟草科学研究院从云烟87中系统选育而成的烤烟品系。

特征特性 株式筒形,打顶株高110.0～127.0 cm,茎围8.0～10.0 cm,节距4.0～6.5cm,有效叶数18～21片,腰叶长67.0～80.0 cm、宽33.0～38.5 cm,叶片上下分布均匀,茎叶角度中等;叶形长椭圆,无叶柄,叶尖渐尖,叶面较皱,叶缘微波状,叶耳大,叶片主脉粗细中等,主侧脉夹角中等，叶色深绿，叶肉组织细致，叶片厚薄中等；花序密集，花色淡红。移栽至现蕾 58 d，移栽至中心花开放 62 ～ 70 d，大田生育期 110.0 ～ 120.0 d。移栽至旺长期烟株生长缓慢，后期生长迅速，腋芽生长势强，耐肥。叶片分层落黄，耐熟，易烤。

外观质量　原烟颜色金黄至橘黄，结构疏松，身份中等，油分较多，色度强。

抗　病　性　抗赤星病和气候性斑点病，中抗黑胫病、南方根结线虫病和爪哇根结线虫病，中感 TMV 和 PVY，感青枯病。

FY813

HB1505

HT-05

品种编号 HBKGN014

品种来源 湖南省烟草公司永州市公司从 Coker 176 中系统选育而成的烤烟品系，2013 年从该单位引进。

特征特性 株式塔形，株高 139.3 cm，茎围 10.9 cm，节距 3.7 cm，叶数 27.0 ~ 29.0 片，腰叶长 79.1 cm、宽 38.2 cm，茎叶角度中等，株型较紧凑，叶片略下披，下部叶片分布稍密；叶形椭圆，无叶柄，叶尖钝尖，叶面皱，叶缘皱折，叶耳中等，叶片主脉较粗，主侧脉夹角甚小，叶色绿，叶肉组织稍粗糙，叶片稍厚；花序松散，花色淡红。移栽至现蕾 57 d，移栽至中心花开放 64 d，大田生育期 110 ~ 120 d。田间长势强，腋芽生长势较强，上部叶开片稍差，较耐肥，易烘烤。

外观质量 原烟颜色正黄至金黄，结构尚疏松至稍密，身份中等至稍厚，油分有至稍有，色度强。

抗 病 性 对 TMV 免疫，高抗气候性斑点病，抗青枯病，中抗黑胫病、根结线虫病和赤星病。

HT-05

K6

品种编号 HBKGN015

品种来源 中国农业科学院烟草研究所选育而成的烤烟品系，2007 年从该单位引进。

特征特性 株式筒形，株高 109.4 ~ 152.7 cm，茎围 10.1 ~ 11.6 cm，节距 4.7 ~ 6.2 cm，叶数 17.7 ~ 23.2 片，腰叶长 62.5 ~ 79.1 cm、宽 32.0 ~ 42.9 cm，茎叶角度较大，叶片上下分布尚均匀；叶形椭圆，无叶柄，叶尖渐尖，叶面皱，叶缘皱折，叶耳中偏小，叶片主脉稍粗，主侧脉夹角小，叶色绿，叶肉组织尚细致，叶片厚薄中等；花序密集，花色淡红。移栽至现蕾 49 ~ 58 d，移栽至中心花开放 55 ~ 65 d，大田生育期 112 ~ 125 d。栽后生长迅速，田间长势强，不易烤。

外观质量 原烟颜色柠檬黄，结构尚疏松，身份中等，油分有至稍有，色度中，易褪色。

抗 病 性 对 TMV 免疫，高抗气候性斑点病，中抗黑胫病，感青枯病、赤星病和 PVY。

K6

K8

品种编号　HBKGN016

品种来源　中国农业科学院烟草研究所选育而成的烤烟品系，2007 年从该单位引进。

特征特性　株式塔形，株高 61.2 ～ 144.6 cm，茎围 10.2 ～ 12.1 cm，节距 3.5 ～ 5.2 cm，叶数 14.0 ～ 25.0 片，腰叶长 69.0 ～ 85.5 cm、宽 33.0 ～ 42.2 cm，茎叶角度小，下部叶片分布较密，叶片略披垂；叶形椭圆，无叶柄，叶尖渐尖，叶面稍皱，叶缘波浪状，叶耳小，叶片主脉较粗，主侧脉夹角较小，叶色绿，叶肉组织稍粗糙，叶片厚薄中等；花序密集，花色淡红。移栽至现蕾 53 ～ 71 d，移栽至中心花开放 58 ～ 79 d，大田生育期 112 ～ 125 d。田间长势强，腋芽生长势较强，不易烤。

外观质量　原烟颜色柠檬黄，结构尚疏松至稍密，身份中等，油分有至稍有，色度中，易褪色。

抗 病 性　对 TMV 免疫，高抗气候性斑点病，中抗黑胫病，感青枯病、赤星病和 PVY。

K8

K10

品种编号　HBKGN017

品种来源　中国农业科学院烟草研究所选育而成的烤烟品系，2007 年从该单位引进。

特征特性　株式塔形，株高 88.7 ~ 163.0 cm，茎围 9.6 ~ 11.0 cm，节距 3.5 ~ 5.0 cm，叶数 22.4 ~ 27.0 片，腰叶长 70.7 ~ 79.0 cm、宽 29.7 ~ 37.0 cm，茎叶角度中等，叶片上下分布较均匀，叶片略披垂；叶形椭圆，无叶柄，叶尖渐尖，叶面较皱，叶缘波浪状，叶耳中偏小，叶片主脉稍粗，主侧脉夹角小，叶色绿，叶肉组织稍粗糙，叶片厚薄中等；花序密集，花色淡红。移栽至现蕾 49 ~ 58 d，移栽至中心花开放 54 ~ 62 d，大田生育期 112 ~ 125 d。田间长势强，不易烤。

外观质量　原烟颜色柠檬黄，结构尚疏松，身份中等，油分有至稍有，色度中，易褪色。

抗病性　对 TMV 免疫，高抗气候性斑点病，中抗黑胫病，感青枯病、赤星病和 PVY。

K10

LZ2

品种编号　HBKGN018

品种来源　安徽省农业科学院烟草研究所杂交组合中烟 98×L6-2，通过离子注入选育而成的烤烟品系，2007 年从该单位引进。

特征特性　株式筒形，株高 86.0 ~ 138.3 cm，茎围 7.0 ~ 10.6 cm，节距 4.0 ~ 5.7 cm，叶数 21.6 ~ 27.6 片，腰叶长 72.5 ~ 81.9 cm、宽 26.4 ~ 33.2 cm，叶片上下分布尚均匀，茎叶角度较大，叶片披垂；叶形椭圆，无叶柄，叶尖渐尖，叶面皱，叶缘波浪状，叶耳较大，叶片主脉粗细中等，主侧脉夹角中等，叶色绿，叶肉组织细致，叶片厚薄中等；花序密集，花色白。移栽至现蕾 42 ~ 67 d，移栽至中心花开放 45 ~ 75 d，大田生育期 112 ~ 130 d。大田长势强，耐肥，不耐旱，叶片分层落黄，不易烤。亩产量 89.20 ~ 131.58 kg，上中等烟率 47.39% ~ 60.00%。

外观质量 原烟颜色正黄至金黄，结构尚疏松，身份中等，油分有，色度中。

化学成分 总糖含量27.59% ~ 34.96%，还原糖含量25.76% ~ 31.46%，烟碱含量1.86% ~ 2.92%，总含氮量1.93% ~ 2.52%，钾含量2.31% ~ 2.74%。

抗 病 性 感黑胫病、青枯病、根结线虫病、赤星病、TMV、PVY和气候性斑点病。

LZ2

LZ5

品种编号 HBKGN019

品种来源 安徽省农业科学院烟草研究所杂交组合中烟98×L6-2，通过离子注入选育而成的烤烟品系，2007年从该单位引进。

特征特性 株式筒形，株高92.0 ~ 141.4 cm，茎围7.9 ~ 9.8 cm，节距4.1 ~ 6.3 cm，叶数25.9 ~ 27.6片，腰叶长69.0 ~ 78.8 cm、宽25.4 ~ 36.9 cm，叶片上下分布均匀，茎叶角度中等，叶片略披垂；叶形椭圆，无叶柄，叶尖尾状，叶面皱，叶缘皱折，叶耳较大，叶片主脉稍粗，主侧脉夹角小，叶色绿，叶肉组织细致，叶片厚薄中等；花序密集，花色白。移栽至现蕾52 ~ 83 d，移栽至中心花开放55 ~ 89 d，大田生育期125 ~ 142 d。大田长势强，耐肥，不耐旱，叶片分层落黄成熟，较易烤。亩产量104.41 ~ 262.78 kg，上等烟率6.10% ~ 34.79%，上中等烟率39.40% ~ 73.42%。

外观质量 原烟颜色正黄至金黄，结构疏松至尚疏松，身份中等，油分有至稍有，色度中。

化学成分 总糖含量21.39% ~ 27.25%，还原糖含量17.02% ~ 21.69%，烟碱含量2.95% ~ 3.58%，总含氮量2.49% ~ 2.54%，钾含量2.44% ~ 2.59%。

评吸质量 香气质中等，香气量尚足，浓度中等，劲头适中，余味尚舒适，有杂气，有刺激性，燃烧性较强。

抗 病 性 感黑胫病、青枯病、根结线虫病、赤星病、TMV、PVY和气候性斑点病。

LZ5

YX10048-6

品种编号 HBKGN020

品种来源 湖北省烟草科学研究院采用杂交组合 Coker 371 Gold × 蓝玉 1 号的胚珠培养而成。

特征特性 株式塔形，打顶株高 117.0 ~ 154.1 cm，茎围 9.8 ~ 11.4 cm，节距 5.1 ~ 6.7 cm，有效叶数 20.3 ~ 20.7 片，腰叶长 75.4 ~ 76.5 cm、宽 30.0 ~ 34.1 cm，茎叶角度中等；叶形长椭圆，无叶柄，叶尖渐尖，叶面略皱，叶缘波浪状，叶耳稍大，叶片主脉粗细中等，主侧脉夹角稍小，叶色绿，叶肉组织稍粗糙，叶片厚薄中等；花序松散，花色淡红。大田生育期 122.8 ~ 140.5 d。田间长势强，腋芽生长势较强。耐肥，耐旱，易出现缺钾症。田间成熟时分层落黄，耐熟，易烤。亩产量 135.82 ~ 153.27 kg，上等烟率 32.03% ~ 38.56%，上中等烟率 75.82% ~ 87.78%。

外观质量 原烟颜色金黄至橘黄，结构疏松至尚疏松，身份中等至稍薄，油分有，色度中至强。

化学成分 总糖含量 20.77% ~ 28.79%，还原糖含量 17.18% ~ 23.14%，总氮含量 2.01%，烟碱含量 2.85% ~ 3.12%，钾含量 1.58% ~ 1.97%。

评吸质量 香气质较好，香气量较足，浓度和劲头中等，余味较舒适，杂气较轻，微有刺激性，燃烧性强。

抗病性 对 TMV 免疫，抗黑胫病，中抗青枯病，中感根结线虫病、赤星病、CMV 和 PVY。

毕纳 1 号

品种编号 HBKGN021

品种来源 贵州省烟草公司毕节市公司从烤烟品种云烟 85 自然变异株中系选而成，2013 年从该单位引进。

特征特性 株式塔形，自然株高 210 cm 左右，打顶株高 124.7 ~ 150.0 cm，茎围 9.0 ~ 10.0 cm，节距 4.5 ~ 5.2 cm，叶数 26 ~ 32 片，腰叶长 69.6 ~ 78.2 cm、宽 28.2 ~ 29.4 cm，茎叶角度中等；

叶形长椭圆，无叶柄，叶尖渐尖，叶面较皱，叶缘波浪状，叶耳大，叶片主脉粗细中等，主侧脉夹角中等，叶色绿，叶肉组织较细致，叶片厚薄中等；花序密集，花色淡红。移栽至中心花开放 72 d 左右，大田生育期 130 ~ 135 d。田间长势较强，上部叶开片好。分层落黄好，易烘烤，亩产量 150.0 ~ 161.5 kg，上等烟率 36.4% ~ 40.0%，上中等烟率 80.80% ~ 84.95%。

外观质量 原烟颜色金黄到正黄，结构疏松，身份中等偏薄，油分有，色度较强。

评吸质量 香气质较好，香气量足，劲头中等，微有刺激性，余味较舒适。

抗病性 中抗黑胫病、青枯病和根结线虫病，中感赤星病和 CMV，感 TMV、PVY 和气候性斑点病。

YX10048-6

毕纳 1 号

长脖黄

品种编号 HBKGN022

品种来源 河南省许昌市地方品种，2009 年从河南省科学院烟草研究所引进。

特征特性 株式筒形，株高 92.6 ~ 97.0 cm，茎围 9.7 ~ 14.2 cm，节距 3.6 ~ 5.1 cm，叶数 19.0 ~ 22.0 片，腰叶长 53.8 ~ 75.8 cm、宽 29.2 ~ 34.6 cm，茎叶角度较大；叶形长椭圆，无叶柄，叶尖尾状，叶面较皱，叶缘波浪状，叶耳中，叶片主脉粗细中等，主侧脉夹角中等，叶色绿，叶肉组织粗糙，叶片厚薄中等；花序密集，花色淡红。移栽至现蕾 49 d，移栽至中心花开放 53 ~ 56 d，大田生育期 103 ~ 120 d。田间长势强，腋芽生长势中等，落黄差，亩产量 146.14 ~ 197.66 kg，上等烟率 8.77%，上中等烟率 88.54%。

外观质量 原烟颜色柠檬黄至橘黄，结构疏松，身份中等，油分有，色度强。

化学成分 总糖含量 21.63% ~ 25.60%，还原糖含量 20.08%，总氮含量 1.65% ~ 2.78%，烟碱含量 0.83% ~ 3.13%，钾含量 2.58%。

评吸质量 香气质好，香气量有，吃味纯净，浓度中等，劲头适中，余味尚舒适，有杂气，刺激性较大，燃烧性强，质量档次中等。

抗 病 性 抗 CMV，中抗 PVY，感青枯病、根结线虫病、赤星病、低头黑病、TMV 和烟蚜，高感黑胫病。

长脖黄

翠碧 1 号

品种编号 HBKGN023

品种来源 福建省烟草公司宁化县公司从 401 变异株中系统选育而成，2008 年从中国烟草东南农业试验站引进。

特征特性 株式筒形，株高 95.0 ~ 143.5 cm，茎围 9.8 ~ 11.6 cm，节距 4.5 ~ 5.3 cm，叶数 22.0 ~ 26.4 片，腰叶长 61.1 ~ 80.7 cm、宽 26.2 ~ 38.7 cm，茎叶角度中等；叶形长椭圆，无叶柄，叶尖钝尖，叶面较平，叶缘波浪状，叶耳小，叶片主脉较细，主侧脉夹角中等，叶色绿，叶肉组织细致，叶片厚薄适中；花序密集，花色淡红。移栽至现蕾 48 ~ 71 d，移栽至中心花开放 52 ~ 79 d，大田生育期 113 ~ 130 d。大田生长势强，腋芽生长势弱，耐瘠，耐旱，耐寒，不耐肥。落黄不明显，不易烘烤。亩产量 119.45 ~ 150.00 kg。

外观质量 原烟尚成熟，颜色柠檬黄，结构尚疏松，身份中等，油分多，色度强。

化学成分 总糖含量 16.07% ~ 28.42%，还原糖含量 14.91% ~ 21.42%，总氮含量 1.98% ~ 2.13%，烟碱含量 1.72% ~ 1.88%，钾含量 1.55%。

评吸质量 具典型的清香型风格；香气质好，香气量尚足，吃味纯净，劲头适中，杂气较轻，微有刺激性，燃烧性好。

抗 病 性 中抗气候型斑点病，中感黑胫病，感青枯病和病毒病。

翠碧 1 号

反帝 3 号

品种编号 HBKGN024

品种来源 贵州省湄潭县农业局用抵字 101× 湄潭大柳叶选育而成，2013 年从中国烟草东南农业试验站引进。

特征特性 株式筒形，株高 125.5 cm，茎围 10.0 cm，节距 4.0 cm，叶数 23.0 片，腰叶长 65.3 cm、宽 13.3 cm，茎叶角度较小；叶形长椭圆，无叶柄，叶尖尾状，叶面较平，叶缘波浪状，叶耳中，叶片主脉粗细中等，主侧脉夹角较大，叶色浅绿，叶肉组织较粗糙，叶片厚薄中等；花序松散，花色淡红。移栽至中心花开放 61 d，大田生育期 114 d。

外观质量　原烟颜色正黄，结构疏松到尚疏松，身份中等，油分有，色度中偏弱。

化学成分　总糖含量14.19%，还原糖含量12.10%，总氮含量2.76%，烟碱含量2.90%，钾含量1.93%。

评吸质量　香气质尚好，香气量尚足，劲头稍大，余味尚舒适，有杂气，刺激性较大，燃烧性强。

抗病性　抗青枯病，感黑胫病。

反帝3号

贵烟2号

品种编号　HBKGN025

品种来源　黔南州烟草公司瓮安县分公司从K326变异株中系统选育而成，2015年从贵州省烟草科学研究院引进。

特征特性　株式塔形，打顶株高135.1～146.7 cm，茎围10.6 cm，节距6.5 cm，叶数20.8～21.4片，腰叶长75.5～75.8 cm、宽32.5～33.9 cm，茎叶角度中等；叶形长椭圆，无叶柄，叶尖渐尖，叶面较平，叶缘波浪状，叶耳小，叶片主脉粗细中等，主侧脉夹角较小，叶色浅绿至绿，叶肉组织较细致，叶片厚薄中等；花序密集，花色淡红。大田生育期130 d左右。田间长势强，分层落黄特征明显，易烘烤。亩产量153.30～155.25 kg，上等烟率34.0%～44.34%，上中等烟率74.64%～78.47%。

外观质量　原烟颜色金黄，结构疏松，身份中等，油分有至稍有，色度中。

化学成分　总糖含量14.77%，还原糖含量21.46%~23.21%，总氮含量1.58%~2.08%，烟碱含量1.85%~2.14%，钾含量2.00%~2.35%。

评吸质量　香气质中等至较好，香气量有至尚足，浓度和劲头中等，余味尚舒适，有杂气和刺激性，燃烧性较强。

抗病性　中抗黑胫病、青枯病和TMV，中感根结线虫病和赤星病，感CMV和PVY。

贵烟 2 号

红花大金元

品种编号　HBKGN026

品种来源　原名路美邑，云南省路南县路美邑村烟农从大金元变异株中系统选育而成，2007 年从安徽省农业科学院烟草研究所引进。

特征特性　株式塔形，株高 107.4 ~ 188.5 cm，茎围 9.1 ~ 12.8 cm，节距 4.0 ~ 6.7 cm，叶数 17.3 ~ 23.0 片，腰叶长 60.7 ~ 81.6 cm，宽 21.0 ~ 45.0 cm，茎叶角度小；叶形长椭圆，无叶柄，叶尖渐尖，叶面略皱，叶缘皱折，叶耳大，叶片主脉较粗，主侧脉夹角较小，叶色深绿，叶肉组织细致，叶片较厚；花序密集，花色红。移栽至现蕾 52 ~ 66 d，移栽至中心花开放 57 ~ 73 d，大田生育期 112 ~ 125 d。田间前期长势强，腋芽生长势较强；较耐旱，不耐肥。叶片落黄慢，成熟性差，难烘烤。亩产量 114.60 ~ 180.00 kg，上等烟率 17.90%。

外观质量　原烟颜色正黄至金黄，结构疏松至尚疏松，身份适中，油分有，色度中至强。

化学成分　总糖含量 24.68% ~ 36.26%，还原糖含量 20.65% ~ 30.36%，总氮含量 1.42% ~ 2.41%，烟碱含量 1.53% ~ 3.70%，钾含量 1.58% ~ 2.21%。

评吸质量　具典型的清香型风格；香气质好，香气量尚足，吃味纯净，浓度中等，劲头适中，有杂气，有刺激性，燃烧性强。

抗　病　性　抗气候型斑点病，中抗南方根结线虫病和 CMV，感黑胫病、赤星病、野火病、TMV 和 PVY。

吉烟 9 号

品种编号　HBKGN027

品种来源　吉林省延边朝鲜族自治州农业科学研究院烟草研究所用 9501×温德尔选育而成，2009 年从该单位引进。

特征特性 株式筒形，株高 111.5 ～ 147.0 cm，茎围 10.6 ～ 11.7 cm，节距 4.0 ～ 4.3 cm，叶数 24.0 ～ 27.2 片，腰叶长 67.9 ～ 82.3 cm、宽 32.1 ～ 40.9 cm，茎叶角度较小；叶形椭圆，无叶柄，叶尖渐尖，叶面较皱，叶缘微波状，叶耳中，叶片主脉粗细中等，主侧脉夹角中等，叶色绿，叶肉组织较粗糙，叶片厚薄中等；花序密集，花色淡红。移栽至现蕾 54 ～ 67 d，移栽至中心花开放 58 ～ 74 d，大田生育期 110 ～ 125 d。田间长势强，抗旱、抗涝、抗寒，且具有抗旱花能力，耐肥。烟叶早熟，易烤。亩产量 173.3 kg，上等烟率 18.2%。

外观质量 原烟颜色金黄至正黄，结构疏松，身份中等，油分多至有。

评吸质量 香气质中等偏上，香气量有，浓度中等，劲头适中，余味尚舒适，有杂气，有刺激性，燃烧性强。

抗病性 对 TMV 免疫，中抗 PVY 和根结线虫病，较耐赤星病，感黑胫病和青枯病。

红花大金元

吉烟 9 号

韭菜坪 2 号

品种编号 HBKGN028

品种来源 贵州省烤烟良种繁殖基地从 G28 中系统选育而成，2007 年从贵州省烟草科学研究院引进。

特征特性 株式筒形，打顶株高 89.8 cm，茎围 11.0 cm，节距 4.0 cm，有效叶数 21.2 片，腰叶长 72.6 cm、宽 36.0 cm，茎叶角度中等；叶形长椭圆，无叶柄，叶尖渐尖，叶面略皱，叶缘皱折，叶耳大，叶片主脉较粗，主侧脉夹角中等，叶色绿，叶肉组织较细致，叶片厚薄中等；花序密集，花色淡红。移栽至中心花开放 63.1 d。田间长势强，适应性强，早熟，易烤。亩产量 138.80 kg。

外观质量 原烟颜色金黄，结构疏松，身份中等，油分稍有，色度中。

抗 病 性 中感黑胫病和根结线虫病，感青枯病、赤星病、TMV、PVY、CMV 和气候性斑点病。

韭菜坪 2 号

烤烟 –3

品种编号 HBKGN029

品种来源 湖北省烟草科学研究院从 G28 中系统选育而成。

特征特性 株式筒形，株高 93.7 ~ 162.2 cm，茎围 7.0 ~ 11.6 cm，节距 3.3 ~ 5.5 cm，叶数 18.0 ~ 25.6 片，腰叶长 40.2 ~ 76.2 cm、宽 21.4 ~ 37.7 cm，叶片上下分布均匀，茎叶角度中等，株型紧凑；叶形长椭圆，无叶柄，叶尖渐尖，叶面皱，叶缘波浪状，叶耳小，叶片主脉粗细中等，主侧脉夹角中等偏小，叶色绿，叶肉组织细致，叶片厚薄中等偏厚；花序松散，花色淡红。移栽至现蕾 49 ~ 62 d，移栽至中心花开放 54 ~ 72 d，大田生育期 112 ~ 125 d。田间长势弱，腋芽生长势较强，耐肥。叶片分层落黄，耐熟，易烤。亩产量 125.00 ~ 149.00 kg，上等烟率 24.77% ~ 31.47%，上中等烟率 82.66% ~ 92.15%。

外观质量 原烟颜色橘黄，结构疏松至尚疏松，身份中等，油分有，色度强。

化学成分 总糖含量17.12%～31.47%，还原糖含量14.09%～27.43%，总氮含量1.63%～2.31%，烟碱含量1.47%～3.10%，钾含量1.59%～2.55%。

评吸质量 香气质较好，香气量尚足，浓度和劲头中等，杂气和刺激性有至微有，余味较舒适，燃烧性强。

抗 病 性 抗青枯病，中抗黑胫病和根结线虫病，感赤星病、TMV、CMV、PVY和气候性斑点病。

烤烟-3

烤烟9201

品种编号 HBKGN030

品种来源 中国农业科学院烟草研究所用（NC82×潘园黄）×NC82杂交选育而成的烤烟品系，2006年从该单位引进。

特征特性 株式筒形，株高151.2 cm，茎围9.8 cm，节距5.2 cm，叶数18.0～21.0片，腰叶长76.9 cm、宽31.6 cm，茎叶角度较大，叶片略平展且上下分布尚均匀；叶形长椭圆，无叶柄，叶尖渐尖，叶面较皱，叶缘皱折，叶耳中，叶片主脉稍粗，主侧脉夹角小，叶色绿，叶肉组织较粗糙、较脆，叶片厚薄中等；花序密集，花色淡红。移栽至现蕾55 d，移栽至中心花开放62 d，大田生育期108～112 d。田间长势强，易烘烤。

抗 病 性 高抗TMV和气候性斑点病，抗黑胫病和赤星病。

蓝玉一号

品种编号 HBKGN031

品种来源 福建省烟草公司三明市公司从K326变异株中系统选育而成，2013年从中国烟草东南农业试验站引进。

特征特性 株式筒形，株高 118.8 ~ 134.8 cm，茎围 9.8 ~ 10.8 cm，节距 3.9 ~ 4.4 cm，叶数 23.4 ~ 27.0 片，腰叶长 77.2 ~ 82.2 cm、宽 32.3 ~ 37.6 cm，茎叶角度中等；叶形长椭圆，无叶柄，叶尖急尖，叶面略皱，叶缘波浪状，叶耳中，叶片主脉细，主侧脉夹角中等，叶色绿，叶肉组织较细致，叶片厚薄中等；花序密集，花色淡红。移栽至现蕾 60 ~ 74 d，移栽至中心花开放 67 ~ 81 d，大田生育期 121 ~ 130 d。田间长势强，耐涝、耐寒性强。烟叶分层落黄明显，较耐熟，易烘烤。亩产量 128.65 ~ 140.81 kg，上中等烟率 72.45% ~ 84.95%。

外观质量 原烟颜色橘黄，结构疏松至尚疏松，身份中等，油分有至多，色度较强。

抗病性 对 TMV 免疫，抗黑胫病和青枯病，感气候性斑点病、CMV 和 PVY。

烤烟 9201

蓝玉一号

龙江 911

品种编号　HBKGN032

品种来源　黑龙江省烟草科学研究所以龙江 851（Windell）为母本，以 CV91 为父本杂交，采用系谱法选育而成，2012 年从该单位引进。

特征特性　株式塔形，株高 81.9 ~ 186.6 cm，茎围 9.0 ~ 10.6 cm，节距 4.1 ~ 5.3 cm，叶数 20.4 ~ 24.4 片，腰叶长 61.3 ~ 76.4 cm、宽 23.7 ~ 36.6 cm，叶片上下分布均匀，茎叶角度中等；叶形长椭圆，无叶柄，叶尖尾状，叶面较皱，叶缘皱折，叶耳中，叶片主脉粗细中等，主侧脉夹角中等，叶色浅绿，叶肉组织较细致，叶片厚薄适中；花序松散，花色淡红。移栽至现蕾 47 ~ 62 d，移栽至中心花开放 53 ~ 70 d，大田生育期 111 ~ 125 d。田间长势较强，耐肥，早熟，不易烤。亩产量 156.08 kg，上中等烟率 78.03%。

外观质量　原烟颜色金黄到深黄，结构疏松至尚疏松，身份中等，油分较多，色度强。

化学成分　总糖含量 24.40%，还原糖含量 20.3%，总氮含量 1.79%，烟碱含量 2.33%，钾含量 1.45%。

抗病性　抗赤星病，中抗黑胫病、根结线虫病、PVY 和气候性斑点病，感青枯病、TMV 和 CMV。

龙江 911

龙江 912

品种编号　HBKGN033

品种来源　黑龙江省烟草科学研究所用龙江 851×Coker 176 选育而成，2007 年从该单位引进。

特征特性　株式筒形，打顶株高 101.0 cm 左右，茎围 9.4 cm，节距 5.0 cm，可采叶数 18 ~ 21 片，腰叶长 61.2 cm、宽 31.9 cm，叶片上下分布均匀，茎叶角度大；叶形椭圆，无叶柄，叶尖渐尖，叶面较皱，叶缘波浪状，叶耳大，叶片主脉较粗，主侧脉夹角小，叶色绿，叶肉组织较细致，叶片稍厚；花序密集，花色淡红。移栽至现蕾61 d，大田生育期118 d。田间长势强，叶片分层落黄，成熟较快，亩产量164.0 kg，上等烟率22.1%。

外观质量 原烟颜色金黄，结构疏松至尚疏松，身份中等，油分较多，色度强。

化学成分 总糖含量25.00%，还原糖含量19.50%，总氮含量1.80%，烟碱含量2.30%，钾含量1.60%。

抗病性 对TMV免疫，中抗黑胫病和赤星病，中感青枯病，高感CMV和PVY。

龙江912

龙江 981

品种编号 HBKGN034

品种来源 中国烟草总公司黑龙江省公司牡丹江烟草科学研究所用龙江912×CV87选育而成，2008年从该单位引进。

特征特性 株式筒形，打顶株高108.5～121.0 cm，茎围10.6～10.8 cm，节距5.8～6.1cm，叶数17.0～22.4片，腰叶长71.1～81.5 cm、宽35.0～36.1 cm，茎叶角度中等；叶形长椭圆，无叶柄，叶尖渐尖，叶面稍皱，叶缘波浪状，叶耳小，叶片主脉粗细中等，主侧脉夹角中等，叶色浅绿，叶肉组织较细致，叶片厚薄中等；花序密集，花色淡红。移栽至现蕾49 d，移栽至中心花开放54～66 d，大田生育期120～124 d。田间长势较强，亩产量178.89 kg，上等烟率26.42%，上中等烟率75.88%。

外观质量 原烟颜色金黄，结构疏松，身份中等，油分有，色度中等至强。

化学成分 总糖含量28.99%，还原糖含量25.36%，总氮含量1.92%，烟碱含量2.15%，钾含量1.43%。

评吸质量 香气质中等，香气量有，余味较舒适，杂气较轻，微有刺激性，质量档次中等。

抗病性 抗PVY，中抗赤星病和青枯病，中感黑胫病、TMV、CMV和根结线虫病。

龙江 981

闽烟 7 号

品种编号　HBKGN035

品种来源　福建省烟草专卖局烟草农业科学研究所用云烟 85×Coker 347 选育而成，2007 年从该单位引进。

特征特性　株式筒形，株高 128.0～138.6 cm，茎围 9.7～10.3 cm，节距 3.6～4.7 cm，叶数 25.7～26.2 片，腰叶长 69.9～74.5 cm、宽 27.9～29.1 cm，茎叶角度较大；叶形长椭圆，无叶柄，叶尖渐尖，叶面略皱，叶缘波浪状，叶耳中，叶片主脉粗细中等，主侧脉夹角略大，叶色绿，叶肉组织较细致，叶片厚薄中等；花序密集，花色淡红。移栽至现蕾 57 d，移栽至中心花开放 59～65 d，大田生育期 112～120 d。叶片成熟特征明显，较耐熟，易烘烤。亩产量 165.2 kg，上等烟率 34.9%。

外观质量　原烟颜色橘黄，结构疏松，身份中等，油分多，色度强。

评吸质量　香气质中等偏上，香气量尚足，浓度中等，劲头中等，有刺激性，余味尚舒适，燃烧性强，质量档次中偏上至较好。

抗 病 性　抗黑胫病，中抗青枯病，感 TMV、赤星病和气候性斑点病。

南江 3 号

品种编号　HBKGN036

品种来源　贵州省烟草科学研究所从红花大金元品种中系统选育而成，2007 年从该单位引进。

特征特性　株式塔形，株高 115.4～160.0 cm，茎围 9.6～12.5 cm，节距 3.9～5.1 cm，叶数 23.0～28.0 片，腰叶长 75.4～90.6 cm、宽 32.2～39.3 cm，茎叶角度中等；叶形长椭圆，无叶柄，叶尖渐尖，叶面较皱，叶缘皱折，叶耳中，叶片主脉粗细中等，主侧脉夹角较小，叶色深绿，叶肉组织较细致，叶片稍薄；花序密集，花色淡红。移栽至现蕾 62 ~ 74 d，移栽至中心花开放 68 ~ 82 d，大田生育期 120 ~ 134 d。田间长势强，腋芽长势弱，抗逆性较强，适应性强。田间叶片分层落黄，易烘烤。亩产量 175.5 ~ 197.5 kg。

化学成分 总糖含量 25.98%，还原糖含量 21.32%，总氮含量 1.97%，烟碱含量 2.36%，钾含量 1.93%。

抗病性 抗气候性斑点病，中抗黑胫病、青枯病和赤星病，感 TMV、CMV 和 PVY。

闽烟 7 号

南江 3 号

台烟 8 号

品种编号　HBKGN037

品种来源　台湾植物科技工作者用 Hicks Broadleaf×GAT-2 杂交选育而成，2011 年从安徽省农业科学院烟草研究所引进。

特征特性　株式塔形，株高 167.7 ~ 185.4 cm，茎围 7.8 ~ 10.5 cm，节距 5.0 ~ 5.1 cm，叶数 17.0 ~ 20.0 片，腰叶长 63.7 ~ 69.0 cm、宽 26.0 ~ 35.7 cm，茎叶角度较大，下部叶片分布密，叶片披垂；叶形长椭圆，无叶柄，叶尖渐尖，叶面皱，叶缘皱折，叶耳大，叶片主脉粗细中等，主侧脉夹角小，叶色深绿，叶肉组织稍粗糙，叶片厚薄中等；花序密集，花色淡红。移栽至现蕾 48 ~ 54 d，移栽至中心花开放 55 ~ 58 d，大田生育期 110 ~ 115 d。田间长势强，腋芽生长势强，不耐肥。叶片分层落黄，易烘烤。

外观质量　原烟颜色正黄至金黄，结构尚疏松至稍密，身份中等，油分有至稍有，色度中。

抗 病 性　高抗 CMV（隐形基因控制），抗 TMV，感黑胫病和青枯病。

台烟 8 号

系 3

品种编号　HBKGN038

品种来源　来源不详，2013 年从中国烟草东南农业试验站引进。

特征特性　株式塔形，株高 193.6 cm，茎围 11.3 cm，节距 7.3 cm，有效叶数 19.2 片，腰叶长 65.8 cm、宽 37.8 cm，茎叶角度中等；叶形椭圆，无叶柄，叶尖渐尖，叶面较平，叶缘波浪状，叶耳大，叶片主脉粗细中,主侧脉夹角稍大,叶色绿,叶肉组织较细致,叶片厚薄中等;花序密集,花色淡红。移栽至现蕾58 d,移栽至中心花开放58 d,大田生育期133 d。田间长势强。

外观质量 原烟尚成熟,颜色青黄,结构疏松,身份薄,油分少,色度中。

化学成分 总糖含量11.55%,还原糖含量9.03%,总氮含量2.24%,烟碱含量2.69%,钾含量2.67%。

抗 病 性 抗青枯病,中抗TMV,中感黑胫病。

系3

湘烟5号

品种编号 HBKGN039

品种来源 湖南省烟草公司永州市公司以LS-1为母本,K326为父本杂交选育而成,2016年从该单位引进。

特征特性 株式筒形,株高147.6 ~ 152.2 cm,茎围9.2 ~ 10.5 cm,节距4.5 ~ 4.7 cm,叶数23.4 ~ 26.0片,腰叶长72.2 ~ 76.3 cm、宽27.3 ~ 32.3 cm,茎叶角度中等;叶形长椭圆,无叶柄,叶尖渐尖,叶面略平,叶缘波浪状,叶耳中,叶片主脉粗细中等,主侧脉夹角中等,叶色绿,叶肉组织较细致,叶片厚薄中等;花序密集,花色淡红。移栽至现蕾60 ~ 62 d,移栽至中心花开放65 ~ 70 d,大田生育期118 ~ 120 d。田间生长快、长势强,不耐肥,易烘烤。亩产量165.34 kg,上等烟率58.8%,上中等烟率97.6%。

外观质量 原烟颜色橘黄,结构疏松,身份中等,油分较多,色度强。

评吸质量 香气质较好,香气量较足,香气柔和、细腻、均衡。

抗 病 性 抗黑胫病,中抗TMV和气候斑点病,感青枯病和赤星病。

湘烟 5 号

岩烟 97

品种编号 HBKGN040

品种来源 福建省烟草农业科学研究所龙岩分所用（401−2×G80）×G80 选育而成，2013 年从该单位引进。

特征特性 株式筒形，株高 158.0 cm，茎围 10.6 cm，节距 4.9 cm，叶数 25.2 片，腰叶长 74.0 cm、宽 26.6 cm，茎叶角度中等；叶形长椭圆，无叶柄，叶尖渐尖，叶面皱，叶缘微波状，叶耳中，叶片主脉较粗，主侧脉夹角中等，叶色深绿，叶肉组织较粗糙，叶片较厚；花序密集，花色淡红。移栽至现蕾 61 d，移栽至中心花开放 71d，不耐肥，亩产量 128.55 kg，上等烟率 38.81%，上中等烟率 89.07%。

外观质量 原烟颜色橘黄，结构疏松，身份中等，油分多，色度强。

化学成分 总糖含量 30.80%，还原糖含量 26.45%，总氮含量 1.91%，烟碱含量 2.17%，钾含量 3.23%。

评吸质量 香气质较好，香气量较足，浓度中等，劲头适中，余味较舒适，杂气较轻，微有刺激性，燃烧性中等，质量档次中等。

抗病性 抗青枯病，中抗黑胫病和赤星病，感 TMV、CMV 和 PVY，高抗烟蚜。

豫烟 5 号

品种编号 HBKGN041

品种来源 河南农业大学用(G28× 红花大金元)×(净叶黄 ×NC89)选育而成，2007 年从该单位引进。

特征特性 株式筒形，打顶株高 106.0 cm，茎围 10.0 cm，节距 4.5 cm，有效叶数 22 ~ 24 片，腰叶长 61.7 cm、宽 28.6 cm，茎叶角度中等；叶形长椭圆，无叶柄，叶尖渐尖，叶面较皱，叶缘波浪状，叶耳中，叶片主脉粗细中等，主侧脉夹角较小，叶色深绿，叶肉组织较粗，叶片厚薄中等；花序密集，花色淡红。移栽至现蕾 59 d，大田生育期 110 ~ 115 d。大田前期生长慢，较耐旱，不耐肥。田间落黄差。

亩产量 165.3 kg，上等烟率 23.3%。

外观质量 原烟颜色橘黄，结构疏松，身份中等，油分多，色度强。

评吸质量 香气质较好，香气量尚足，劲头中等，余味较舒适，杂气较轻，刺激性较小，燃烧性强。

抗 病 性 中抗黑胫病和根结线虫病，耐赤星病和病毒病，感青枯病。

岩烟 97

豫烟 5 号

粤烟 96

品种编号 HBKGN042

品种来源 广东烟草南雄科学研究所从 K326 中系统选育而成，2007 年从该单位引进。

特征特性　株式塔形，株高 102.8 ~ 191.0 cm，茎围 8.9 ~ 10.3 cm，节距 4.4 ~ 5.6 cm，叶数
22.4 ~ 26.8 片，腰叶长 67.5 ~ 76.8 cm、宽 26.6 ~ 32.8 cm，叶片上下分布均匀，茎叶角度较大；
叶形长椭圆，无叶柄，叶尖渐尖，叶面较皱，叶缘波浪状，叶耳中，叶片主脉粗细中等，主侧脉夹角
中等，叶色绿，叶肉组织较细致，叶片厚薄中等；花序密集，花色淡红。移栽至现蕾 48 ~ 65 d，移
栽至中心花开放 54 ~ 74 d，大田生育期 112 ~ 125 d。田间长势强，耐肥。叶片分层落黄，易烘烤，
上部叶开片较好。亩产量 154.80 kg，上等烟率 28.50%。

外观质量　原烟颜色金黄，结构疏松，身份中等，油分较多，色度强。

评吸质量　香气质中偏上，香气量尚足，浓度中等，劲头中等，有刺激性，余味尚舒适，燃烧性强。

抗病性　抗黑胫病，中抗根结线虫病，中感青枯病、TMV、CMV 和 PVY，感赤星病。

粤烟 96

粤烟 98

品种编号　HBKGN043

品种来源　广东烟草南雄科学研究所用 [(K326×Coker 206)F$_5$×K326]×K326 选育而成，2014
年从该单位引进。

特征特性　株式塔形，株高 155.0 ~ 165.0 cm，茎围 7.9 cm，节距 4.5 cm，叶数 24.0 片，腰叶
长 68.5 cm、宽 27.2 cm，茎叶角度较小；叶形长椭圆，无叶柄，叶尖渐尖，叶面略平，表皮绒毛较密，
叶缘波浪状，叶耳中，叶片主脉粗细中等，主侧脉夹角较小，叶色深绿，叶肉组织较细致，叶片厚薄中等；
花序密集，花色淡红。移栽至现蕾 57 d，大田生育期 117 d。田间长势强，亩产量 177.72 kg，上等
烟率 48.06%，上中等烟率 91.7%。

外观质量　原烟颜色金黄，结构疏松，身份中等，油分多，色度强。

评吸质量　香气质中等至中偏上，香气量尚足，浓度适中，劲头适中，余味尚舒适，有刺激性，

燃烧性好，质量档次中等至中偏上。

抗 病 性 中抗黑胫病、青枯病和根结线虫病，中感赤星病和PVY，感TMV和CMV。

粤烟98

云烟85

品种编号 HBKGN044

品种来源 云南省烟草农业科学研究院用云烟2号和K326杂交选育而成，2007年从该单位引进。

特征特性 株式筒形，株高116.9 ~ 170.0 cm，茎围7.0 ~ 12.1 cm，节距4.2 ~ 6.5 cm，叶数20.0 ~ 25.0片，腰叶长63.0 ~ 81.0 cm、宽25.0 ~ 34.5 cm，叶片上下分布均匀，茎叶角度中等；叶形长椭圆，无叶柄，叶尖渐尖，叶面较皱，叶缘波浪状，叶耳大，叶片主脉粗细中等，主侧脉夹角中等，叶色绿，叶肉组织细致，叶片厚薄中等；花序密集，花色淡红。移栽至现蕾43 ~ 62 d，移栽至中心花开放46 ~ 71 d，大田生育期112 ~ 125 d。大田前期生长稍慢，后期长势强，腋芽生长势强。适应性广，现蕾早，易早花。耐肥，易烤。亩产量128.00 ~ 175.40 kg，上等烟率20.70% ~ 43.70%，上中等烟率85.00% ~ 92.37%。

外观质量 原烟颜色金黄至橘黄，结构疏松，身份中等至稍薄，油分有至多，色度强至中。

化学成分 总糖含量23.26% ~ 30.92%，还原糖含量20.85% ~ 24.40%，总氮含量1.54% ~ 2.13%，烟碱含量2.11% ~ 2.60%，钾含量2.54%。

评吸质量 香气质中等至较好，香气量较足，浓度中等，劲头适中，余味尚舒适，杂气较轻，微有刺激性，燃烧性强。质量档次中偏上至较好。

抗 病 性 高抗黑胫病，中抗南方根结线虫病，中感PVY，感爪哇根结线虫病、青枯病、赤星病、TMV和CMV，高感烟蚜。

云烟 85

云烟 87

品种编号　HBKGN045

品种来源　云南省烟草农业科学研究院以云烟 2 号为母本、K326 为父本杂交选育而成，2007 年从该单位引进。

特征特性　株式筒形，株高 120.0 ～ 185.0 cm，茎围 8.0 ～ 10.5 cm，节距 3.9 ～ 6.5 cm，叶数 19.0 ～ 27.0 片，腰叶长 56.1 ～ 82.0 cm、宽 19.1 ～ 35.4 cm，叶片上下分布均匀，茎叶角度中等；叶形长椭圆，无叶柄，叶尖渐尖，叶面较皱，叶缘波浪状，叶耳大，叶片主脉粗细中等，主侧脉夹角中等，叶色深绿，叶肉组织细致，叶片厚薄中等；花序密集，花色淡红。移栽至现蕾 51 ～ 66 d，移栽至中心花开放 56 ～ 78 d，大田生育期 112 ～ 132 d。移栽至旺长期烟株生长缓慢，后期生长迅速，腋芽生长势强。适应性广，耐肥。叶片分层落黄，耐熟，易烤。亩产量 121.60 ～ 174.20 kg，上等烟率 35.75% ～ 52.30%，上中等烟率 86.70%。

外观质量　原烟颜色金黄至橘黄，结构疏松至尚疏松，身份中等，油分有，色度强至中。

化学成分　总糖含量23.94% ～ 38.00%，还原糖含量22.10% ～ 33.92%，烟碱含量2.28% ～ 3.16%，总含氮量 1.65% ～ 2.53%，钾含量 1.73% ～ 2.11%。

评吸质量　香气质中等，香气量较足，浓度中等，劲头中等，有杂气，有刺激性，余味尚舒适，燃烧性强。质量档次中偏上至较好。

抗 病 性　中抗黑胫病、南方根结线虫病和爪哇根结线虫病，感青枯病、赤星病、TMV 和气候性斑点病。

云烟 97

品种编号　HBKGN046

品种来源　云南省烟草农业科学研究院采用云烟 85 为母本、CV87 为父本杂交选育而成， 2016

云烟 87

年从该单位引进。

特征特性　株式近筒形，株高 110.3 ~ 173.4 cm，茎围 7.5 ~ 10.8 cm，节距 5.0 ~ 7.5 cm，叶数 17.7 ~ 24.6 片，腰叶长 61.3 ~ 79.7 cm、宽 25.0 ~ 37.4 cm，茎叶角度中等；叶形长椭圆，无叶柄，叶尖渐尖，叶面较皱，叶缘波浪状，叶耳中，叶片主脉粗细中等，主侧脉夹角大，叶色深绿，叶肉组织较细致，叶片厚薄中等；花序密集，花色淡红。移栽至现蕾 45 ~ 60 d，移栽至中心花开放 52 ~ 66 d，大田生育期 110 ~ 125 d。田间长势强，开花较早，耐肥，上部叶开片较好，易烘烤。亩产量 175.0 kg。

评吸质量　香气质中等至中偏上，香气量尚足，浓度中等，劲头中等，有刺激性，余味尚适，燃烧性强，质量档次中偏上。

抗病性　抗黑胫病，中感赤星病和青枯病，感根结线虫病、TMV、CMV 和 PVY。

云烟 97

云烟 98

品种编号 HBKGN047

品种来源 云南省烟草农业科学研究院采用 Speight G70 为母本、CV89 为父本杂交选育而成，2016 年从该单位引进。

特征特性 株式塔形，打顶株高 111.9 ~ 130.3 cm，茎围 7.5 ~ 10.8 cm，节距 4.1 ~ 5.4 cm，叶数 18.0 ~ 25.4 片，腰叶长 62.6 ~ 77.1 cm、宽 22.5 ~ 35.7 cm，叶片上下分布均匀，茎叶角度中等；叶形长椭圆，无叶柄，叶尖急尖，叶面较皱，叶缘波浪状，叶耳中，叶片主脉粗细适中，主侧脉夹角中等，叶色深绿，叶肉组织较细致，叶片厚薄中等；花序密集，花色淡红。移栽至现蕾 48 ~ 62 d，移栽至中心花开放 54 ~ 71 d，大田生育期 125 ~ 128 d。田间长势强，耐肥。分层落黄，耐熟，易烤。亩产量 165.48 kg。

评吸质量 香气质较好，香气量较足，浓度中等，劲头稍大，质量档次中偏上至较好。

抗病性 抗黑胫病，中抗青枯病和根结线虫病，中感赤星病，感 TMV。

云烟 98

云烟 99

品种编号 HBKGN048

品种来源 云南省烟草农业科学研究院用云烟 85 × 9147 选育而成，2016 年从该单位引进。

特征特性 株式塔形，打顶株高 98.6 ~ 126.0 cm，茎围 10.0 ~ 11.0 cm，节距 5.2 ~ 6.4 cm，有效叶数 18.0 ~ 20.0 片，腰叶长 69.0 ~ 75.0 cm、宽 28.0 ~ 35.0 cm，叶片上下分布均匀，茎叶角度稍大；叶形长椭圆，无叶柄，叶尖渐尖，叶面较皱，叶缘波浪状，叶耳大，叶片主脉稍粗，主侧脉夹角中等，叶色深绿，叶肉组织较细致，叶片厚薄中等；花序密集，花色淡红。移栽至现蕾 60 d，大田生育期 120.0 ~ 130.0 d。田间长势强，耐肥，分层落黄。亩产量 170.00 ~ 185.00 kg，上等烟率 45.50%。

外观质量　原烟颜色金黄，结构疏松，身份中等，油分有至多，色度强。

抗 病 性　中抗黑胫病和赤星病，感青枯病、根结线虫病、TMV 和 PVY。

云烟 99

云烟 100

品种编号　HBKGN049

品种来源　云南省烟草农业科学研究院采用云烟 87 为母本、KX14 为父本杂交选育而成，2016 年从该单位引进。

特征特性　株式塔形，株高 124.0 ~ 143.3 cm，茎围 10.2 ~ 13.0 cm，节距 5.1 ~ 6.0 cm，叶数 24.0 ~ 25.0 片，腰叶长 74.7 ~ 83.0 cm、宽 30.0 ~ 38.0 cm，叶片上下分布均匀，茎叶角度中等；叶形长椭圆，无叶柄，叶尖渐尖，叶面较皱，叶缘波浪状，叶耳中，叶片主脉粗细中等，主侧脉夹角较小，叶色绿，叶肉组织较细致，叶片厚薄中等；花序密集，花色淡红。大田生育期 125 d。田间长势强，耐肥，易烘烤。亩产量 182.15 kg。

外观质量　原烟颜色柠檬黄至橘黄，结构疏松至尚疏松，身份中等至稍厚，油分有，色度中至强。

化学成分　总氮含量 1.73%，烟碱含量 1.99%，钾含量 1.86%。

评吸质量　香气质中等，香气量有至尚足，浓度中等，劲头中等，有杂气，有刺激性，余味尚舒适，燃烧性强。

抗 病 性　中抗青枯病、根结线虫病和赤星病，中感或感黑胫病、PVY、TMV、CMV。

云烟 100

云烟 105

品种编号　HBKGN050

品种来源　云南省烟草农业科学研究院以云烟 87 为母本、CF965 为父本杂交选育而成，2016 年从该单位引进。

特征特性　株式塔形，打顶株高 105 ～ 120 cm，茎围 8.5 ～ 9.6 cm，节距 5.0 ～ 5.9 cm，有效叶数 18.0 ～ 20.0 片，腰叶长 62.0 ～ 70.6 cm、宽 22.0 ～ 26.6 cm，茎叶角度稍大；叶形长椭圆，无叶柄，叶尖渐尖，叶面较皱，叶缘波浪状，叶耳中，叶片主脉粗细中等，主侧脉夹角中等，叶色绿，叶肉组织较细致，叶片厚薄中等；花序密集，花色淡红。大田生育期 128 d 左右。田间长势强，耐肥，分层落黄。亩产量 150 ～ 175 kg。

抗病性　中抗青枯病、黑胫病和赤星病，感根结线虫病、TMV 和 PVY。

云烟 105

云烟 110

品种编号 HBKGN051

品种来源 云南省烟草农业科学研究院用 KX14×115-31 选育而成，2016 年从该单位引进。

特征特性 株式塔形，打顶株高 120.0 cm，茎围 10.5 cm，节距 5.4 cm，有效叶数 22.0 片，腰叶长 67.2 cm、宽 31.8 cm，叶片上下分布均匀，茎叶角度中等；叶形椭圆，无叶柄，叶尖渐尖，叶面较皱，叶缘波浪状，叶耳中，叶片主脉粗细中等，主侧脉夹角中等，叶色浅绿，叶肉组织较细致，叶片厚薄中等；花序密集，花色淡红。大田生育期 125.6 d。田间长势强，不耐肥，分层落黄。亩产量 154.70 kg，上等烟率 30.80%，上中等烟率 79.40%。

外观质量 原烟颜色金黄，结构较疏松，身份中等，油分有，色度较浓。

抗 病 性 中抗黑胫病和赤星病，中感根结线虫病，感青枯病、TMV、CMV 和 PVY。

云烟 110

云烟 116

品种编号 HBKGN052

品种来源 云南省烟草农业科学研究院以 8610-711 为母本、单育 2 号为父本杂交选育而成，2016 年从该单位引进。

特征特性 株式塔形，打顶株高 115.5 cm，茎围 10.3 cm，节距 5.3 cm，有效叶数 20.7 片，腰叶长 74.5 ~ 75.6 cm、宽 28.3 ~ 28.5 cm，叶片上下分布均匀，茎叶角度中等；叶形长椭圆，无叶柄，叶尖渐尖，叶面较皱，叶缘波浪状，叶耳中，叶片主脉粗细中等，主侧脉夹角中等，叶色绿，叶肉组织较细致，叶片厚薄中等；花序密集，花色淡红。大田生育期 126 d。田间长势强，耐肥，丰产稳产性好，适应性较广。分层落黄，易烘烤。亩产量 168.39 kg，上等烟率 42.06%。

外观质量 原烟颜色金黄至深黄，叶片结构疏松，身份中等，油分有，色度强至中。

化学成分　总糖含量 27.99% ~ 32.66%，还原糖含量 23.36% ~ 27.69%，总植物碱含量 2.29% ~ 2.39%，总氮含量 1.96% ~ 2.02%，钾含量 1.4% ~ 1.9%。

评吸质量　香气质量中等至中偏上，香气量尚足，浓度和劲头中等，余味尚舒适至较舒适，有杂气和刺激性，燃烧性中等至较强，质量档次中等至中偏上。

抗 病 性　中抗黑胫病、根结线虫病和 TMV，中感青枯病和赤星病，感 CMV 和 PVY。

云烟 116

云烟 119

品种编号　HBKGN053

品种来源　云南省烟草农业科学研究院以云烟 87 为母本、77089 为父本杂交选育而成，2016 年从该单位引进。

特征特性　株式塔形，打顶株高 126.0 cm，茎围 9.5 cm，节距 5.5 cm，有效叶数 21.0 片，腰叶长 68.3 cm、宽 29.2 cm，叶片上下分布均匀，茎叶角度中等；叶形长椭圆，无叶柄，叶尖渐尖，叶面略皱，叶缘微波状，叶耳小，叶片主脉粗细中等，主侧脉夹角稍大，叶色绿，叶肉组织较细致，叶片厚薄中等；花序密集，花色淡红。大田生育期 124 d。田间长势较强，不耐肥，成熟期分层落黄明显，较易烘烤。

抗 病 性　中抗黑胫病和根结线虫病，中感青枯病、赤星病和 TMV，感 CMV 和 PVY。

云烟 311

品种编号　HBKGN054

品种来源　云南省烟草农业科学研究院用云烟 4 号 ×K326 选育而成，2007 年从该单位引进。

特征特性　株式筒形，株高 124.9 ~ 167.4 cm，茎围 5.8 ~ 10.2 cm，节距 3.0 ~ 4.6 cm，叶数

20.0 ～ 25.0 片，腰叶长 46.2 ～ 77.4 cm、宽 22.0 ～ 34.8 cm，叶片上下分布均匀，茎叶角度中等；叶形长椭圆，无叶柄，叶尖急尖，叶面较皱，叶缘波浪状，叶耳小，叶片主脉稍粗，主侧脉夹角较小，叶色绿，叶肉组织较细致，叶片厚薄中等；花序密集，花色淡红。移栽至现蕾 49 ～ 54 d，移栽至中心花开放 55 ～ 59 d，大田生育期 112 ～ 126 d。腋芽生长势弱，亩产量 129.87 kg。

抗 病 性 高抗黑胫病，中抗爪哇根结线虫病、南方根结线虫病和北方根结线虫病，感 TMV 和气候性斑点病。

云烟 119

云烟 311

云烟 317

品种编号 HBKGN055

品种来源 云南省烟草农业科学研究院以云烟 4 号为母本、K326 为父本杂交选育而成，2007 年从该单位引进。

特征特性 株式筒形，株高 99.5 ~ 169.8 cm，茎围 8.5 ~ 11.4 cm，节距 4.3 ~ 6.1 cm，叶数 19.8 ~ 27.0 片，腰叶长 52.3 ~ 79.2 cm、宽 28.0 ~ 38.0 cm，茎叶角度中等；叶形长椭圆，无叶柄，叶尖渐尖，叶面较皱，叶缘波浪状，叶耳小，叶片主脉粗细中等，主侧脉夹角稍小，叶色绿，叶肉组织细致，叶片厚薄中等；花序密集，花色淡红。移栽至现蕾 48 ~ 62 d，移栽至中心花开放 54 ~ 75 d，大田生育期 112 ~ 120 d。田间长势较强，腋芽生长势弱，不耐肥，易烤。亩产量 129.76 ~ 170.00 kg，上等烟率 33.22% ~ 44.30%，上中等烟率 88.40%。

外观质量 原烟颜色橘黄，结构疏松，身份中等，油分有，色度中。

化学成分 总糖含量 25.00% ~ 29.90%，还原糖含量 23.60%，总氮含量 1.72% ~ 2.04%，烟碱含量 1.81% ~ 2.22%，钾含量 2.96%。

评吸质量 香气质较好，香气量尚足，浓度和劲头中等，杂气轻，微有刺激性，燃烧性强。

抗病性 高抗黑胫病，抗爪哇根结线虫病，中抗北方根结线虫病，中感青枯病、赤星病、气候性斑点病、野火病、PVY 和 TMV，感南方根结线虫病和 CMV，高感烟蚜。

云烟 317

中烟 14

品种编号 HBKGN056

品种来源 中国农业科学院烟草研究所用金星 6007 和 SpeightG-28 杂交，然后用金星 6007 回交选育而成，2007 年从该单位引进。

特征特性 株式筒形，株高 127.4 ~ 168.5 cm，茎围 8.5 ~ 11.2 cm，节距 4.3 ~ 5.4 cm，叶数 18.7 ~ 35.0 片，腰叶长 58.8 ~ 81.9 cm、宽 24.7 ~ 39.4 cm，茎叶角度稍小；叶形椭圆，无叶柄，

叶尖急尖，叶面略平，叶缘波浪状，叶耳较小，叶片主脉较粗，主侧脉夹角较大，叶色浅绿，叶肉组织较粗糙，叶片较薄；花序密集，花色淡红。移栽至现蕾 53 ~ 66 d，移栽至中心花开放 56 ~ 77 d，大田生育期 112 ~ 140 d。田间长势较强，前期起身稍慢，较耐旱，耐瘠薄。亩产量 175 kg。

外观质量　原烟颜色柠檬黄，结构疏松，身份中等，油分有，色度强。

化学成分　总糖含量 16.99%，还原糖含量 14.15%，总氮含量 1.93%，烟碱含量 1.37%。

评吸质量　香气量尚足，劲头适中，吃味尚纯净，杂气较轻，燃烧性中等。

抗　病　性　抗根结线虫病，中抗黑胫病和青枯病，中感气候性斑点病和 TMV，感赤星病。

中烟 14

中烟 90

品种编号　HBKGN057

品种来源　中国农业科学院烟草研究所用（单育 2 号 ×G28）×（G28× 净叶黄）杂交选育而成，2007 年从该单位引进。

特征特性　株式筒形，株高 118.3 ~ 222.0 cm，茎围 7.2 ~ 11.0 cm，节距 3.1 ~ 5.3 cm，叶数 21.5 ~ 28.0 片，腰叶长 59.4 ~ 78.4 cm、宽 26.6 ~ 36.8 cm，茎叶角度中等；叶形长椭圆，无叶柄，叶尖渐尖，叶面皱，叶缘波浪状，叶耳小，叶片主脉粗细中等，主侧脉夹角稍大，叶色浅绿，叶肉组织较细致，叶片稍薄；花序密集，花色淡红。移栽至现蕾 50 ~ 62 d，移栽至中心花开放 56 ~ 82 d，大田生育期 109 ~ 125 d，生育期前长后短。田间长势强，腋芽长势强，耐肥，富钾，易烘烤。亩产量 121.22 ~ 176.30 kg，上等烟率 40.18%，上中等烟率 89.90%。

外观质量　原烟颜色柠檬黄，结构尚疏松至疏松，身份稍薄至中等，油分稍有至较多，色度中至强。

化学成分　总糖含量 21.41% ~ 32.42%，还原糖含量 17.90% ~ 20.66%，总氮含量 1.32% ~ 3.50%，烟碱含量 1.18% ~ 2.61%，钾含量 2.00% ~ 2.36%。

评吸质量　香气质较好，香气量较足，浓度和劲头中等，杂气较轻，微有刺激性，燃烧性中等至强。

抗　病　性　抗黑胫病、青枯病、赤星病、CMV 和气候性斑点病，耐 TMV，感根结线虫病、野火病和 PVY。

中烟 90

中烟 98

品种编号 HBKGN058

品种来源 中国农业科学院烟草研究所采用（G-28×单育2号）×（净叶黄×G28）杂交选育而成，2007 年从该单位引进。

特征特性 株式筒形，株高 111.2 ~ 189.5 cm，茎围 8.2 ~ 10.4 cm，节距 3.5 ~ 5.7 cm，叶数 18.0 ~ 26.4 片，腰叶长 61.2 ~ 85.1 cm、宽 23.3 ~ 36.6 cm，茎叶角度中等；叶形长椭圆，无叶柄，叶尖渐尖，叶面较皱，叶缘波浪状，叶耳小，叶片主脉粗细中等，主侧脉夹角稍小，叶色绿，叶肉组织细致，叶片厚薄中等；花序密集，花色淡红。移栽至现蕾 48 ~ 61 d，移栽至中心花开放 56 ~ 70 d，大田生育期 109 ~ 125 d。田间长势强，腋芽生长势强，耐肥。分层落黄，易烤。亩产量 146.74 ~ 185.00 kg，上等烟率 12.30% ~ 35.80%，上中等烟率 57.00% ~ 78.46%。

外观质量 原烟颜色橘黄，结构较疏松至疏松，身份中等，油分较多，色度中至弱。

化学成分 总糖含量 11.92% ~ 25.00%，还原糖含量 9.59% ~ 21.00%，总氮含量 1.60% ~ 3.08%，烟碱含量 2.00% ~ 2.75%，钾含量 1.70% ~ 2.64%。

评吸质量 香气质较好，香气量较足，劲头中等，余味较舒适，有杂气和刺激性，燃烧性强。富钾、低焦油，质量档次中偏上至较好。

抗 病 性 抗黑胫病、赤星病和气候性斑点病，耐 TMV，感 CMV，高感 PVY。

中烟 102

品种编号 HBKGN059

品种来源 中国农业科学院烟草研究所以红花大金元为母本、NC89 为父本杂交选育而成，2007

年从该单位引进。

特征特性 株式筒形,株高 109.3 ~ 179.1 cm,茎围 7.3 ~ 9.5 cm,节距 4.9 ~ 6.1 cm,叶数 19.7 ~ 24.4 片,腰叶长 53.3 ~ 72.9 cm、宽 25.0 ~ 36.5 cm,叶片下披、扭曲,茎叶角度中等;叶形长椭圆,无叶柄,叶尖渐尖,叶面略平,叶缘波浪状,叶耳中,叶片主脉较细,主侧脉夹角中等,叶色浅绿,叶肉组织稍粗糙,叶片稍厚;花序密集,花色淡红。移栽至现蕾 50 ~ 65 d,移栽至中心花开放 56 ~ 73 d,大田生育期 112 ~ 125 d。大田移栽后地下部生长快,耐寒,耐贫薄;进入旺长期后地上部生长速度快、长势强,不耐肥。分层落黄,耐熟,易烤。亩产量 158.76 kg,上等烟率 26.03%。

外观质量 原烟尚成熟,颜色金黄至深黄,结构疏松,身份中等,油分有,色度强。

抗病性 抗黑胫病,中抗青枯病和根结线虫病,中感赤星病、TMV、CMV 和 PVY。

中烟 98

中烟 102

中烟 103

品种编号　HBKGN060

品种来源　中国烟草遗传育种研究（北方）中心从红花大金元系统选育而成，2010 年从安徽省农业科学院烟草研究所引进。

特征特性　株式筒形，株高 110.1 ～ 142.2 cm，茎围 9.2 ～ 11.2 cm，节距 4.2 ～ 6.8 cm，叶数 19.8 ～ 26.4 片，腰叶长 64.5 ～ 84.0 cm、宽 28.0 ～ 44.9 cm，叶片上下分布均匀，茎叶角度中等；叶形椭圆，无叶柄，叶尖渐尖，叶面较皱，叶缘波浪状，叶耳小，叶片主脉略粗，主侧脉夹角略小，叶色绿，叶肉组织较细致，叶片稍薄；花序密集，花色淡红。移栽至现蕾 52 ～ 67 d，移栽至中心花开放 57 ～ 76 d，大田生育期 112 ～ 125 d。田间长势强，耐旱，不耐肥。叶片分层落黄，耐熟，易烤。富钾、低焦油。亩产量 110.00 ～ 172.90 kg，上等烟率 14.30% ～ 24.70%，上中等烟率 69.30% ～ 84.30%。

外观质量　原烟颜色橘黄至正黄，结构疏松至尚疏松，身份中等，油分有，色度浓至中。

化学成分　总糖含量 16.00% ～ 38.20%，还原糖含量 24.30% ～ 26.50%，总氮含量 1.40% ～ 2.30%，烟碱含量 0.94% ～ 1.70%，钾含量 2.32% ～ 2.76%。

评吸质量　香气质中等，香气量有，浓度中等，劲头较小，杂气和刺激性有至较重，余味尚舒适，燃烧性强。

抗 病 性　中抗黑胫病，耐 TMV、CMV、PVY，中感根结线虫病和气候性斑点病，感青枯病和赤星病。

中烟 103

中烟 104

品种编号　HBKGN061

品种来源　中国农业科学院烟草研究所从红花大金元中系统选育而成，2010 年从安徽省农业科学院烟草研究所引进。

特征特性　株式筒形，株高 113.0 ～ 134.9 cm，茎围 10.0 ～ 11.7 cm，节距 4.5 ～ 5.5 cm，叶数 21.6 ～ 29.0 片。腰叶长 63.0 ～ 77.5 cm、宽 28.7 ～ 40.1 cm，叶片上下分布均匀，茎叶角度中等；叶形椭圆，无叶柄，叶尖渐尖，叶面较皱，叶缘皱折，叶耳较大，叶片主脉较细，主侧脉夹角中等，叶色深绿，叶肉组织较细致，叶片稍薄；花序密集，花色淡红。移栽至现蕾 53 ～ 74 d，移栽至中心花开放 59 ～ 80 d，大田生育期 122 ～ 145 d。田间长势强，植株旺长期顶端叶片呈轮状螺旋式生长，抗逆性较好。叶片分层落黄，较耐熟，易烘烤。亩产量 117.60 ～ 181.95 kg，上等烟率 19.55% ～ 64.00%，上中等烟率 70.70% ～ 97.00%。

外观质量　原烟颜色正黄至橘黄，结构疏松至尚疏松，身份中等，油分有至多，色度强至中。

化学成分　总糖含量 20.90% ～ 38.92%，还原糖含量 23.90% ～ 26.71%，总氮含量 1.30% ～ 2.78%，烟碱含量 1.10% ～ 3.10%，钾含量 1.59% ～ 1.62%。

评吸质量　香气质较好，香气量有，浓度和劲头中等，有杂气和刺激性，余味尚舒适，燃烧性强，质量档次中等。

抗病性　抗黑胫病和气候性斑点病，中感青枯病、根结线虫病、赤星病、野火病、TMV、CMV 和 PVY。

中烟 104

薄荷烟

品种编号　HBKGN062

品种来源　山西农业大学以 K326 为母本，与薄荷远缘杂交选育而成，品系代号为 H-11-0005，2013 年从中国农业科学院烟草研究所引进。

特征特性　株式塔形，株高 87.0 ～ 128.4 cm，茎围 7.6 ～ 8.9 cm，节距 3.0 ～ 3.4 cm，叶数 17.3 ～ 25.1 片，腰叶长 45.3 ～ 53.1 cm、宽 21.0 ～ 29.3 cm，茎叶角度大，叶片平展，下部叶片分布密；

叶形宽椭圆，无叶柄，叶尖渐尖，叶面略平，叶缘皱折，叶耳中，叶片主脉粗细中等、易折断，主侧脉夹角大，叶色绿，叶肉组织稍粗糙，叶片稍薄；花序密集，花色紫红。移栽至现蕾46 d，移栽至中心花开放58 d，大田生育期105 ~ 120 d。田间长势强，腋芽长势强，不耐肥。叶片落黄差，不易烤。亩产量102.73 kg，上中等烟率79.15%。

外观质量 原烟颜色柠檬黄至橘黄，结构稍密，身份中等，油分有至稍多，色度强。

化学成分 总糖含量7.79%，还原糖含量6.25%，总氮含量9.47%，烟碱含量3.82%。含医药成分薄荷醇。

评吸质量 香型风格以药香为主导，烟香为辅，具有清凉薄荷味，香气量较足，浓度中等，劲头较大，余味尚舒适，微有杂气和刺激性，燃烧性强。

抗病性 抗黑胫病，中感青枯病和根结线虫病，田间表现为叶面病害轻。

薄荷烟

黄芪烟

品种编号 HBKGN063

品种来源 山西农业大学以烤烟品系78-05为母本，与黄芪远缘杂交选育而成，品系代号为黄芪烟-35，2013年从中国农业科学院烟草研究所引进。

特征特性 株式塔形，株高88.0 ~ 147.8 cm，茎围9.0 ~ 11.2 cm，节距3.1 ~ 5.5 cm，叶数18.2 ~ 24.4片，腰叶长37.4 ~ 70.7 cm、宽17.2 ~ 36.3 cm，茎叶角度甚大，叶片平展，下部叶片分布稍密；叶形宽椭圆，无叶柄，叶尖渐尖，叶面略平，叶缘波浪状，叶耳较大，叶片主脉粗细中等，主侧脉夹角大，叶色绿，叶肉组织稍粗糙，叶片薄；花序密集，花色淡红。移栽至现蕾59 d，移栽至中心花开放70 d，大田生育期118 ~ 123 d。田间长势强，腋芽长势强，较耐旱，不耐肥。叶片落黄较快，比较易烤。亩产量99.40 ~ 109.63 kg，上中等烟率60.91% ~ 78.52%。

外观质量 原烟颜色柠檬黄至橘黄，结构稍密，身份适中至稍厚，油分有至稍多，色度中至浓。

化学成分 总糖含量20.65% ~ 28.44%，还原糖含量16.38% ~ 23.85%，总氮含量1.78% ~ 2.36%，烟碱含量2.31% ~ 2.65%，钾含量1.51% ~ 1.94%。含医药成分氯原酸、甜菜碱等。

评吸质量 香型风格以烟香为主导，药香为辅。香气质中等，香气量较足，浓度中等，劲头较大，余味较舒适，微有杂气和刺激性，燃烧性强。上中部部位评吸质量特征不明显。

抗 病 性 中抗赤星病和TMV，中感黑胫病和根结线虫病，感青枯病、CMV、PVY和烟蚜。

黄芪烟

罗勒烟

品种编号 HBKGN064

品种来源 山西农业大学以K394为母本，与罗勒远缘杂交选育而成，品系代号为A-0092，2013年从中国农业科学院烟草研究所引进。

特征特性 株式塔形，株高139.4～164.0 cm，茎围8.0～11.8 cm，节距4.2～5.5 cm，叶数17.6～21.3片，腰叶长52.4～72.5 cm、宽21.0～34.0 cm，茎叶角度大，叶片较披垂，下部叶片分布稍密；叶形椭圆，无叶柄，叶尖渐尖，叶面皱，叶缘波浪状，叶耳较大，叶片主脉稍粗、易折断，主侧脉夹角甚大，叶色绿，叶肉组织稍粗糙，叶片稍厚；花序松散，花色紫红。移栽至现蕾50 d，移栽至中心花开放59 d，大田生育期101～112 d。田间长势强，腋芽生长势较强，不耐肥。成熟差，不易烤。亩产量80.30 kg，上中等烟比例79.78%。

外观质量 原烟颜色柠檬黄至橘黄，结构稍密，身份中等，油分有至稍多，色度强至中。

化学成分 总糖含量3.50%～28.56%，还原糖含量2.19%～24.77%，总氮含量2.19%～3.08%，烟碱含量2.37%～4.88%，钾含量1.79%～1.94%。含医药成分罗勒醇等。

评吸质量 香型风格以烟香为主导，药香为辅。香气质中等，香气量较足，浓度中等，劲头较大，余味尚舒适，微有杂气和刺激性，燃烧性强。

抗 病 性 抗黑胫病，中感青枯病和根结线虫病。田间表现为叶面病害轻。

曼陀罗烟

品种编号 HBKGN065

品种来源 山西农业大学以[(*N. glauca*+龙烟2号)×曼陀罗]×8611选育而成，品系代号为S-8-0008-85，2013年从中国农业科学院烟草研究所引进。

特征特性　株式筒形，株高 95.0 ~ 133.7 cm，茎围 9.1 ~ 12.3 cm，节距 3.6 ~ 5.5 cm，叶数 19.8 ~ 25.0 片，腰叶长 47.5 ~ 68.0 cm、宽 20.2 ~ 33.0 cm，茎叶角度大，叶片略披垂；叶形长椭圆，无叶柄，叶尖渐尖，叶面略皱，叶缘波浪状，叶耳中，叶片主脉稍粗，主侧脉夹角稍大，叶色绿，叶肉组织稍细致，叶片厚薄中等；花序松散，花色紫红。移栽至现蕾 36 ~ 39 d，移栽至中心花开放 43 ~ 45 d，大田生育期 101 ~ 133 d。腋芽生长势强，不耐肥，不易烤。

外观质量　原烟尚成熟，颜色柠檬黄或棕黄，结构稍密，身份适中至稍薄，油分有，色度中。

化学成分　总糖含量 11.27% ~ 15.53%，还原糖含量 10.35% ~ 12.26%，总氮含量 2.01% ~ 2.76%，烟碱含量 1.23% ~ 4.79%，钾含量 1.52%。含医药成分阿托品、东莨菪碱等。

抗 病 性　中感黑胫病和 TMV，感青枯病。

罗勒烟

曼陀罗烟

人参烟

品种编号 HBKGN066

品种来源 山西农业大学以（定襄小叶 + 龙烟二号）× 土人参选育而成，2008 年从安徽省农业科学院烟草研究所引进。

特征特性 株式塔形，株高 90.0 ～ 183.0 cm，茎围 9.5 ～ 12.8 cm，节距 2.9 ～ 8.9 cm，叶数 16.0 ～ 32.0 片，腰叶长 39.6 ～ 76.0 cm、宽 20.1 ～ 33.8 cm，茎叶角度中等，株型紧凑；叶形椭圆，无叶柄，叶尖渐尖，叶面较平，叶缘微波状，叶耳较大，叶片主脉粗细中等，主侧脉夹角甚大，叶色绿，叶肉组织较细致，叶片稍薄；花序密集，花色红。移栽至现蕾 51 ～ 63 d，移栽至中心花开放 62 ～ 72 d，大田生育期 120 ～ 153 d。田间长势强，腋芽生长势强，不耐肥。叶片成熟落黄好，较易烤。亩产量 36.85 ～ 147.00 kg，上中等烟率 26.90% ～ 75.81%。

外观质量 原烟颜色柠檬黄至橘黄，结构疏松，身份稍薄至适中，油分有至稍多，色度强至中。

化学成分 总糖含量 9.2% ～ 39.56%，还原糖含量 8.6% ～ 33.91%，总氮含量 1.12% ～ 2.83%，烟碱含量 1.31% ～ 3.57%，钾含量 0.84% ～ 2.78%。

评吸质量 香型风格以药香为主导，烟香为辅。香气协调性好，香气量较足至有，烟气较细腻、柔和，浓度中等，劲头较小至中等，余味较舒适至尚舒适，杂气和刺激性微有至有，燃烧性中至强。上中部部位评吸质量特征不明显，上部烟叶总体质量好于中部烟叶。

抗 病 性 抗黑胫病，感青枯病、TMV、CMV 和 PVY，高感烟蚜。

人参烟

紫苏烟

品种编号 HBKGN067

品种来源 山西农业大学以中烟 90 为母本，与紫苏远缘杂交选育而成，品系代号为 Q-5-0002，2013 年从中国农业科学院烟草研究所引进。

特征特性 株式塔形，株高 65.8 ～ 168.2 cm，茎围 7.40 ～ 10.5 cm，节距 3.3 ～ 5.0 cm，叶数

13.6 ~ 23.0 片，腰叶长 47.0 ~ 62.6 cm、宽 19.3 ~ 34.8 cm，茎叶角度大，叶片略平展，下部叶片分布稍密；叶形椭圆，无叶柄，叶尖渐尖，叶面略皱，叶缘波浪状，叶耳较大，叶片主脉稍粗、易脆折，主侧脉夹角大，叶色绿，叶肉组织稍细致，叶片稍厚；花序松散，花色紫红。移栽至现蕾43 d，移栽至中心花开放55 d，大田生育期100 ~ 118 d。田间长势强，腋芽生长势强，不耐肥。叶片落黄慢，不易烘烤。亩产量32.75 ~ 67.19 kg，上中等烟比例19.85% ~ 43.41%。

外观质量　原烟尚成熟，颜色柠檬黄至橘黄或红棕，结构疏松至稍密，身份适中至稍厚，油分有至稍多，色度浓至强。

化学成分　总糖含量3.63% ~ 9.10%，还原糖含量2.81% ~ 8.42%，总氮含量1.65% ~ 2.46%，烟碱含量2.04% ~ 5.59%，钾含量2.00% ~ 2.71%。含医药成分 β - 丁香烯、芳樟醇、α - 郁金烯等。

评吸质量　香型风格以药香为主导，烟香为辅。香气量较足，浓度中等，劲头较大，余味较舒适，微有杂气和刺激性，燃烧性强。上中部部位评吸质量特征不明显。

抗 病 性　抗黑胫病，中感青枯病和根结线虫病。田间表现为叶面病害轻。

紫苏烟

二、国外烤烟种质资源

Amallin

品种编号　HBKGW001

品种来源　美国选育品种，亲缘不详，2007 年从安徽省农业科学院烟草研究所引进。

特征特性　株式塔形，株高82.0 ~ 122.3 cm，茎围5.7 ~ 9.7 cm，节距3.2 ~ 4.0 cm，叶数18.0 ~ 22.3 片，腰叶长54.3 ~ 58.8 cm、宽20.4 ~ 22.6 cm，茎叶角度甚大，下部叶密，叶片平展、略下披，腋芽生长势强；叶形椭圆，无叶柄，叶尖尾状，叶面皱，叶缘波浪状，叶耳较大，叶片主脉稍粗，主侧脉夹角中等，叶色绿，叶肉组织尚细致，叶片稍厚；花序松散，花色淡红。移栽至中心花开放 55 ~ 64 d，大田生育期 105 ~ 112 d。亩产量 109.74 ~ 126.02 kg。

抗 病 性　感黑胫病、青枯病、根结线虫病和 TMV。

Amallin

Coker 139

品种编号　HBKGW002

品种来源　美国柯克种子公司（ Coker＇s Pedigreed Seed Company ）用(Golden Wilt×DB101)×(Oxford1–181×Golden Cure) 杂交选育而成，2009 年从安徽省农业科学院烟草研究所引进。

特征特性　株式筒形，株高 118.8 ~ 176.0 cm，茎围 7.9 ~ 12.3 cm，节距 3.7 ~ 5.3 cm，叶数 21.6 ~ 27.3 片，腰叶长 58.0 ~ 79.2 cm、宽 29.7 ~ 39.9 cm，茎叶角度中等偏大；叶形椭圆，无叶柄，叶尖渐尖，叶面较平，叶缘波浪状，叶耳中，叶片主脉稍细，主侧脉夹角大，叶色绿，叶肉组织细致，叶片厚薄中等偏薄；花序密集，花色淡红。移栽至现蕾 49 ~ 66 d，移栽至中心花开放 54 ~ 72 d，大田生育期 101 ~ 130 d。田间长势强，腋芽生长势较强，易烤。亩产量 181.21 kg。

外观质量　原烟颜色正黄至金黄，结构疏松，身份中等，油分多，色度强。

化学成分　总糖含量28.24% ~ 30.65%，还原糖含量24.94% ~ 25.69%，总氮含量1.40% ~ 1.95%，烟碱含量 1.24% ~ 2.19%，钾含量 2.66%。

评吸质量　香气质中等，香气量尚足，劲头中等，吃味尚纯净，有杂气，微有刺激性，燃烧性中等。

抗 病 性　中抗黑胫病和青枯病，中感根结线虫病，感 TMV。

Coker 176

品种编号　HBKGW003

品种来源　美国柯克种子公司（ Coker＇s Pedigreed Seed Company ）用 [(Coker 139×59–

84-2F) ×Coker 258]×Coker 319 杂交选育而成，2007 年从安徽省农业科学院烟草研究所引进。

特征特性 株式筒形，株高 89.2 ~ 161.9 cm，茎围 7.3 ~ 10.7 cm，节距 3.8 ~ 5.3 cm，叶数 20.0 ~ 26.8 片，腰叶长 60.5 ~ 82.1 cm、宽 25.4 ~ 37.2 cm，茎叶角度中等；叶形长椭圆，无叶柄，叶尖钝尖，叶面略平，叶缘微波状，叶耳中等偏大，叶片主脉粗细中等，主侧脉夹角中等，叶色绿，叶肉组织稍细致，叶片稍厚；花序密集，花色淡红。移栽至现蕾 45 ~ 68 d，移栽至中心花开放 53 ~ 75 d，大田生育期 105 ~ 125 d。田间长势中等，腋芽生长势较强，上部叶开片稍差，易烤。亩产量 126.67 ~ 200.00 kg。

外观质量 原烟颜色正黄至金黄，结构疏松，身份中等，油分较多，色度强。

化学成分 总糖含量28.51% ~ 28.66%，还原糖含量21.31% ~ 27.51%，总氮含量1.60% ~ 1.69%，烟碱含量 1.88% ~ 1.91%，钾含量 1.80%。

抗病性 对 TMV 免疫，高抗气候性斑点病，中抗黑胫病、青枯病和根结线虫病，中感赤星病和白粉病，感 PVY。

Coker 139

Coker 176

Coker 319

品种编号 HBKGW004

品种来源 美国柯克种子公司（Coker＇s Pedigreed Seed Company）用 Coker 139×Hicks 杂交选育而成，2009 年从安徽省农业科学院烟草研究所引进。

特征特性 株式筒形，株高 99.7 ～ 176.4 cm，茎围 7.0 ～ 10.2 cm，节距 3.8 ～ 5.4 cm，叶数 20.0 ～ 25.0 片，腰叶长 42.9 ～ 81.0 cm、宽 16.6 ～ 38.5 cm，茎叶角度中等偏小；叶形长椭圆，无叶柄，叶尖渐尖，叶面略平，叶缘波浪状，叶耳小，叶片主脉稍细，主侧脉夹角中等，叶色绿，叶肉组织细致，叶片厚薄中等；花序松散，花色淡红。移栽至现蕾 42 ～ 61 d，移栽至中心花开放 51 ～ 69 d，大田生育期 106 ～ 125 d。田间长势中等，腋芽生长势较强，易烤。亩产量 102.70 ～ 131.89 kg，上等烟率 44.48%，上中等烟率 92.13%。

外观质量 原烟颜色金黄至橘黄，结构疏松，身份中等，油分多至有，色度强。

化学成分 总糖含量14.34% ～ 26.39%，还原糖含量11.34% ～ 22.36%，总氮含量1.86% ～ 2.51%，烟碱含量 1.79% ～ 3.52%，钾含量 1.74% ～ 1.90%。

评吸质量 香气质较好，香气量较足，浓度和劲头中等，余味较舒适，杂气较轻，微有刺激性，燃烧性中等。质量档次中偏上至较好。

抗 病 性 中抗青枯病和 CMV，中感黑胫病、根结线虫病和赤星病，感 TMV、PVY 和气候性斑点病，高感烟蚜。

Coker 319

Coker 371 Gold

品种编号 HBKGW005

品种来源 美国柯克种子公司（Coker＇s Pedigreed Seed Company ）用[(G-28×354)×(CB139

×F-105)×(G-28×354)]×NC82 杂交选育而成，2009 年从安徽省农业科学院烟草研究所引进。

特征特性　株式塔形，株高 109.6 ~ 131.4 cm，茎围 7.4 ~ 9.9 cm，节距 3.3 ~ 5.6 cm，叶数 19.6 ~ 24.0 片，腰叶长 49.4 ~ 82.5 cm、宽 18.1 ~ 32.7 cm，茎叶角度中等偏大；叶形长椭圆，无叶柄，叶尖尾状，叶面略平，叶缘波浪状，叶耳中，叶片主脉稍粗，主侧脉夹角中等偏大，叶色绿，叶肉组织稍粗糙，叶片稍厚；花序密集，花色淡红。移栽至现蕾 44 ~ 62 d，移栽至中心花开放 49 ~ 70 d，大田生育期 105 ~ 125 d。田间长势中等，腋芽生长势强，耐肥，易烤，易出现缺钾症状。亩产量 96.17 ~ 151.91 kg。

外观质量　原烟颜色橘黄，结构疏松，身份中等，油分较多，色度强。

化学成分　总糖含量 16.72% ~ 31.15%，还原糖含量 14.94% ~ 30.02%，总氮含量 1.85% ~ 2.53%，烟碱含量 1.54% ~ 3.67%，钾含量 1.97% ~ 2.65%。

评吸质量　香气质中等，香气量尚足，浓度和劲头中等，余味尚舒适，有杂气，刺激性略大，燃烧性强。

抗病性　抗黑胫病和青枯病，感根结线虫病、赤星病、TMV 和 PVY。

Coker 371 Gold

D101

品种编号　HBKGW006

品种来源　即 Dixie Bright 101，是美国用 [(TI448A×400)F$_3$×Oxford]×[(Florida 301×400) BC$_2$F$_3$] 杂交选育而成的，2013 年从中国烟草东南农业试验站引进。

特征特性　株式筒形，株高 151.8 ~ 171.7 cm，茎围 7.6 ~ 8.0 cm，节距 4.2 ~ 4.9 cm，叶数 18.3 ~ 31.0 片，腰叶长 39.0 ~ 59.0 cm、宽 20.9 ~ 31.7 cm，茎叶角度中等；叶形宽椭圆，无叶柄，叶尖急尖，叶面较平，叶缘微波状，叶耳小，叶片主脉较细，主侧脉夹角大，叶色绿，叶肉组织粗糙，叶片稍薄；花序密集，花色淡红。移栽至现蕾 51 d，移栽至中心花开放 56 ~ 84 d，大田生育期

110 ～ 112 d。腋芽生长势强，较耐肥。亩产量 76.00 ～ 78.29 kg。

外观质量 原烟颜色柠檬黄，结构疏松，身份中等，油分少，色度弱。

化学成分 总糖含量 18.83%，还原糖含量 17.24%，总氮含量 2.28%，烟碱含量 2.75%，钾含量 2.06%。

评吸质量 香气质中等，香气量尚足，浓度和劲头中等，余味尚舒适，微有杂气和刺激性，燃烧性中等。

抗 病 性 抗青枯病，中抗根结线虫病和气候性斑点病，感黑胫病、赤星病、TMV、CMV、PVY 和烟蚜。

D101

K326

品种编号 HBKGW007

品种来源 美国 Northrup King 种子公司用 McNair225 × (McNair30 × NC95) 杂交选育而成，2007 年从安徽省农业科学院烟草研究所引进。

特征特性 株式塔形，株高 90.0 ～ 157.0 cm，茎围 7.0 ～ 11.6 cm，节距 3.4 ～ 5.4 cm，叶数 19.5 ～ 27.8 片，腰叶长 50.9 ～ 82.5 cm、宽 19.1 ～ 34.7 cm，茎叶角度中等偏大；叶形长椭圆，无叶柄，叶尖渐尖，叶面较皱，叶缘波浪状，叶耳小，叶片主脉较细，主侧脉夹角中等偏大，叶色绿，叶肉组织细致，叶片厚薄中等；花序松散，花色淡红。移栽至现蕾 52 ～ 71 d，移栽至中心花开放 56 ～ 78 d，大田生育期 109 ～ 143 d。腋芽生长势强，耐肥，易早花。叶片分层落黄，耐熟，易烤。亩产量 101.90 ～ 192.50 kg，上等烟率 13.90% ～ 51.45%，上中等烟率 40.70% ～ 92.70%。

外观质量 原烟颜色橘黄，结构疏松至尚疏松，身份中等，油分多至有，色度强。

化学成分 总糖含量 17.72% ～ 37.02%，还原糖含量 14.89% ～ 28.07%，总氮含量 1.38% ～ 2.73%，烟碱含量 1.57% ～ 4.80%，钾含量 1.05% ～ 3.72%。

评吸质量 香气质中等至较好，香气量较足至足，浓度和劲头中等，杂气和刺激性有至微有，余味较舒适，燃烧性强，质量档次中偏上至较好。

抗 病 性　抗爪哇根结线虫病,中抗黑胫病、青枯病、南方根结线虫病和北方根结线虫病,感野火病、赤星病、TMV、CMV、PVY 和气候性斑点病,高感烟青虫。

K326

K326LF

　　品种编号　HBKGW008

　　品种来源　巴西从 K326 中系统选育而成,2007 年从安徽省农业科学院烟草研究所引进。

　　特征特性　株式塔形,株高 108.2 ~ 200.0 cm,茎围 9.3 ~ 10.8 cm,节距 3.7 ~ 4.5 cm,叶数 24.0 ~ 44.7 片,腰叶长 66.3 ~ 80.0 cm、宽 25.8 ~ 31.6 cm,茎叶角度中等偏小;叶形长椭圆,无叶柄,叶尖渐尖,叶面较皱,叶缘波浪状,叶耳小,叶片主脉较粗,主侧脉夹角中等,叶色绿,叶肉组织细致,叶片厚度中等偏薄;花序松散,花色淡红。移栽至现蕾 54 ~ 68d,移栽至中心花开放 59 ~ 86d,大田生育期 112 ~ 135d。田间长势较强,腋芽生长势弱。叶片分层落黄,耐熟,易烤。亩产量 133.76 kg,上等烟率 21.25%。

　　抗 病 性　抗爪哇根结线虫病,中抗青枯病和赤星病,感 TMV、CMV、PVY、气候性斑点病和白粉病。

K346

　　品种来源　HBKGW009

　　品种来源　美国 Northrup King 种子公司用 McNair926 × 80241 杂交选育而成,2007 年从安徽省农业科学院烟草研究所引进。

　　特征特性　株式塔形,株高 97.4 ~ 158.0 cm,茎围 8.7 ~ 10.4 cm,节距 4.2 ~ 5.5 cm,叶数

K326LF

K346

20.5 ~ 25.2 片，腰叶长 54.5 ~ 79.2 cm、宽 22.6 ~ 36.2 cm，茎叶角度较大；叶形长椭圆，无叶柄，叶尖渐尖，叶面略平，叶缘微波状，叶耳小，叶片主脉较细，主侧脉夹角中等偏大，叶色绿，叶肉组织细致，叶片厚薄中等；花序密集，花色淡红。移栽至现蕾 47 ~ 62 d，移栽至中心花开放 52 ~ 68 d，大田生育期 112 ~ 125 d。田间长势前期弱、中期强。大田生长前期有少量底杈发生，腋芽生长势强，耐肥水。田间落黄慢，成熟集中，不耐熟，烘烤性稍差。亩产量 135.00 ~ 197.80 kg，上中等烟率 77.00%。

外观质量 原烟颜色橘黄，结构疏松，身份中等，油分多，色度强。

评吸质量 香气质中偏上，香气量足，浓度较浓，劲头中等，有杂气和刺激性，余味较舒适，燃烧性强。质量档次中偏上至较好。

抗 病 性 高抗黑胫病，抗青枯病和南方根结线虫病，中抗 PVY，低抗赤星病、角斑病和野火病，感 TMV、气候性斑点病。

K358

品种编号 HBKGW010

品种来源 美国 Northrup King 种子公司用 McNair926 × 80241 杂交选育而成，2014 年从安徽省农业科学院烟草研究所引进。

特征特性 株式塔形，株高 143.7 cm，打顶株高 98.4 cm，茎围 7.8 ~ 10.6 cm，节距 4.4 ~ 5.6 cm，叶数 22.7 片，有效叶数 17.6 片，腰叶长 57.9 cm、宽 22.5 cm，茎叶角度中等；叶形长椭圆，无叶柄，叶尖渐尖，叶面较皱，叶缘微波状，叶耳小，叶片主脉较细，主侧脉夹角中等，叶色绿，叶肉组织细致，叶片稍厚；花序密集，花色淡红。移栽至现蕾 44 d，移栽至中心花开放 53 d，大田生育期 129 d。腋芽生长势强。亩产量 100.92 ~ 163.66 kg，上中等烟率 75.34%。

化学成分 总糖含量 28.78%，还原糖含量 21.11%，总氮含量 1.75%，烟碱含量 2.79%，钾含量 2.71%。

评吸质量 香气质中偏上，香气量有，浓度和劲头中等，有杂气和刺激性，余味尚舒适，燃烧性强。质量档次中偏上至较好。

抗 病 性 抗青枯病、黑胫病和根结线虫病，中抗 PVY，中感赤星病，感 TMV。

K358

K394

品种编号 HBKGW011

品种来源 美国 Northrup King 种子公司用 G28×MCN944 杂交选育而成，2009 年从安徽省农业科学院烟草研究所引进。

特征特性 株式筒形，株高 100.0 ～ 142.1 cm，茎围 9.0 ～ 10.2 cm，节距 4.0 ～ 5.2 cm，叶数 21.0 ～ 24.0 片，腰叶长 55.5 ～ 77.8 cm、宽 20.8 ～ 37.3 cm，叶片上下分布均匀，茎叶角度中等；叶形长椭圆，无叶柄，叶尖钝尖，叶面较皱，叶缘波浪状，叶耳中，叶片主脉稍粗，主侧脉夹角中等，叶色绿，叶肉组织细致，叶片稍厚；花序密集，花色淡红。移栽至现蕾 48 ～ 61 d，移栽至中心花开放 54 ～ 69 d，大田生育期 110 ～ 125 d。腋芽生长势强。叶片分层落黄，耐熟，易烤。亩产量 150.05 ～ 160.00 kg，上等烟率 44.19%，上中等烟率 88.36%。

外观质量 原烟颜色金黄至橘黄，结构疏松，身份中等，油分多，色度强。

化学成分 总糖含量 19.36% ～ 27.33%，还原糖含量 18.98% ～ 24.48%，总氮含量 1.81% ～ 2.54%，烟碱含量 1.71% ～ 3.25%，钾含量 1.42% ～ 2.95%。

评吸质量 香气质较好，香气量较足，浓度和劲头中等，杂气轻，微有刺激性，吃味尚纯净，燃烧性强，质量档次中偏上。

抗 病 性 抗黑胫病，中抗根结线虫病，中感青枯病和赤星病，感花叶病、CMV 和气候性斑点病。

K394

K399

品种编号 HBKGW012

品种来源 美国 Northrup King 种子公司用（Coker 139×Coker 319）×NC95 杂交选育而成，2009 年从安徽省农业科学院烟草研究所引进。

特征特性 株式塔形，株高 103.8 ～ 117.6 cm，茎围 7.3 ～ 9.9 cm，节距 3.0 ～ 4.1 cm，叶数 20.6 ～ 24.0 片，腰叶长 54.8 ～ 70.0 cm、宽 18.5 ～ 34.7 cm，茎叶角度中等偏小；叶形长椭圆，无叶柄，叶尖急尖，叶面较皱，叶缘波浪状，叶耳小，叶片主脉稍粗，主侧脉夹角中等，叶色绿，叶肉组织稍粗糙，叶片稍厚；花序密集，花色淡红。移栽至现蕾 48 ~ 60 d，移栽至中心花开放 54 ~ 69 d，大田生育期 109 ~ 125 d。腋芽生长势强，耐肥，易早花。叶片分层落黄，耐熟，易烤。亩产量 121.72 kg。

化学成分 总糖含量 23.13%，还原糖含量 22.40%，总氮含量 2.59%，烟碱含量 2.96%，钾含量 2.10%。

抗 病 性 中抗根结线虫病，中感黑胫病、青枯病和白粉病，感赤星病、TMV 和气候性斑点病。

K399

K730

品种编号 HBKGW013

品种来源 美国 Northrup King 种子公司用 K326×80241 杂交选育而成，2014 年从安徽省农业科学院烟草研究所引进。

特征特性 株式塔形，株高 133.7 ~ 148.4 cm，打顶株高 102.7 cm，茎围 8.0 ~ 10.5 cm，节距 3.8 ~ 6.0 cm，叶数 23.0 ~ 25.7 片，腰叶长 62.2 ~ 65.1 cm、宽 21.9 ~ 27.8 cm，茎叶角度中等；叶形长椭圆，无叶柄，叶尖急尖，叶面较皱，叶缘波浪状，叶耳小，叶片主脉较细，主侧脉夹角中等，叶色绿，叶肉组织细致，叶片厚薄中等；花序密集，花色淡红。移栽至现蕾 44 d，移栽至中心花开放 51 ~ 66 d，大田生育期 124 d。腋芽生长势强。叶片分层落黄，耐熟，易烤。亩产量 110.28 ~ 189.58 kg，上等烟率 30.54%，上中等烟率 74.61% ~ 88.87%。

外观质量 原烟颜色橘黄，结构疏松，身份稍薄，油分有，色度强。

化学成分 总糖含量 39.68%，还原糖含量 25.00%，总氮含量 1.55%，烟碱含量 2.62%，钾含量 2.25%。

评吸质量 香气质中偏上，香气量尚足，浓度较浓，劲头中等，有杂气和刺激性，余味较舒适，燃烧性强，质量档次中偏上至较好。

抗 病 性　抗青枯病、南方根结线虫和赤星病，中感黑胫病，感 TMV 和 PVY。

K730

Kutsaga 51E

品种编号　HBKGW014

品种来源　津巴布韦烟草研究局用 Delerest×Virginia gold 杂交选育而成，2010 年从南非引进。

特征特性　株式塔形，株高 122.3 ～ 196.0 cm，茎围 7.3 ～ 10.6 cm，节距 3.1 ～ 4.5 cm，叶数 20.7 ～ 22.4 片，腰叶长 59.7 ～ 72.5 cm、宽 19.4 ～ 34.6 cm，茎叶角度中等偏大；叶形长椭圆，无叶柄，叶尖渐尖，叶面较皱，叶缘波浪状，叶耳中，叶片主脉粗细中等，主侧脉夹角中等，叶色绿，叶肉组织稍粗糙，叶片稍厚；花序松散，花色淡红。移栽至现蕾 51 ～ 52 d，移栽至中心花开放 55 ～ 62 d，大田生育期 112 ～ 113 d。腋芽生长势弱。亩产量 136.22 kg。

抗 病 性　抗白粉病，感黑胫病、青枯病、根结线虫病、赤星病、野火病、角斑病和 TMV。

LK33/60

品种编号　HBKGW015

品种来源　南非 LARSS 公司 Nelspruit 农场选育的烤烟品种，2010 年从该单位引进。

特征特性　株式塔形，株高 103.7 ～ 119.1 cm，茎围 7.0 ～ 12.2 cm，节距 4.2 ～ 6.3 cm，叶数 18.1 ～ 24.0 片，腰叶长 60.2 ～ 73.9 cm、宽 24.4 ～ 35.2 cm，叶片上下分布均匀，茎叶角度中等偏大；叶形椭圆，无叶柄，叶尖渐尖，叶面皱，叶缘波浪状，叶耳小，叶片主脉粗细中等，主侧脉夹角小，叶色绿，叶肉组织细致，叶片厚度中等偏薄；花序密集，花色淡红。移栽至现蕾 55 ～ 57 d，移栽至中心花开放 57 ～ 66 d，大田生育期 100 ～ 109 d。大田长势弱，耐肥。叶片分层落黄，易烘烤。亩产量 91.83 ~ 170.23 kg，上等烟率 15.58% ~ 35.01%，上中等烟率 71.48% ~ 92.30%。

外观质量 原烟颜色橘黄至柠檬黄，结构疏松至尚疏松，身份中等，油分有至稍有，色度中至强。

化学成分 中部叶总糖含量 11.18% ~ 40.20%，还原糖含量 9.30% ~ 31.13%，总氮含量 1.72% ~ 2.74%，烟碱含量 1.67% ~ 3.06%，钾含量 1.52% ~ 3.32%；上部叶总糖含量 12.85% ~ 23.67%，还原糖含量 11.13% ~ 19.90%，总氮含量 2.31% ~ 3.00%，烟碱含量 3.13% ~ 3.84%，钾含量 1.68% ~ 2.55%

评吸质量 香气质中等，香气量中等，浓度和劲头中等，杂气和刺激性较重，余味稍差，燃烧性强。

抗病性 抗黑胫病、青枯病和南方根结线虫病，感爪哇根结线虫病、赤星病、野火病、白粉病、TMV、PVY 和气候性斑点病。

Kutsaga 51E

LK33/60

McNair944

品种编号 HBKGW016

品种来源 美国 McNair 种子公司用 G10×McNair30 杂交选育而成，2009 年从安徽省农业科学院烟草研究所引进。

特征特性 株式塔形，株高 115.0 ~ 177.0 cm，茎围 8.2 ~ 11.4 cm，节距 4.3 ~ 5.2 cm，叶数 20.0 ~ 25.0 片，腰叶长 69.3 ~ 73.0 cm、宽 29.3 ~ 37.1 cm，茎叶角度中等偏小；叶形长椭圆，无叶柄，叶尖渐尖，叶面皱，叶缘皱折，叶耳中等，叶片主脉较粗，主侧脉夹角中等偏大，叶色绿，叶肉组织稍粗糙，叶片厚薄中等；花序密集，花色淡红。移栽至现蕾 42 ~ 63 d，移栽至中心花开放 48 ~ 70 d，大田生育期 106 ~ 130 d。腋芽生长势强，易早花，不耐肥。叶片分层落黄，易烤。

外观质量 原烟颜色金黄至橘黄，结构稍疏松，身份中等，油分较多，色度强。

化学成分 总糖含量7.26% ~ 30.26%，还原糖含量15.32% ~ 22.79%，总氮含量1.64% ~ 2.63%，烟碱含量 1.93% ~ 3.49%，钾含量 1.60% ~ 2.43%。

评吸质量 香气量有，劲头较大，有杂气，微有刺激性，吃味辣，燃烧性中等。

抗 病 性 中抗黑胫病，感青枯病、根结线虫病、赤星病、TMV 和气候性斑点病。

McNair944

NC55

品种编号 HBKGW017

品种来源 美国北卡罗来纳州立大学用（K326×DH1220）×（K326×Coker 371 Gold）杂交选育而成，2015 年从安徽省农业科学院烟草研究所引进。

特征特性 株式塔形，株高 102 cm，茎围 8.1 cm，节距 3.2 cm，有效叶数 18.0 ~ 19.8 片，腰叶长 58.8 cm、宽 17.6 cm，茎叶角度较大；叶形长椭圆，无叶柄，叶尖渐尖，叶面较皱，叶缘波浪状，叶耳大，叶片主脉较粗，主侧脉夹角中等，叶色深绿，叶肉组织较细致，叶片较厚；花序松散，花色淡红。

移栽至现蕾 44 d，移栽至中心花开放 53 ～ 66 d，大田生育期 111 d。田间长势强，腋芽生长势强。上部叶开片稍差，叶片分层落黄，易烤。

外观质量 原烟颜色金黄至橘黄，结构疏松，身份稍厚，油分较多，色度强。

化学成分 总糖含量 23.77% ～ 28.87%，还原糖含量 16.64% ～ 21.47%，总氮含量 1.32% ～ 2.24%，烟碱含量 2.44% ～ 3.10%，钾含量 1.31% ～ 3.17%。

抗 病 性 抗蚀纹病毒病（TEV）和 PVY，中感黑胫病和青枯病，感赤星病、TMV 和气候性斑点病。

NC55

NC82

品种编号 HBKGW018

品种来源 美国北卡罗来纳州农业试验站用 6129×Coker 319 杂交选育而成，2009 年从安徽省农业科学院烟草研究所引进。

特征特性 株式筒形，株高 100.0 ～ 155.2 cm，茎围 7.5 ～ 10.2 cm，节距 3.7 ～ 7.3 cm，叶数 19.0 ～ 25.0 片，腰叶长 51.3 ～ 76.1 cm、宽 22.2 ～ 35.2 cm，茎叶角度较大；叶形长椭圆，无叶柄，叶尖渐尖，叶面略平，叶缘波浪状，叶耳小，叶片主脉较细，主侧脉夹角中等偏大，叶色绿，叶肉组织细致，叶片厚薄中等；花序密集，花色淡红。移栽至现蕾 44 ～ 61 d，移栽至中心花开放 54 ～ 68 d，大田生育期 105 ～ 125 d。腋芽生长势强，耐肥，不耐旱，对低温敏感，易早花。顶部叶开片较好，叶片分层落黄，耐熟，易烤。亩产量 108.56 ～ 177.90 kg，上等烟率 26.33%，上中等烟率 90.78%。

外观质量 原烟颜色金黄至橘黄，结构疏松，身份中等，油分有至多，色度强。

化学成分 总糖含量 23.17% ～ 23.60%，还原糖含量 18.10% ～ 22.20%，总氮含量 1.48% ～ 2.04%，烟碱含量 2.25% ～ 3.54%，钾含量 0.82% ～ 2.44%。

评吸质量 香气质中等至较好，香气量有至较足，浓度和劲头中等，微有杂气和刺激性，余味较舒适，燃烧性强，质量档次中偏上至较好。

抗病性 高抗黑胫病，中感青枯病和 CMV，易感根结线虫病、赤星病、TMV、PVY、气候性斑点病和烟蚜，高抗烟青虫。

NC82

NC89

品种编号 HBKGW019

品种来源 美国北卡罗来纳州农业试验站用 NC95×Hicks 杂交选育而成，2009 年从安徽省农业科学院烟草研究所引进。

特征特性 株式塔形，株高 106.1～157.8 cm，茎围 5.7～10.1 cm，节距 3.5～4.5 cm，叶数 20.3～25.0 片，腰叶长 54.3～77.4 cm、宽 21.6～35.3 cm，下部叶密，茎叶角度甚大；叶形长椭圆，无叶柄，叶尖渐尖，叶面皱，叶缘波浪状，叶耳中等，叶片主脉粗细中等，主侧脉夹角较小，叶色绿，叶肉组织细致，叶片稍厚；花序松散，花色淡红。移栽至现蕾 50～51 d，移栽至中心花开放 56～68 d，大田生育期 112～125 d。大田前期生长较慢，团棵后生长较快。腋芽生长势强，不耐旱，适应性较广。耐熟，易烤。亩产量 129.47～180.00 kg，上等烟率 2.10%，上中等烟率 90.31%。

外观质量 原烟颜色柠檬黄至金黄，结构疏松，身份中等，油分有，色度中。

化学成分 总糖含量 17.94%～29.10%，还原糖含量 15.50%，总氮含量 1.74%～2.13%，烟碱含量 1.93%～2.19%，钾含量 2.30%。

评吸质量 香气质较好，香气量尚足，浓度和劲头中等，杂气轻，刺激性有至微有，余味较舒适，燃烧性中等。

抗病性 抗黑胫病和烟青虫，中抗根腐病、根结线虫病和烟蚜，中感青枯病、赤星病和气候斑点病，感 TMV、CMV 和 PVY。

NC89

NC95

品种编号 HBKGW020

品种来源 美国北卡罗来纳州农业试验站用(Coker 139 × Bel4-30) × (Coker 139 × Hicks) 杂交选育而成，2010 年从安徽省农业科学院烟草研究所引进。

特征特性 株式塔形，株高 112.7 ~ 167.6 cm，茎围 7.7 ~ 10.3 cm，节距 3.3 ~ 6.7 cm，叶数 15.3 ~ 25.0 片，腰叶长 48.0 ~ 79.0 cm、宽 23.7 ~ 39.0 cm，下部叶密，茎叶角度较大；叶形长椭圆，无叶柄，叶尖急尖，叶面略皱，叶缘波浪状，叶耳中，叶片主脉粗细中等，主侧脉夹角中等偏大，叶色绿，叶肉组织细致，叶片稍厚；花序密集，花色淡红。移栽至现蕾 37 ~ 60 d，移栽至中心花开放 43 ~ 67 d，大田生育期 106 ~ 125 d。腋芽生长势强。亩产量 142.41 kg。

外观质量 原烟颜色金黄至橘黄，结构较疏松，身份稍厚，油分多，色度强。

化学成分 总糖含量 12.50%，还原糖含量 10.52%，总氮含量 2.41%，烟碱含量 2.46%，钾含量 1.16%。

抗病性 中抗根结线虫病，中感黑胫病、青枯病、赤星病和气候性斑点病。

NC567

品种编号 HBKGW021

品种来源 美国北卡罗来纳州农业试验站用 3658×3611 杂交选育而成，2010 年从安徽省农业科学院烟草研究所引进。

特征特性 株式筒形，株高 114.6 ~ 200.1 cm，茎围 8.2 ~ 10.2 cm，节距 4.2 ~ 5.8 cm，叶数

NC95

NC567

19.0 ~ 25.3 片，腰叶长 47.9 ~ 70.7 cm、宽 19.2 ~ 34.6 cm，茎叶角度大；叶形椭圆，无叶柄，叶尖急尖，叶面较皱，叶缘微波状，叶耳中，叶片主脉稍粗，主侧脉夹角较小，叶色深绿，叶肉组织稍粗糙，叶片稍薄；花序松散，花色淡红。移栽至现蕾 49 ~ 59 d，移栽至中心花开放 53 ~ 65 d，大田生育期 112 ~ 120 d。田间长势强，腋芽生长势较强，不耐肥。亩产量 121.73 ~ 145.88 kg，上等烟率 8.06%，上中等烟率 88.88%。

外观质量 原烟颜色金黄，结构疏松，身份中等，油分有，色度中。

化学成分 总糖含量 22.61%，还原糖含量 20.21%，总氮含量 1.82%，烟碱含量 1.37%，钾含量 1.55%。

评吸质量 香气质较好，香气量较足，浓度较浓，劲头中等，微有杂气和刺激性，余味较舒适，燃烧性中等。

抗 病 性 对 TMV 免疫，抗根结线虫病，中抗赤星病，中感黑胫病、青枯病和 PVY，感 CMV 和烟蚜。

NC2326

品种编号 HBKGW022

品种来源 美国北卡罗来纳州农业试验站用 [（9102×Hicks）×Hicks]BC3 选育而成，2015 年从安徽省农业科学院烟草研究所引进。

特征特性 株式塔形，株高 144.1 cm，茎围 8.5 cm，节距 4.0 cm，叶数 23.5 片，腰叶长 58.7 cm、宽 21.6 cm，茎叶角度大；叶形椭圆，无叶柄，叶尖渐尖，叶面皱，叶缘波浪状，叶耳较大，叶片主脉稍粗，主侧脉夹角中等，叶色深绿，叶肉组织细致，叶片稍厚；花序松散，花色淡红。大田生育期 113 d。腋芽生长势强。亩产量 163.25 kg。

抗 病 性 中抗黑胫病和赤星病，中感青枯病，感根结线虫病。

NC2326

RG11

品种编号 HBKGW023

品种来源 美国 RG 种子公司用 NC50×K399 杂交选育而成，2009 年从安徽省农业科学院烟草研究所引进。

　　特征特性　株式近筒形，株高103.7～157.4 cm，茎围8.0～10.6 cm，节距3.4～5.1 cm，叶数21.4～27.0片，腰叶长57.3～80.0 cm、宽20.9～34.2 cm，茎叶角度中等偏大；叶形长椭圆，无叶柄，叶尖渐尖，叶面较皱，叶缘微波状，叶耳小，叶片主脉粗细中等，主侧脉夹角较小，叶色绿，叶肉组织细致，叶片稍薄；花序密集，花色淡红。移栽至现蕾44～62 d，移栽至中心花开放50～71 d，大田生育期113～125 d。田间长势较强，腋芽生长势强，耐肥。叶片分层落黄，耐熟，易烤。亩产量133.00～169.77 kg，上等烟率43.08%，上中等烟率93.39%。

　　外观质量　原烟颜色金黄至橘黄，结构疏松至尚疏松，身份中等至稍薄，油分有至多，色度中至强。

　　化学成分　总糖含量9.78%～31.05%，还原糖含量9.55%～27.59%，总氮含量1.91%～2.69%，烟碱含量2.15%～3.28%，钾含量2.05%～2.52%。

　　评吸质量　香气质中等，香气量有，浓度较浓，劲头中等，有杂气和刺激性，余味欠舒适，燃烧性强。

　　抗　病　性　抗黑胫病、青枯病和根结线虫病，中抗赤星病，中感TMV和气候性斑点病，感PVY，高感烟蚜。

RG11

RG17

　　品种编号　HBKGW024

　　品种来源　美国RG种子公司用K326×K399杂交选育而成，2013年从中国烟草东南农业试验站引进。

　　特征特性　株式塔形，株高95.5～157.8 cm，茎围8.5～10.4 cm，节距3.3～4.3 cm，叶数16.0～27.6片，腰叶长55.0～74.0 cm、宽23.7～34.8 cm，茎叶角度中等；叶形长椭圆，无叶柄，叶尖急尖，叶面较皱，叶缘波浪状，叶耳小，叶片主脉较细，主侧脉夹角中等，叶色绿，叶肉组织细致，叶片厚薄中等；花序密集，花色淡红。移栽至现蕾48～62 d，移栽至中心花开放54～71 d，大田生育期112 ~ 126 d。田间长势较强，腋芽生长势较强，耐肥。上部叶开片好，叶片分层落黄，耐熟，易烤。亩产量142.30 ~ 156.60 kg，上等烟率10.62% ~ 26.03%。

外观质量 原烟颜色橘黄，结构疏松，身份中等，油分多，色度浓。

化学成分 总糖含量26.01%，还原糖含量17.19% ~ 23.95%，总氮含量1.74% ~ 2.87%，烟碱含量2.62% ~ 2.85%，钾含量1.71% ~ 2.62%。

评吸质量 香气质中偏上，香气量足，浓度较浓，劲头中等，余味舒适，燃烧性强，质量档次中偏上至较好。

抗病性 抗青枯病，中抗黑胫病、根结线虫病和PVY，感赤星病、TMV和气候性斑点病。

RG17

Speight G28

品种编号 HBKGW025

品种来源 美国Speight种子公司用（Oxford-1-181×Corker 139）F4×NC95杂交选育而成，2009年从安徽省农业科学院烟草研究所引进。

特征特性 株式筒形，株高86.4 ~ 188.3 cm，茎围8.8 ~ 11.5 cm，节距3.8 ~ 5.4 cm，叶数19.0 ~ 32.0片，腰叶长40.2 ~ 76.2 cm、宽21.4 ~ 42.0 cm，下部着生叶较密，茎叶角度中等偏大；叶形椭圆，无叶柄，叶尖渐尖，叶面略皱，叶缘微波状，叶耳小，叶片主脉较细，主侧脉夹角中等，叶色绿，叶肉组织细致，叶片厚度中等偏薄；花序密集，花色淡红。移栽至现蕾50 ~ 61 d，移栽至中心花开放56 ~ 70 d，大田生育期100 ~ 126 d。栽后长势弱，发棵较慢，腋芽生长势强，耐肥。叶片成熟较集中，易烘烤。亩产量124.80 ~ 182.37 kg，上等烟率39.61%，上中等烟率92.15%。

外观质量 原烟颜色橘黄，结构疏松至尚疏松，身份中等至稍薄，油分有至多，色度强。

化学成分 总糖含量14.12% ~ 33.48%，还原糖含量12.09% ~ 27.33%，总氮含量1.29% ~ 2.32%，烟碱含量1.45% ~ 2.30%，钾含量2.18% ~ 2.47%。

评吸质量　香气质好至较好，香气量较足至尚足，浓度和劲头中等，杂气微有至有，微有刺激性，余味较舒适，燃烧性强至中等，质量档次中偏上至较好。

抗 病 性　抗黑胫病、爪哇根结线虫病和烟蚜，中抗青枯病、南方根结线虫病和赤星病，感TMV、CMV、PVY和气候性斑点病，高抗烟青虫。

Speight G28

Speight G70

品种编号　HBKGW026

品种来源　美国Speight种子公司用 (Coker 258×Va.115)×G10 杂交选育而成，2010年从安徽省农业科学院烟草研究所引进。

特征特性　株式筒形，株高86.8 ~ 135.8 cm，茎围9.1 ~ 10.3 cm，节距3.4 ~ 4.6 cm，叶数21.2 ~ 24.0片，腰叶长70.4 ~ 82.9 cm、宽28.2 ~ 35.9 cm，茎叶角度甚大；叶形长椭圆，无叶柄，叶尖渐尖，叶面较皱，叶缘波浪状，叶耳中等偏小，叶片主脉较细，主侧脉夹角中等，叶色深绿，叶肉组织稍粗糙，叶片厚度中等；花序密集，花色淡红。移栽至现蕾49 ~ 63 d，移栽至中心花开放55 ~ 71 d，大田生育期112 ~ 125 d。腋芽生长势强，易烤。亩产量135.00 kg。

外观质量　原烟颜色正黄至金黄，结构疏松，身份中等至稍薄，油分稍有至有，色度中。

化学成分　总糖含量16.72%，还原糖含量14.84%，总氮含量2.37%，烟碱含量2.82%，钾含量2.38%。

评吸质量　香气质中等，香气量尚足，劲头中等，有杂气和刺激性，余味尚舒适，燃烧性较强。

抗 病 性　抗根结线虫病，中抗黑胫病，感青枯病、TMV和气候性斑点病。

Speight G80

品种编号　HBKGW027

品种来源　美国Speight种子公司用G45×G28杂交选育而成，2009年从安徽省农业科学院烟

Speight G70

Speight G80

草研究所引进。

特征特性　株式塔形，株高 93.3 ~ 140.7 cm，茎围 7.4 ~ 9.9 cm，节距 3.9 ~ 5.1 cm，叶数 19.0 ~ 24.0 片，腰叶长 46.3 ~ 75.1 cm、宽 21.3 ~ 35.3 cm，茎叶角度中等；叶形椭圆，无叶柄，叶尖渐尖，叶面略皱，叶缘波浪状，叶耳中等偏小，叶片主脉较粗，主侧脉夹角中等，叶色绿，叶肉组织细致，叶片厚度中等偏厚；花序密集，花色淡红。移栽至现蕾 48 ~ 60 d，移栽至中心花开放 54 ~ 67 d，大田生育期 110 ~ 125 d。烟苗移栽后发苗慢，长势较弱，腋芽生长势较强，不耐旱，易发生早花。叶片分层落黄，易烘烤。亩产量 133.33 ~ 156.48 kg，上等烟率 8.96%，上中等烟率 90.45%。

外观质量　原烟颜色正黄至橘黄，结构疏松，身份中等，油分稍有至多，色度中。

化学成分 总糖含量13.29% ~ 25.45%，还原糖含量12.20% ~ 22.62%，总氮含量2.01% ~ 2.68%，烟碱含量1.64% ~ 3.57%，钾含量1.70% ~ 2.81%。

评吸质量 香气质较好至好，香气量较足至足，浓度中等，劲头中等偏大，杂气较轻，微有刺激性，余味较舒适，燃烧性中等至较强，质量档次中偏上至较好。

抗病性 抗黑胫病和根结线虫病，中抗青枯病和赤星病，中感CMV，感TMV、PVY、气候性斑点病和烟蚜。

TI245

品种编号 HBKGW028

品种来源 美国从南美洲收集的抗青枯病材料，2015年从山东农业大学引进。

特征特性 株式塔形，株高104.6 ~ 127.0 cm，茎围5.8 ~ 12.2 cm，节距2.9 ~ 7.4 cm，叶数12.5 ~ 25.0片，腰叶长25.8 ~ 53.9 cm、宽12.6 ~ 30.3 cm，茎叶角度中等；叶形椭圆，无叶柄，叶尖渐尖，叶面略平，叶缘平滑，叶耳较大，叶片主脉粗细中等，主侧脉夹角大，叶色深绿，叶肉组织细致，叶片较厚；花序密集，花色白。移栽至现蕾36 d，移栽至中心花开放43 ~ 50 d，大田生育期99 ~ 106 d。腋芽生长势强。亩产量116.67 kg，上中等烟率85.70%。

外观质量 原烟尚成熟，颜色柠檬黄，结构尚疏松至疏松，身份稍薄至中等，油分少至稍有，色度弱。

化学成分 总糖含量13.00% ~ 29.18%，还原糖含量8.64%，总氮含量1.58% ~ 2.42%，烟碱含量1.78% ~ 2.51%，钾含量2.42%。

评吸质量 香气质中等，香气量尚足，浓度和劲头中等，微有杂气，有刺激性，余味尚舒适，燃烧性中等。

抗病性 对TMV免疫（由两个隐性抗病基因t1和t2控制），高抗黑胫病，中抗根结线虫病和CMV，中感青枯病，感赤星病。

TI245

V2

品种编号 HBKGW029

品种来源 美国选育品种，亲本不详，2007年从安徽省农业科学院烟草研究所引进。

特征特性 株式筒形，株高100.0～151.4 cm，茎围7.9～10.7 cm，节距3.2～5.6 cm，叶数17.0～27.0片，腰叶长42.0～77.2 cm、宽16.9～41.1 cm，茎叶角度较大；叶形长椭圆，无叶柄，叶尖尾状，叶面略皱，叶缘波浪状，叶耳中，叶片主脉稍粗，主侧脉夹角稍大，叶色绿，叶肉组织细致，叶片较厚；花序密集，花色红。移栽至现蕾49～66 d，移栽至中心花开放55～74 d，大田生育期110～125 d。田间长势强，腋芽生长势强，较耐肥，易烘烤。亩产量110.77～173.57 kg，上等烟率20.88%，上中等烟率88.00%。

外观质量 原烟颜色正黄至橘黄，结构疏松，身份中等，油分多，色度中至较强。

化学成分 总糖含量24.98%～28.71%，还原糖含量21.11%～27.14%，总氮含量1.45%～2.22%，烟碱含量1.42%～3.46%，钾含量2.25%～2.76%。

评吸质量 香气质好，香气量尚足，浓度较浓，劲头中等，微有杂气，微有刺激性，余味尚舒适，燃烧性强。

抗病性 抗黑胫病，中抗青枯病、爪哇根结线虫病和TMV，中感野火病和赤星病，感北方根结线虫病和南方根结虫病。

V2

第二部分　晾烟种质资源

一、国内白肋烟种质资源

B0833

品种编号 HBBGN001

品种来源 湖北省烟草科研所 2018 年用 [(TN86×LAB21)F$_1$×(B37×TN86)F$_1$]×[(万州白肋烟×B21)F$_3$] 杂交选育而成，湖北省烟草科学研究院保存。

特征特性 株式塔形，打顶后近筒形，株高 96.6 ~ 140.0 cm，茎围 10.1 ~ 13.5 cm，节距 4.8 ~ 6.5 cm，叶数 17.6 ~ 26.0 片，腰叶长 74.0 ~ 90.0 cm、宽 29.0 ~ 41.0 cm，茎叶角度中等，株型稍紧凑；叶形椭圆，无叶柄，叶尖渐尖，叶面平，叶缘微波近平滑，叶耳中，叶片主脉粗细中等，主侧脉夹角甚大，叶色黄绿，叶肉组织细致，叶片厚薄中等；花序松散，花色淡红。移栽至中心花开放 60 ~ 70 d，大田生育期 95 ~ 102 d。田间长势强，较耐肥，叶片分层成熟。亩产量 125.06 ~ 160.32 kg，上等烟率 29.82% ~ 52.10%，中等烟率 60.46% ~ 61.50%。

抗病性 抗黑胫病，中抗青枯病、根结线虫病，田间表现为气候性斑点病和病毒病轻。

B0833

B0851

品种编号 HBBGN002

品种来源 湖北省烟草科研所 2019 年用万州白肋烟 ×Burley 37 杂交选育而成，湖北省烟草科学研究院保存。

特征特性 株式筒形，株高 112.9 ~ 129.9 cm，茎围 11.1 ~ 12.9 cm，节距 4.2 ~ 4.6 cm，叶数 21.9 ~ 23.8 片，腰叶长 83.1 ~ 85.0 cm、宽 34.3 ~ 37.0 cm，茎叶角度中等，中、下部叶片分布稍密，株型稍紧凑；叶形长椭圆，无叶柄，叶尖渐尖，叶面平，叶缘皱折，叶耳中，叶片主脉粗细中等，主侧脉夹角大，叶色黄绿，叶肉组织稍粗糙，叶片厚薄中等；花序松散，花色淡红。移栽至中心花开放 55 ～ 60 d，大田生育期 98 ～ 104 d。田间长势强，抗逆性较强，叶片成熟较集中。亩产量 120.57 ～ 184.06 kg，上等烟率 42.80% ～ 57.80%，上中等烟率 88.00% ～ 97.50%。

外观质量　原烟颜色以浅红黄为主，结构疏松，身份适中，叶面舒展，光泽明亮，色度浓。

化学成分　中部叶总植物碱含量 2.53%，总氮含量 3.42%，钾含量 4.84%；上部叶总植物碱含量 3.23%，总氮含量 3.77%，钾含量 4.67%。

抗 病 性　抗黑胫病，中抗青枯病，田间表现为 TMV 和 PVY 轻。

B0851

B0851-1

品种编号　HBBGN003

品种来源　湖北省烟草科研所 2019 年用万州白肋烟 ×Burley 37 杂交选育而成，湖北省烟草科学研究院保存。

特征特性　株式筒形，株高 105.1 ～ 111.8 cm，茎围 12.0 ～ 13.7 cm，节距 3.7 ～ 4.3 cm，叶数 23.0 ～ 24.0 片，腰叶长 83.5 ～ 89.9 cm、宽 34.3 ～ 41.1 cm，茎叶角度较大，中、下部叶片分布较密，叶片近平展；叶形椭圆，无叶柄，叶尖渐尖，叶面较皱，叶缘皱折，叶耳较大，叶片主脉粗细中等，主侧脉夹角甚大，叶色黄绿，叶肉组织尚细致，叶片稍厚；花序松散，花色淡红。移栽至中心花开放 50 ～ 55 d，大田生育期 90 ～ 100 d。田间长势强，抗逆性较强，叶片成熟集中。亩产量 168.29 ～ 183.05 kg，上等烟率 42.80% ～ 56.50%，上中等烟率 90.80% ～ 91.00%。

抗 病 性　抗黑胫病，中抗青枯病，田间表现为 TMV 和 PVY 轻。

B0851-1

S174

品种编号 HBBGN004

品种来源 湖北省农业科学院经济作物研究所于1988年选育而成，湖北省烟草科学研究院保存。

特征特性 株式橄榄形，株高138.1 ～ 168.5 cm，茎围10.2 ～ 10.4 cm，节距4.6 ～ 6.6 cm，叶数26.4 ～ 27.0 片，腰叶长68.6 ～ 69.2 cm、宽32.3 ～ 35.2 cm，茎叶角度较大；叶形椭圆，无叶柄，叶尖急尖，叶面较平，叶缘皱折，叶耳中，叶片主脉细，主侧脉夹角甚大，叶色黄绿，叶肉组织较粗糙，叶片稍厚；花序密集，花色淡红。移栽至现蕾56 d，移栽至中心花开放58 ～ 68 d，大田生育期87 ～ 91 d。田间长势强，叶片成熟较集中。亩产量126.04 ～ 146.90 kg，上等烟率11.40% ～ 35.73%，中等烟率36.63% ～ 77.10%。

外观质量 原烟颜色近红黄或浅红黄，结构疏松，身份稍厚，叶面稍皱，光泽亮至明亮，色度中。

化学成分 中部叶烟碱含量3.12%，总氮含量3.97%，钾含量4.12%；上部叶烟碱含量4.22%，总氮含量5.17%，钾含量3.84%。

抗 病 性 中抗黑胫病。

白茎烟

品种编号 HBBGN005

品种来源 湖北省五峰县地方品种，湖北省农业科学院经济作物研究所收集，湖北省烟草科学研究院保存。

特征特性 株式塔形，株高141.7 ～ 165.0 cm，茎围9.0 ～ 10.2 cm，节距4.5 ～ 4.9 cm，叶数23.0 ～ 29.0 片，腰叶长54.3 ～ 69.1 cm、宽23.3 ～ 31.0 cm，下部叶片着生密集，茎叶角度较大；叶形椭圆，无叶柄，叶尖渐尖，叶面较平，叶缘平滑，叶耳中，叶片主脉粗细较小，主侧脉夹角甚大，叶色黄绿，叶肉组织细致，叶片厚薄中等；花序密集，花色淡红。田间长势较强，叶片成熟较集中。移栽至中心花开放 55 ~ 58 d，大田生育期 87 ~ 107 d。亩产量 101.2 ~ 142.0 kg，上等烟率 16.70% ~ 20.90%，中等烟率 65.00%。

外观质量　原烟颜色呈浅红黄，结构尚疏松，身份适中，光泽亮，叶面舒展至稍皱，色度中。

化学成分　中部叶烟碱含量 2.07% ~ 2.47%，总氮含量 2.79% ~ 3.73%，钾含量 2.19% ~ 2.45%；上部叶烟碱含量 2.35%，总氮含量 3.45%，钾含量 2.45%。

评吸质量　香型风格尚显著，香气量有，劲头中等，吃味尚舒适，微有杂气，有刺激性，燃烧性强。

抗 病 性　中抗赤星病，中感 TMV 和 PVY，感 CMV，易感黑胫病。

S174

白茎烟

鄂白 003

品种编号 HBBGN006

品种来源 湖北省烟草科研所 1994 年从 Virginia 509 变异株中选育而成，湖北省烟草科学研究院保存。

特征特性 株式筒形，株高 148.5 ～ 186.7 cm，茎围 10.4 ～ 12.6 cm，节距 3.6 ～ 5.8 cm，叶数 25.0 ～ 32.0 片，腰叶长 64.3 ～ 76.5 cm、宽 33.7 ～ 36.5 cm，茎叶角度中等；叶形椭圆，无叶柄，叶尖渐尖，叶面略皱，叶缘微波状，叶耳较大，叶片主脉粗细中等，主侧脉夹角较大，叶色绿，叶肉组织细致，叶片厚薄中等；花序密集，花色淡红。移栽至现蕾 53 d，移栽至中心花开放 55 ～ 59 d，大田生育期 95 ～ 108 d。田间长势强，较耐肥，叶片成熟较集中。亩产量 133.95 ～ 166.70 kg，上等烟率 22.60% ～ 42.63%，中等烟率 44.20% ～ 61.30%。

外观质量 原烟颜色呈红黄、近红黄，叶片结构疏松至稍疏松，身份中等，叶面平展至微皱，光泽明亮至亮，色度中。

化学成分 中部烟叶烟碱含量 1.56% ～ 4.34%，总氮含量 4.06% ～ 4.29%，钾含量 3.83% ～ 4.35%；上部叶烟碱含量 1.92% ～ 4.81%，总氮含量 4.32% ～ 5.02%，钾含量 3.21% ～ 4.35%。

抗病性 中感黑胫病。

鄂白 003

鄂白 010

品种编号 HBBGN007

品种来源 湖北省烟草科研所 2000 年用 Kentucky 8959×Burley 37 杂交选育而成，湖北省烟草科学研究院保存。

特征特性 株式筒形，株高 158.9 ～ 268.7 cm，茎围 10.8 ～ 10.9 cm，节距 3.9 ～ 6.1 cm，叶数

25.3 ~ 42.0 片，腰叶长 65.0 ~ 70.7 cm、宽 30.4 ~ 32.8 cm，茎叶角度中等；叶形长椭圆，无叶柄，叶尖渐尖，叶面较平，叶缘皱折，叶耳中，叶片主脉较细，主侧脉夹角大，叶色黄绿，叶肉组织细致，叶片厚薄中等；花序密集，花色淡红。田间长势强，较耐肥，叶片分层成熟。移栽至现蕾 48 d，移栽至中心花开放 50 ~ 61 d，大田生育期 89 ~ 105 d。亩产量 161.30 kg，上等烟率 27.70%，中等烟率 52.90% ~ 59.10%。

外观质量 原烟颜色呈红黄、近红黄，结构疏松，身份中等，叶面平展至微皱，光泽明亮至亮，色度中。

化学成分 中部叶烟碱含量 3.37%，总氮含量 4.80%，钾含量 5.39%；上部叶烟碱含量 4.55%，总氮含量 4.64%，钾含量 5.71%。

抗病性 高抗黑胫病。

鄂白 010

鄂白 011

品种编号 HBBGN008

品种来源 湖北省烟草科研所 2000 年用 Burley 37×Kentucky 8959 杂交选育而成，湖北省烟草科学研究院保存。

特征特性 株式筒形，株高 140.5 ~ 198.7 cm，茎围 10.8 ~ 11.2 cm，节距 5.2 ~ 5.4 cm，叶数 27.3 ~ 32.0 片，腰叶长 70.3 ~ 71.7 cm、宽 32.6 ~ 34.8 cm，茎叶角度中等；叶形椭圆，无叶柄，叶尖渐尖，叶面较平，叶缘微波状，叶耳中，叶片主脉粗细中等，主侧脉夹角大，叶色黄绿，叶肉组织细致，叶片厚薄中等；花序密集，花色淡红。移栽至中心花开放 58 ~ 63 d，大田生育期 90 ~ 98 d。田间长势强，较耐肥，叶片分层成熟。亩产量 153.64 ~ 154.50 kg，上等烟率 26.80% ~ 26.95%，中等烟率 50.71% ~ 56.40%。

外观质量 原烟颜色呈红黄、近红黄，结构疏松，身份中等，光泽明亮，叶面微皱，色度中。

化学成分 中部叶烟碱含量 2.88%，总氮含量 3.15%，钾含量 3.50%；上部叶烟碱含量 3.71%，总氮含量 4.12%，钾含量 4.32%。

抗 病 性 中抗黑胫病。

鄂白 011

鄂白 20 号

品种编号 HBBGN009

品种来源 湖北省烟草科研所 1996 年用（Kentucky7×Virginia509）×（Virginia 509×BanketA-1）杂交选育而成，湖北省烟草科学研究院保存。

特征特性 株式塔形，株高 176.0 ~ 193.0 cm，茎围 10.2 ~ 10.8 cm，节距 4.5 ~ 4.9 cm，叶数 28.0 ~ 35.0 片，腰叶长 61.0 ~ 71.0 cm、宽 37.0 ~ 41.0 cm，下部叶片着生较密，茎叶角度大；叶形椭圆，无叶柄，叶尖渐尖，叶面微皱，叶缘平滑，叶耳大，叶片主脉粗细中等，主侧脉夹角甚大，叶色绿，叶肉组织尚细致，叶片较厚；花序密集，花色淡红。田间长势强，腋芽生长势强，耐肥，叶片成熟较集中。移栽至中心花开放 60 d，大田生育期 88 ~ 91 d。亩产量 162.00 ~ 175.00 kg，上等烟率 23.10% ~ 26.80%，中等烟率 67.30%。

外观质量 原烟颜色呈近红黄、红黄，结构疏松，身份较厚，叶面平展至微皱，光泽明亮至亮，色度中。

化学成分 中部叶烟碱含量 2.90%，总氮含量 3.12%，钾含量 4.33%；上部叶烟碱含量 4.29%，总氮含量 4.55%，钾含量 4.22%。

抗 病 性 中抗黑胫病。

鄂白 20 号

鄂烟 101

品种编号　HBBGN010

品种来源　湖北省烟草科研所 2003 年用鄂白 003×Kentucky 8959 杂交选育而成，2009 年通过全国烟草品种审定委员会审定，湖北省烟草科学研究院保存。

特征特性　株式筒形，株高 142.4 ~ 208.3 cm，茎围 10.3 ~ 10.7 cm，节距 5.5 ~ 5.6 cm，叶数 27.7 ~ 33.0 片，腰叶长 70.0 ~ 70.8 cm、宽 35.0 ~ 37.8 cm，叶形椭圆，无叶柄，叶尖钝尖，叶面较平，叶缘平滑，叶耳中，叶片主脉较细，主侧脉夹角甚大，叶色绿，叶肉组织细致，叶片厚薄中等；花序密集，花色淡红。田间长势强，叶片分层成熟。移栽至现蕾 59 d，移栽至中心花开放 60 ~ 67 d，大田生育期 100 ~ 105 d。产量 146.53 ~ 180.80 kg，上等烟率 29.30% ~ 36.43%，中等烟率 48.80% ~ 54.46%。

外观质量　原烟颜色呈红黄、近红黄，结构稍疏松，身份中等，光泽亮，叶面微皱，色度中。

化学成分　中部叶烟碱含量 3.86%，总氮含量 3.06%，钾含量 3.93%；上部叶烟碱含量 3.96%，总氮含量 3.31%，钾含量 3.83%。

评吸质量　香型风格尚显著，香气量有至较足，浓度中等，劲头稍大，余味微苦至尚舒适，燃烧性强。

抗病性　抗 TMV 和黑胫病，中抗根结线虫病，感赤星病。

鹤峰大五号

品种编号　HBBGN011

品种来源　湖北省烟草公司恩施州公司于 2015 年从 Burley 37 变异株中系统选育而成，湖北省烟草科学研究院保存。

特征特性　株式筒形，株高 135.2 cm，茎围 11.4 cm，节距 4.8 cm，叶数 27.0 ~ 29.0 片，腰叶

鄂烟 101

长 76.7 cm、宽 31.4 cm，茎叶角度小，株型紧凑；叶形椭圆，无叶柄，叶尖渐尖，叶面较平，叶缘皱折，叶耳中，叶片主脉稍粗，主侧脉夹角甚大，叶色黄绿，叶肉组织细致，叶片厚薄中等；花序密集，花色淡红。田间长势较强，耐肥，叶片分层成熟。移栽至现蕾 58 ~ 63 d，移栽至中心花开放 61 ~ 68 d，大田生育期 99 ~ 106 d。亩产量 149.20 ~ 230.40 kg，上等烟率 26.20% ~ 67.90%，中等烟率 24.70% ~ 55.80%。

外观质量　原烟颜色浅红黄至浅红棕，结构疏松至尚疏松，身份适中，叶面展至稍皱，光泽亮至中，

鹤峰大五号

色度中至淡。

化学成分　中部叶烟碱含量 3.81%，总氮含量 3.86%，钾含量 4.71%；上部叶烟碱含量 4.44%，总氮含量 4.45%，钾含量 4.45%。

评吸质量　香型风格有至较显著，香气量有至尚足，浓度中等至较浓，劲头中等，有杂气，有刺激性，余味尚舒适，质量档次中等。

抗 病 性　抗黑胫病，中抗根结线虫病，中感青枯病、TMV，感赤星病、CMV、PVY。

鹤峰黄烟

品种编号　HBBGN012

品种来源　湖北省恩施州鹤峰县地方品种，湖北省烟草科学研究院保存。

特征特性　株式塔形，株高 95.0 ~ 155.3 cm，茎围 5.4 ~ 8.9 cm，节距 3.8 ~ 6.6 cm，叶数 15.0 ~ 25.0 片，腰叶长 42.0 ~ 68.7 cm、宽 13.0 ~ 30.1 cm，下部叶片着生较密，茎叶角度大；叶形椭圆，无叶柄，叶尖渐尖，叶面略皱，叶缘微波状，叶耳中，叶片主脉粗细中等，主侧脉夹角大，叶色黄绿，叶肉组织尚细致，叶片厚薄中等；花序密集，花色淡红。移栽至中心花开放 39 ~ 52 d，大田生育期 78 ~ 88 d。田间长势较弱，叶片成熟集中。亩产量 121.50 ~ 131.50 kg，上等烟率 16.40% ~ 39.15%，中等烟率 42.67% ~ 68.80%。

外观质量　原烟颜色呈浅红黄、红棕，结构尚疏松至稍密，身份适中至稍厚，叶面稍皱，光泽较暗，色度中至淡。

化学成分　中部叶烟碱含量 3.15%，总氮含量 3.54%，钾含量 3.46%；上部叶烟碱含量 4.11%，总氮含量 4.57%，钾含量 4.18%。

抗 病 性　感黑胫病；田间表现为叶部病害轻。

鹤峰黄烟

黄筋蒌

品种编号　HBBGN013

品种来源　湖北省恩施州鹤峰县地方品种，湖北省烟草科学研究院保存。

特征特性　株式橄榄形，株高 53.6 ～ 143.6 cm，茎围 8.4 ～ 12.3 cm，节距 3.0 ～ 4.3 cm，叶数 16.0 ～ 28.0 片，腰叶长 52.1 ～ 74.7 cm、宽 30.1 ～ 35.3 cm，节距较小，茎叶角度中等；叶形椭圆，无叶柄，叶尖钝尖，叶面较平，叶缘平滑，叶耳较大，叶片主脉粗细中等，主侧脉夹角大，叶色黄绿，叶肉组织细致，叶片厚薄中等；花序密集，花色淡红。移栽至现蕾 46 ～ 62 d，移栽至中心花开放 47 ～ 73 d，大田生育期 95 ～ 105 d。田间长势中等至强，不耐肥，叶片成熟较集中。亩产量 90.02 ～ 144.74 kg，上等烟率 9.40% ～ 25.61%，中等烟率 65.72% ～ 74.16%。

外观质量　原烟颜色呈近红黄、浅黄，结构疏松至稍密，身份中等至稍薄，叶面皱折，光泽亮，色度中至弱。

化学成分　中部叶烟碱含量 2.46% ～ 3.38%，总氮含量 2.90% ～ 4.15%，钾含量 1.56% ～ 5.84%；上部叶烟碱含量 3.62%，总氮含量 4.20%，钾含量 3.02%。

评吸质量　香型风格较显著，香气质中等至较好，香气量尚足至较足，浓度中等至较浓，劲头中等，有杂气和刺激性，余味尚舒适至较舒适，燃烧性中等至强。

抗 病 性　对 TMV 免疫，中感黑胫病和 PVY，感青枯病和 CMV。

黄筋蒌

建选 1 号

品种编号　HBBGN014

品种来源　湖北省建始县白肋烟科学研究所 1998 年从 Kentucky 17 变异株中系统选育而成，湖北省烟草科学研究院保存。

特征特性　株式筒形，株高 134.7 ～ 190.3 cm，茎围 10.2 ～ 11.4 cm，节距 4.3 ～ 5.4 cm，叶数 21.6 ～ 32.0 片，腰叶长 63.2 ～ 77.6 cm、宽 29.0 ～ 35.5 cm，茎叶角度较小，株型较紧凑；叶形椭圆，

无叶柄，叶尖渐尖，叶面略皱，叶缘平滑，叶耳中，叶片主脉较细，主侧脉夹角较大，叶色黄绿，叶肉组织尚细致，叶片较厚；花序密集，花色淡红。田间长势强，耐肥，叶片成熟较集中。移栽至现蕾55 d，移栽至中心花开放 57 ~ 58 d，大田生育期 89 ~ 94 d。亩产量 129.75 ~ 157.80 kg，上等烟率 31.40% ~ 40.00%，中等烟率 41.74% ~ 49.50%。

外观质量 原烟颜色呈近红黄、红黄，结构疏松至尚疏松，身份适中，叶面舒展至稍皱，光泽明亮至亮，色度中。

化学成分 中部叶烟碱含量 3.16%，总氮含量 3.52%，钾含量 4.35%；上部叶烟碱含量 4.28%，总氮含量 4.56%，钾含量 4.24%。

抗 病 性 中抗黑胫病。

建选 1 号

建选 3 号

品种编号 HBBGN015

品种来源 湖北省建始县白肋烟科学研究所 1998 年从 Burley 21 变异株中系统选育而成，湖北省烟草科学研究院保存。

特征特性 株式塔形，株高 152.0 ~ 191.2 cm，茎围 9.9 ~ 11.7 cm，节距 4.3 ~ 5.3 cm，叶数 25.0 ~ 26.0 片，腰叶长 71.0 ~ 71.9cm、宽 31.0 ~ 33.2cm，下部叶片着生较密，茎叶角度大；叶形椭圆，无叶柄，叶尖渐尖，叶面较平，叶缘平滑，叶耳中，叶片主脉稍粗，主侧脉夹角大，叶色黄绿，叶肉组织细致，叶片厚薄中等；花序密集，花色淡红。田间长势强，叶片成熟较集中。移栽至中心花开放 64 d，大田生育期 89 ~ 93 d。亩产量 151.60 ~ 159.08 kg，上等烟率 52.17%，中等烟率 43.50%。

外观质量 原烟颜色呈近红黄、红黄，光泽鲜明，叶面稍皱，叶片结构疏松，弹性强，身份适中，色度中。

化学成分 中部叶烟碱含量 2.06%，总氮 3.55%，钾含量 4.38%；上部叶烟碱含量 3.06%，总氮含量 3.53%，钾含量 4.38%。

抗病性　中抗黑胫病。

建选 3 号

金水白肋 2 号

品种编号　HBBGN016

品种来源　湖北省农业科学院经济作物研究所 1974 年从 Burley 21 变异株中系统选育而成，湖北省烟草科学研究院保存。

特征特性　株式筒形，株高 123.1 ～ 185.2 cm，茎围 9.4 ～ 12.1 cm，节距 4.2 ～ 5.3 cm，着生叶 21.2 ～ 33.0 片，腰叶长 68.0 ～ 73.9 cm、宽 33.6 ～ 38.7 cm，茎叶角度中等；叶形宽椭圆，无叶柄，叶尖钝尖，叶面较平，叶缘皱折，叶耳较大，叶片主脉稍细，主侧脉夹角甚大，叶色黄绿，叶肉组织细致，叶片厚薄中等；花序密集，花色淡红。移栽至中心花开放 53 ～ 64 d，大田生育期 90 ～ 101 d。田间长势强，叶片成熟较集中。亩产量 132.96 ～ 165.40 kg，上等烟率 18.60% ～ 41.90%，中等烟率 45.91% ～ 62.90%。

外观质量　原烟颜色呈近红黄、浅红黄，结构疏松至尚疏松，身份中等，叶面平展至微皱，光泽明亮至亮，色度中至浓。

化学成分　中部叶烟碱含量 0.96% ～ 1.39%，总氮含量 3.05% ～ 3.87%，钾含量 3.88% ～ 5.60%；上部叶烟碱含量 1.01% ～ 1.72%，总氮含量 3.21% ～ 4.32%，钾含量 3.45% ～ 5.18%。

抗病性　中感黑胫病。

黔白 2 号

品种编号　HBBGN017

品种来源　贵州省烟草科学研究所从四川什邡晒烟品种半铁泡突变株中系统选育而成，2008 年从中国农业科学院烟草研究所引进。

金水白肋 2 号

特征特性 株式筒形，株高 152.7 ~ 181.6 cm，茎围 8.6 ~ 9.9 cm，节距 3.1 ~ 6.6 cm，叶数 20.2 ~ 22.9 片，腰叶长 43.6 ~ 56.4 cm、宽 23.0 ~ 32.7 cm，茎叶角度甚大；叶形宽卵圆形，有叶柄，叶尖钝尖，叶面较皱，叶缘微波状，叶耳小，叶片主脉稍粗，主侧脉夹角大，叶色黄绿，叶肉组织稍粗糙，叶片厚度中等；花序密集，花色淡红。移栽至现蕾 42 ~ 48 d，移栽至中心花开放 50 ~ 65 d。亩产量 118.46 kg，上等烟率 37.10%，中等烟率 42.09%。

外观质量 原烟红黄、浅红黄，结构疏松至尚疏松，身份适中，叶面舒展至稍皱，光泽亮，色度中。

化学成分 总氮含量 2.97%，烟碱含量 2.29%。

黔白 2 号

评吸质量 香气足，劲头较大，吃味尚纯净，微有杂气和刺激性，燃烧性中。

抗 病 性 感黑胫病。

青筋莌

品种编号 HBBGN018

品种来源 湖北省恩施州鹤峰县地方品种，湖北省烟草科学研究院保存。

特征特性 株式塔形，株高91.6 ~ 137.4 cm，茎围9.3 ~ 12.4 cm，节距3.2 ~ 6.1 cm，叶数15.9 ~ 27.5片，腰叶长53.5 ~ 71.0 cm、宽29.0 ~ 40.9 cm，茎叶角度小，株型紧凑；叶形长椭圆，无叶柄，叶尖渐尖，叶面较平，叶缘微波状，叶耳稍小，主脉粗细中等，主侧脉夹角大，叶色绿，叶肉组织细致，叶片稍厚；花序密集，花色淡红。移栽至现蕾42 ~ 73 d，移栽至中心花开放44 ~ 87 d，大田生育期99 ~ 110 d。田间长势中等，耐肥。亩产量102.13 ~ 134.3 kg，上等烟率35.32%，中等烟率48.85%。

外观质量 原烟棕黄、浅红黄，结构疏松至尚疏松，身份适中至薄，叶面舒展至稍皱，光泽亮，色度中。

化学成分 总植物碱含量2.39% ~ 2.94%，总氮含量3.40% ~ 4.22%，钾含量1.44% ~ 2.25%。

评吸质量 香气质中等，香气量尚充足，有杂气，有刺激性，余味尚舒适，燃烧性中等，浓度中等，劲头中等，可用性中等，香型似烤烟。

抗 病 性 中感黑胫病。

青筋莌

五峰白筋洋

品种编号 HBBGN019

品种来源 湖北省宜昌市五峰县地方品种，湖北省烟草科学研究院保存。

特征特性 株式塔形，株高85.3～172.0 cm，茎围7.3～11.2 cm，节距3.8～6.7 cm，叶数16.0～24.0片，腰叶长52.9～79.7 cm、宽32.3～37.4 cm，茎叶角度较大，株型较松散；叶形梭形，无叶柄，叶尖渐尖，叶面微皱，叶缘皱折，叶耳较大，叶片主脉较细，主侧脉夹角较大，叶色黄绿，叶肉组织稍粗糙，叶片厚薄中等偏厚；花序密集，花色淡红。移栽至现蕾40～61 d，移栽至中心花开放43～67 d，大田生育期82～109 d。田间长势中等至较强，耐肥，叶片成熟集中。亩产量107.89～155.60 kg，上等烟率25.70%～35.68%，中等烟率43.36%～48.20%。

外观质量 原烟颜色呈近红黄、浅红黄，结构尚疏松至疏松，身份适中至稍厚，叶面舒展至稍皱，光泽亮至明亮，色度中至弱。

化学成分 中部叶烟碱含量2.82%～4.24%，总氮含量2.82%～4.45%，钾含量0.97%～3.80%；上部叶烟碱含量4.02%，总氮含量4.21%，钾含量3.72%。

评吸质量 香气质中等，香气量尚充足，浓度较淡至中等，劲头较小至中等，有杂气和刺激性，余味较苦辣，燃烧性差。

抗 病 性 感黑胫病、青枯病和根结线虫病。

五峰白筋洋

选择18号多叶

品种编号 HBBGN020

品种来源 湖北省农业科学院经济作物研究所1988年从Burley 21多叶变异株中系统选育而成，湖北省烟草科学研究院保存。

特征特性　株式塔形，株高 148.3 ~ 175.0 cm，茎围 10.0 ~ 10.7 cm，节距 4.3 ~ 5.0 cm，叶数
22.5 ~ 30.0 片，腰叶长 66.9 ~ 80.0 cm、宽 30.0 ~ 35.0 cm，下部叶片着生较密，茎叶角度较大；
叶形椭圆，无叶柄，叶尖渐尖，叶面较平，叶缘平滑，叶耳较大，叶片主脉较细，主侧脉夹角较大，
叶色黄绿，叶肉组织细致，叶片厚薄中等；花序密集，花色淡红。田间长势强，较耐肥，叶片分层成
熟。移栽至中心花开放 52 ~ 61 d，大田生育期 91 ~ 105 d。亩产量 126.14 ~ 152.9 kg，上等烟率
11.80% ~ 26.00%，中等烟率 55.00% ~ 69.80%。

外观质量　原烟颜色呈近红黄、浅红黄，结构疏松至尚疏松，身份适中至稍厚，叶面舒展至稍皱，
光泽明亮至亮，色度中。

化学成分　中部叶烟碱含量 2.62%，总氮含量 3.59%，钾含量 3.34%；上部叶烟碱含量 3.62%，
总氮含量 3.93%，钾含量 3.76%。

抗病性　感黑胫病。

选择 18 号多叶

二、国外白肋烟种质资源

B-5

品种编号　HBBGW001

品种来源　美国育成品种，湖北省农业科学院经济作物研究所于 1978 年从贵州省湄潭县农业局
引进，湖北省烟草科学研究院保存。

特征特性　株式塔形，株高 82.5 ~ 173.7 cm，茎围 7.0 ~ 9.9 cm，节距 4.7 ~ 5.6 cm，叶数
15.5 ~ 32.0 片，腰叶长 45.5 ~ 66.1 cm、宽 31.0 ~ 37.0 cm，茎叶角度中等；叶形椭圆，无叶柄，
叶尖钝尖，叶面平，叶缘平滑，叶耳中，叶片主脉粗细中等，主侧脉夹角较大，叶色黄绿，叶肉组织

尚细致，叶片较薄；花序密集，花色淡红。移栽至现蕾 46 ~ 70 d，移栽至中心花开放 48 ~ 76 d。亩产量 116.22 ~ 127.21 kg，上等烟率 27.68% ~ 37.00%，中等烟率 50.00% ~ 59.84%。

外观质量　原烟颜色呈近红黄、浅红黄，结构尚疏松至稍密，身份适中，叶面微皱，光泽亮，色度中。

抗 病 性　感黑胫病和青枯病。

B-5

Banket A-1

品种编号　HBBGW002

品种来源　美国于 1976 年用（Burley 21×Beinhart1000-1）×Burley 21 杂交选育而成，2003 年从中国农业科学院烟草研究所引进。

特征特性　株式塔形，株高 136.6 ~ 176.0 cm，茎围 9.6 ~ 11.4 cm，节距 4.2 ~ 6.9 cm，叶数 23.0 ~ 35.0 片，腰叶长 67.0 ~ 73.8 cm、宽 29.5 ~ 37.6 cm，茎叶角度中等；叶形椭圆，无叶柄，叶尖急尖，叶面微皱，叶缘微波状，叶耳较大，叶片主脉较细，主侧脉夹角甚大，叶色绿，叶肉组织稍粗糙，叶片稍厚；花序密集，花色淡红。移栽至中心花开放 54 ~ 58 d，大田生育期 86 ~ 103 d，田间长势中等至强，耐肥，叶片成熟较集中。亩产量 132.00 ~ 182.00 kg，上等烟率 17.00% ~ 27.50%，中等烟率 51.40%。

外观质量　原烟颜色呈红黄、近红黄，结构疏松，身份适中至稍厚，叶面稍皱至舒展，光泽亮至稍暗，色度中。

化学成分　中部叶烟碱含量 1.42% ~ 4.35%，总氮含量 3.36% ~ 4.16%，钾含量 2.23%；上部叶烟碱含量 4.08% ~ 4.28%，总氮含量 3.50% ~ 4.86%，钾含量 1.87% ~ 2.87%。

评吸质量　香型风格较显著，香气量尚足，浓度中等，劲头足，有杂气，刺激性中等，余味微苦辣至尚舒适，燃烧性强。

抗 病 性 抗青枯病和赤星病，感黑胫病、根结线虫病和白粉病。

Banket A-1

Burley

品种编号 HBBGW003

品种来源 美国田纳西大学育成品种，2002 年从中国农业科学院烟草研究所引进。

特征特性 株式塔形，株高 109.8 ~ 183.0 cm，茎围 8.6 ~ 9.7 cm，节距 4.1 ~ 6.5 cm，叶数 20.0 ~ 25.0 片，腰叶长 63.7 ~ 75.9 cm、宽 25.1 ~ 35.7 cm，茎叶角度中等偏大，叶片下垂，株型松散；叶形长椭圆，无叶柄，叶尖渐尖，叶面较平，叶缘微波状，叶耳较大，叶片主脉粗细中等，主侧脉夹角较大，叶色黄绿，叶肉组织细致，叶片厚薄中等；花序松散，花色淡红。移栽至现蕾 40 d，移栽至中心花开放 42 ~ 59 d，大田生育期 89 d。田间长势较强，叶片成熟较集中。亩产量 91.30 ~ 142.80 kg，上等烟率 12.00% ~ 22.78%，中等烟率 63.00% ~ 77.10%。

外观质量 原烟颜色呈红黄、近红黄，结构疏松至稍密，身份适中，叶面稍皱，光泽亮至明亮，色度中至淡。

化学成分 中部叶烟碱含量 2.26% ~ 4.10%，总氮含量 3.45% ~ 4.20%，钾含量 4.02% ~ 6.78%；上部叶烟碱含量 4.26%，总氮含量 5.10%，钾含量 4.12%。

评吸质量 香型风格较显著，香气质较好，香气量较足，浓度较浓，余味较舒适，杂气较轻，有刺激性，劲头适中。

抗 病 性 抗根结线虫病和赤星病，中感 TMV 和 PVY，感黑胫病、青枯病和 CMV。

Burley 2

品种编号 HBBGW004

品种来源 美国田纳西大学育成品种，2003 年从中国农业科学院烟草研究所引进。

Burley

Burley 2

特征特性 株式筒形，株高147.3～178.4 cm，茎围9.7～10.2 cm，节距4.8～5.1 cm，叶数21.9～26.0片，腰叶长59.0～67.0 cm、宽34.9～38.0 cm，叶片下披，茎叶角度大；叶形心脏形，有叶柄，叶尖渐尖，叶面较皱，叶缘波浪状，叶耳极小，叶片主脉粗细中等，主侧脉夹角较大，叶色黄绿，叶肉组织细致，叶片较厚；花序密集，花色白。移栽至中心花开放55 d，大田生育期88～95 d。田间长势较强，较耐肥，叶片成熟较集中。亩产量126.18～130.20 kg，上等烟率19.50%～25.00%，中等烟率48.60%～56.00%。

外观质量 原烟颜色呈近红黄、浅红黄，结构尚疏松，身份适中，叶面稍皱，光泽亮，色度中。

化学成分 中部叶烟碱含量 2.49%，总氮含量 3.77%，钾含量 3.48%；上部叶烟碱含量 3.60%，总氮含量 3.91%，钾含量 3.53%。

抗病性 抗根黑腐病，感黑胫病。

Burley 5

品种编号 HBBGW005

品种来源 美国田纳西大学育成品种，2002 年从中国农业科学院烟草研究所引进。

特征特性 株式塔形，株高 166.0 cm，茎围 10.0 cm，节距 5.5 cm，叶数 24.0 片，腰叶长 71.6 cm、宽 34.8 cm，下部叶片着生较密，茎叶角度大；叶形宽椭圆，无叶柄，叶尖渐尖，叶面较平，叶缘平滑，叶耳中，叶片主脉较细，主侧脉夹角较大，叶色绿，叶肉组织较细致，叶片厚薄中等；花序密集，花色淡红。移栽至中心花开放 51 d，大田生育期 81 d。田间长势较强，腋芽生长势强，叶片成熟较集中。亩产量 137.08 kg，上等烟率 23.10%，中等烟率 53.50%。

外观质量 原烟颜色呈红黄、近红黄，结构疏松，身份适中，叶面舒展至稍皱，光泽明亮，色度浓。

化学成分 中部叶烟碱含量 2.69%，总氮含量 4.10%，钾含量 4.75%；上部叶烟碱含量 3.31%，总氮含量 3.36%，钾含量 4.22%。

抗病性 中抗青枯病，中感黑胫病，感根结线虫病。

Burley 5

Burley 6

品种编号 HBBGW006

品种来源 美国田纳西大学育成品种，1987 年从美国引进。

特征特性 株式橄榄形，株高 147.8 ~ 181.2 cm，茎围 7.9 ~ 12.0 cm，节距 4.1 ~ 5.2 cm，叶数 25.0 ~ 31.0 片，腰叶长 58.2 ~ 68.7 cm、宽 31.6 ~ 39.0 cm，茎叶角度甚大，叶片平展；叶形宽椭圆，无叶柄，叶尖钝尖，叶面较平，叶缘平滑，叶耳中，叶片主脉粗细中等，主侧脉夹角较大，叶色绿，叶肉组织细致，叶片厚薄中等；花序松散，花色淡红。移栽至现蕾 48 ~ 52 d，移栽至中心花开放

58 ~ 63 d，大田生育期 90 ~ 110 d。田间长势较强，叶片成熟尚集中。亩产量 130.20 ~ 178.00 kg，上等烟率 12.50% ~ 33.30%，中等烟率 46.30% ~ 66.70%。

外观质量 原烟颜色红黄、近红黄，结构尚疏松，身份适中，叶面展至稍皱，光泽亮，色度中。

化学成分 中部叶烟碱含量 1.69% ~ 3.64%，总氮含量 2.77% ~ 3.55%，钾含量 3.58% ~ 3.68%；上部叶烟碱含量 1.71% ~ 3.92%，总氮含量 3.49% ~ 4.22%，钾含量 3.56% ~ 3.60%。

抗 病 性 中感黑胫病，感青枯病、根结线虫病和 TMV。

Burley 6

Burley 10

品种编号 HBBGW007

品种来源 美国田纳西大学 1965 年育成品种，2003 年从中国农业科学院烟草研究所引进。

特征特性 株式筒形，株高 121.7 ~ 180.0 cm，茎围 8.1 ~ 13.5 cm，节距 4.1 ~ 8.4 cm，叶数 19.2 ~ 27.0 片，腰叶长 44.0 ~ 77.0 cm、宽 24.8 ~ 40.2 cm，茎叶角度中等；叶形椭圆，无叶柄，叶尖渐尖，叶面较平，叶缘波浪状，叶耳大，叶片主脉稍粗，主侧脉夹角大，叶色绿，叶肉组织稍细致，叶片厚薄中等；花序松散，花色淡红。移栽至现蕾 48 d，移栽至中心花开放 50 ~ 65 d，大田生育期 83 ~ 112 d。田间长势较强，较耐肥，叶片成熟尚集中。亩产量 136.80 ~ 171.00 kg，上等烟率 16.70% ~ 23.70%，中等烟率 61.00% ~ 64.50%。

外观质量 原烟颜色近红黄、浅红黄至红棕，结构尚疏松至较密，身份适中至稍厚，叶面稍皱至皱，光泽亮至较暗，色度中至淡。

化学成分 中部叶烟碱含量 1.81% ~ 4.55%，总氮含量 2.68% ~ 4.50%，钾含量 2.97% ~ 3.91%；上部叶烟碱含量 2.53% ~ 4.43%，总氮含量 2.95% ~ 4.55%，钾含量 1.52% ~ 3.54%。

抗 病 性 中抗黑胫病和赤星病，感青枯病、根结线虫病和 TMV。

Burley 10

Burley 11A

品种编号 HBBGW008

品种来源 美国田纳西大学用 Kentucky 14×Vesta 64 杂交选育而成，2002 年从中国农业科学院烟草研究所引进。

特征特性 株式筒形，株高 124.0 ~ 196.9 cm，茎围 8.5 ~ 11.3 cm，节距 4.3 ~ 5.1 cm，叶数 25.0 ~ 45.0 片，腰叶长 72.3 ~ 79.0 cm、宽 31.0 ~ 35.8 cm，茎叶角度小，株型紧凑；叶形椭圆，无叶柄，叶尖渐尖，叶面较平，叶缘微波状，叶耳较大，叶片主脉粗细中等，主侧脉夹角大，叶色黄绿，叶肉组织较粗糙，叶片较厚至中等；花序密集，花色淡红。移栽至中心花开放 53 ~ 76 d，大田生育期 93 ~ 111 d。田间长势强，较耐肥，叶片分层成熟。亩产量 101.6 ~ 179.47 kg，上等烟率 8.50% ~ 31.44%，中等烟率 52.60% ~ 73.48%。

外观质量 原烟颜色呈近红黄、浅红黄，结构尚疏松至稍密，身份适中，叶面微皱，光泽亮，色度中至弱。

化学成分 中部叶烟碱含量 2.65% ~ 3.64%，总氮含量 3.13% ~ 3.68%，钾含量 3.95% ~ 6.21%；上部叶烟碱含量 3.19% ~ 4.52%，总氮含量 3.95% ~ 4.16%，钾含量 3.58% ~ 4.86%。

评吸质量 香型风格较显著，香气质较好，香气量较足，浓度较浓，劲头较大，余味较舒适，杂气较轻，有刺激性。

抗病性 抗黑胫病、根黑腐病和赤星病，中抗 CMV，中感青枯病和线虫病，感 TMV 和 PVY。

Burley 11A

Burley 18–100

品种编号 HBBGW009

品种来源 美国田纳西大学选育品种，2004 年从湖北省建始县白肋烟科学研究院引进。

特征特性 株式塔形，株高 175.0 ~ 201.5 cm，茎围 10.6 ~ 11.3 cm，节距 4.2 ~ 5.1 cm，叶数 37.0 ~ 38.0 片，腰叶长 61.9 ~ 78.4 cm、宽 36.1 ~ 41.2 cm，茎叶角度中等偏大；叶形椭圆，无叶柄，叶尖渐尖，叶面较平，叶缘微波状，叶耳中，叶片主脉粗细中等，主侧脉夹角大，叶色黄绿，叶肉组织细致，叶片较厚；花序集中，花色淡红。移栽至中心花开放 63 ~ 80 d，大田生育期 96 ~ 101 d。田间长势强，较耐肥，叶片分层成熟。亩产量 110.92 ~ 149.80 kg，上等烟率 22.50% ~ 43.24%，中

Burley 18–100

等烟率 49.02% ～ 52.50%。

外观质量 原烟颜色呈近红黄、浅红黄，结构尚疏松，身份适中，叶面舒展至稍皱，光泽亮，色度中。

化学成分 中部叶烟碱含量 2.93%，总氮含量 3.36%，钾含量 2.11%；上部叶烟碱含量 3.99%，总氮含量 3.89%，钾含量 2.11%。

抗 病 性 易感黑胫病。

Burley 21

品种编号 HBBGW010

品种来源 美国田纳西大学 1955 年用｛（TI106×Kentucky 16）×（Gr.5）×（Kentucky 41A）×（Kentucky 56×Gr.18）｝×Kentucky 16 杂交选育而成，1967 年从津巴布韦引进。

特征特性 株式橄榄形，株高 109.0 ～ 182.0 cm，茎围 9.0 ～ 12.5 cm，节距 4.2 ～ 5.1 cm，叶数 23.0 ～ 29.0 片，腰叶长 68.8 ～ 84.0 cm、宽 30.2 ～ 39.0 cm，茎叶角度中等，株型紧凑；叶形椭圆，无叶柄，叶尖渐尖，叶面较平，叶缘微波状，叶耳较大，叶片主脉粗细中等，主侧脉夹角较大，叶色黄绿，叶肉组织细致，叶片厚薄中等至较厚；花序密集，花色淡红。移栽至中心花开放 46 ～ 65 d，大田生育期 88 ～ 112 d。田间长势中等至强，较耐肥、耐旱，适应性广，叶片分层成熟。亩产量 114.00 ～ 161.80 kg，上等烟率 14.30% ～ 43.70%，中等烟率 53.36% ～ 65.00%。

外观质量 原烟颜色呈红黄、近红黄，结构疏松至尚疏松，身份适中至稍薄，叶面舒展至稍皱，光泽明亮至亮，色度浓至中。

化学成分 中部叶烟碱含量 2.23% ～ 4.62%，总氮含量 3.22% ～ 5.29%，钾含量 4.19% ～ 5.09%；上部叶烟碱含量 2.72% ～ 4.56%，总氮含量 4.11% ～ 5.60%，钾含量 3.83% ～ 4.35%。

评吸质量 香型风格较显著，浓度中等，劲头较大，微有杂气，有刺激性，余味尚舒适，吃味较好。质量档次中偏上至较好。

抗 病 性 高抗野火病和低头黑病，抗青枯病，中抗赤星病、TMV 和气候性斑点病，中感黑胫病、根黑腐病和根结线虫病，易感白粉病。

Burley 26

品种编号 HBBGW011

品种来源 美国田纳西大学育成品种，2002 年从中国农业科学院烟草研究所引进。

特征特性 株式筒形，株高 152.0 ～ 166.0 cm，茎围 9.3 ～ 12.8 cm，节距 4.2 ～ 6.1 cm，叶数 20.8 ～ 31.0 片，腰叶长 66.0 ～ 78.5 cm、宽 31.0 ～ 37.8 cm，茎叶角度小，株型紧凑；叶形长椭圆，无叶柄，叶尖渐尖，叶面较平，叶缘微波状，叶耳中，叶片主脉粗细，主侧脉夹角中等，叶色黄绿，叶肉组织尚细致，叶片较厚；花序密集，花色淡红。移栽至中心花开放 50 ～ 58 d，大田生育期 86 ～ 105 d。田间长势较强，耐肥，叶片成熟较集中。亩产量 100.70 ～ 158.00 kg，上等烟率 5.80% ～ 31.00%，中等烟率 50.00% ～ 65.20%。

外观质量 原烟颜色呈红黄、近红黄，结构疏松至尚疏松，身份适中至稍厚，叶面舒展至稍皱，光泽亮至明亮，色度中至浓。

化学成分 中部叶烟碱含量2.35％～3.98％，总氮3.35％，钾含量5.19％；上部叶烟碱含量3.56％，总氮5.12％，钾含量5.00％。

评吸质量 香型风格较显著，香气有，劲头大，有杂气，刺激性中等，余味微苦，燃烧性强。

抗 病 性 中抗黑胫病和赤星病。

Burley 21

Burley 26

Burley 26A

品种编号 HBBGW012

品种来源 美国肯塔基大学育成品种，1987年从美国引进。

特征特性 株式筒形，株高114.8～164.5 cm，茎围9.3～12.8 cm，节距4.3～6.1 cm，叶数18.4～28.0片，腰叶长59.0～84.3 cm、宽28.0～35.0 cm，茎叶角度中等，株型松散；叶形长椭圆，无叶柄，叶尖渐尖，叶面较平，叶缘微波状，叶耳较大，叶片主脉稍粗，主侧脉夹角大，叶色黄绿，叶肉组织细致，叶片稍厚；花序密集，花色淡红。移栽至中心花开放50～57 d，大田生育期86～105 d。田间长势强，较耐肥，叶片成熟较集中。亩产量128.56～154.00 kg，上等烟率17.00%～37.04%，中等烟率41.43%～65.20%。

外观质量 原烟颜色呈红黄、近红黄，结构疏松至稍密，身份适中至稍厚，叶面稍皱，光泽明亮至亮，色度浓至中。

化学成分 中部叶烟碱含量2.35%～3.98%，总氮含量3.35%～4.98%，钾含量4.59%～5.19%；上部叶烟碱含量3.56%，总氮含量5.12%，钾含量5.00%。

评吸质量 香型风格较显著至尚明显，香气有至不足，劲头大至中等，杂气有至轻，刺激性中等至较小，余味微苦至尚舒适，燃烧性强。

抗 病 性 抗TMV，中抗黑胫病和赤星病，感白粉病。

Burley 26A

Burley 27

品种编号 HBBGW013

品种来源 美国田纳西大学育成品种，2002年从中国农业科学院烟草研究所引进。

特征特性 株式筒形，株高147.7～192.6 cm，茎围8.9～9.4 cm，节距4.0～4.5 cm，叶数

24.0 ~ 30.0 片，腰叶长 65.2 ~ 69.7 cm、宽 31.0 ~ 33.1 cm，茎叶角度中等偏大；叶形长椭圆，无叶柄，叶尖渐尖，叶面较平，叶缘皱折，叶耳较大，叶片主脉粗细中等，主侧脉夹角大，叶色黄绿，叶肉组织较粗糙，叶片较厚；花序密集，花色淡红。移栽至开花 49 d，大田生育期 86 ~ 88 d。田间长势强，较耐肥，叶片成熟较集中。亩产量 113.98 ~ 149.00 kg，上等烟率 21.10% ~ 40.16%，中等烟率 51.96% ~ 63.20%。

外观质量　原烟颜色呈红黄、近红黄，结构疏松至尚疏松，身份适中，叶面舒展至稍皱，光泽明亮至亮，色度中。

化学成分　中部叶烟碱含量 2.37%，总氮含量 3.86%，钾离子含量 4.0%；上部叶烟碱含量 2.57%，总氮含量 3.90%，钾离子含量 3.15%。

抗 病 性　高抗黑胫病。

Burley 27

Burley 29

品种编号　HBBGW014

品种来源　美国田纳西大学育成品种，2002 年从中国农业科学院烟草研究所引进。

特征特性　株式塔形，株高 161.3 ~ 165.0 cm，茎围 10.0 ~ 10.6 cm，节距 4.4 ~ 4.8 cm，叶数 28.0 ~ 32.0 片，腰叶长 72.7 ~ 73.7 cm、宽 31.0 ~ 32.3 cm，茎叶角度大；叶形宽椭圆，无叶柄，叶尖渐尖，叶面较平，叶缘微波状，叶耳较大，叶片主脉稍细，主侧脉夹角甚大，叶色黄绿，叶肉组织细致，叶片厚薄中等；花序松散，花色淡红。移栽至中心花开放 56 d，大田生育期 85 ~ 90 d。田间长势较强，腋芽生长势强，叶片成熟较集中。亩产量 123.80 ~ 126.46 kg，上等烟率 28.40% ~ 33.99%，中等烟率 54.35% ~ 61.60%。

外观质量　原烟颜色呈红黄、近红黄，结构稍密，身份适中，叶面舒展，光泽暗，色度差。

化学成分　中部叶烟碱含量2.97%，总氮含量3.30%，钾含量4.25%；　上部叶烟碱含量3.98%，总氮含量4.13%，钾含量3.86%。

抗 病 性　感黑胫病。

Burley 29

Burley 49

品种编号　HBBGW015

品种来源　美国田纳西大学于1965年用 Burley 37×Be1528 杂交选育而成，1989年从美国引进。

特征特性　株式塔形，株高130.2～207.7 cm，茎围9.2～12.2 cm，节距3.9～7.5 cm，叶数19.0～25.0片，腰叶长67.3～74.1 cm、宽29.0～40.4 cm，茎叶角度大，株型松散；叶形长椭圆，无叶柄，叶尖急尖，叶面较平，叶缘平滑，叶耳较大，叶片主脉粗细中等，主侧脉夹角大，叶色绿，叶肉组织尚细致，叶片较厚；花序密集，花色淡红。移栽至中心花开放49～58 d，大田生育期88～101 d。田间长势强，较耐肥，叶片成熟较集中。亩产量123.52～145.40 kg，上等烟率15.40%～35.00%，中等烟率48.00%～52.60%。

外观质量　原烟颜色呈红黄、近红黄，结构疏松至稍密，身份适中至稍厚，叶面稍皱至皱，光泽明亮至亮，色度中至暗。

化学成分　中部叶烟碱含量2.56%～4.13%，总氮含量3.57%～4.12%，钾含量3.62%～3.99%；上部叶烟碱含量2.90%～3.9%，总氮含量4.26%，钾含量3.95%。

抗 病 性　高抗根黑腐病，抗 TMV，中抗黑胫病和赤星病，感青枯病和根结线虫病。

Burley 69

品种编号　HBBGW016

品种来源　美国田纳西大学育成品种，2003年从中国农业科学院烟草研究所引进。

特征特性　株式塔形，株高145.6～165.5 cm，茎围9.7～9.9 cm，节距4.5～5.0 cm，叶数27.0片，

腰叶长 67.8 ~ 68.6 cm、宽 32.6 ~ 38.1 cm，茎叶角度甚大，叶片下披；叶形椭圆，无叶柄，叶尖渐尖，叶面略皱，叶缘微波状，叶耳中，叶片主脉粗细中等，主侧脉夹角大，叶色黄绿，叶肉组织尚细致，叶片厚薄中等；花序密集，花色淡红。移栽至中心花开放 54 ~ 74 d，大田生育期 90 ~ 95 d，田间长势中等，叶片成熟较集中。亩产量 107.17 ~ 145.60 kg，上等烟率 8.80% ~ 38.71%，中等烟率 53.28% ~ 68.60%。

外观质量 原烟颜色呈近红黄、浅红黄，结构尚疏松，身份适中，叶面展至舒展，光泽亮，色度中。

化学成分 中部叶烟碱含量 2.18%，总氮含量 3.33%，钾含量 2.92%；上部叶烟碱含量 3.49%，总氮含量 3.79%，钾含量 3.68%。

抗病性 感黑胫病。

Burley 49

Burley 69

Burley 93

品种编号 HBBGW017

品种来源 美国田纳西大学育成品种，2003年从中国农业科学院烟草研究所引进。

特征特性 株式筒形，株高118.3～135.6 cm，茎围8.9～10.2 cm，节距4.8～5.8 cm，叶数22.0～23.4片，腰叶长57.1～69.7 cm、宽30.5～33.6 cm，茎叶角度较大；叶形长椭圆，无叶柄，叶尖渐尖，叶面较平，叶缘微波状，叶耳大，叶片主脉稍粗，主侧脉夹角大，叶色黄绿，叶肉组织细致，叶片厚薄中等；花序密集，花色淡红。移栽至现蕾46 d，移栽至中心花开放48～50 d，大田生育期83～88 d。田间长势较弱，叶片成熟较集中。亩产量114.10～149.50 kg，上等烟率19.50%～23.50%，中等烟率46.73%～66.30%。

外观质量 原烟颜色呈近红黄、浅红黄，结构尚疏松，身份适中，叶面展至舒展，光泽亮，色度中。

化学成分 中部叶烟碱含量2.27%，总氮含量3.52%，钾含量2.92%；上部叶烟碱含量3.49%，总氮含量3.52%，钾含量2.92%。

抗 病 性 易感黑胫病。

Burley 93

Burley 100

品种编号 HBBGW018

品种来源 美国田纳西大学育成品种，2003年从中国农业科学院烟草研究所引进。

特征特性 株式塔形，株高196.5 cm，茎围10.4 cm，节距5.2 cm，叶数34.0片，腰叶长65.5 cm、宽28.5 cm，茎叶角度中等；叶形椭圆，无叶柄，叶尖渐尖，叶面略皱，叶缘微波状，叶耳中，叶片主脉粗细中等，主侧脉夹角较大，叶色黄绿，叶肉组织尚细致，叶片厚薄中等；花序密集，花色淡红。

移栽至中心花开放 56 d，大田生育期 90 ~ 105 d。田间长势较强，叶片分层成熟。亩产量 150.70 kg，上等烟率 20.90%，中等烟率 47.20%。

外观质量 原烟颜色呈浅红黄、近红黄，结构尚疏松，身份适中，叶面稍皱，光泽亮，色度中。

化学成分 中部叶烟碱含量 1.55%，总氮含量 3.30%，钾含量 3.56%；上部叶烟碱含量 2.42%，总氮含量 3.97%，钾含量 2.47%。

抗 病 性 中感黑胫病。

Burley 100

Burley Skroniowski

品种编号 HBBGW019

品种来源 波兰育成品种，2002 年从中国农业科学院烟草研究所引进。

特征特性 株式塔形，株高 139.6 ~ 162.0 cm，茎围 10.0 ~ 11.4 cm，节距 4.3 ~ 5.2 cm，叶数 20.0 ~ 24.2 片，腰叶长 74.0 ~ 83.0 cm、宽 36.7 ~ 41.0 cm，茎叶角度小；叶形椭圆，无叶柄，叶尖渐尖，叶面较平，叶缘微波，叶耳中，叶片主脉粗细中等，主侧脉夹角较大，叶色绿，叶肉组织稍粗糙，叶片较厚；花序松散，花色淡红。移栽至现蕾 42 d，移栽至中心花开放 43 ~ 51 d，大田生育期 88 ~ 91 d。田间长势较强，叶片成熟较集中。亩产量 118.30 ~ 133.57 kg，上等烟率 17.50% ~ 49.00%，中等烟率 38.00% ~ 70.20%。

外观质量 原烟颜色呈近红黄、浅红黄，结构疏松至尚疏松，身份适中，叶面舒展至稍皱，光泽亮至明亮，色度中至强。

化学成分 中部叶烟碱含量 1.71%，总氮含量 3.17%，钾含量 3.50%；上部叶烟碱含量 2.84%，总氮含量 3.28%，钾含量 4.73%。

抗 病 性 抗青枯病，感黑胫病和根结线虫病。

Burley Skroniowski

Burley Wloski

品种编号　HBBGW020

品种来源　波兰育成品种，1994 年从中国农业科学院烟草研究所引进。

特征特性　株式筒形，株高 100.0 ~ 185.1 cm，茎围 9.0 ~ 10.5 cm，节距 5.0 ~ 9.2 cm，叶数
17.0 ~ 25.0 片，腰叶长 53.0 ~ 71.2cm、宽 27.0 ~ 47.9 cm，茎叶角度较大，叶片下披；叶形椭圆，
无叶柄，叶尖渐尖，叶面较皱，叶缘波浪状，叶耳中，叶片主脉较细，主侧脉夹角甚大，叶色绿，叶

Burley Wloski

肉组织稍粗糙，叶片较厚；花序密集，花色淡红。移栽至中心花开放 49 ~ 55 d，大田生育期 82 ~ 90 d。田间长势较弱，叶片成熟较集中。亩产量 125.00 ~ 141.35 kg，上等烟率 6.10% ~ 19.40%，中等烟率 63.00% ~ 64.50%。

外观质量 原烟颜色呈近红黄、浅红黄，结构疏松至稍密，身份适中至稍厚，叶面舒展至稍皱，光泽亮，色度中。

化学成分 中部叶烟碱含量 2.26% ~ 3.14%，总氮含量 2.86% ~ 4.05%，钾含量 3.32%；上部叶烟碱含量 4.67%，总氮含量 4.41%，钾含量 3.32%。

抗 病 性 中抗青枯病，感黑胫病和根结线虫病。

Ergo

品种编号 HBBGW021

品种来源 国外育成品种，1994 年从中国农业科学院烟草研究所引进。

特征特性 株式塔形，株高 122.0 ~ 178.0 cm，茎围 10.0 ~ 11.8 cm，节距 4.5 ~ 5.8 cm，叶数 22.4 ~ 27.0 片，腰叶长 62.7 ~ 73.1 cm、宽 33.3 ~ 41.2 cm，茎叶角度中等；叶形长椭圆，无叶柄，叶尖钝尖，叶面较平，叶缘微波状，叶耳较大，叶片主脉粗细中等，主侧脉夹角甚大，叶色绿，叶肉组织稍粗糙，叶片较厚；花序密集，花色淡红。移栽至现蕾 49 d，移栽至中心花开放 51 ~ 56 d，大田生育期 89 ~ 101 d。田间长势强，较耐肥，叶片分层成熟。亩产量 117.33 ~ 154.20 kg，上等烟率 18.80% ~ 29.70%，中等烟率 43.20% ~ 57.00%。

外观质量 原烟颜色呈近红黄、浅红黄，结构尚疏松至稍密，身份较厚，叶面稍皱，光泽亮，色度中。

化学成分 中部叶烟碱含量 2.34%，总氮含量 3.61%，钾含量 2.47%；上部叶烟碱含量 3.67%，总氮含量 3.99%，钾含量 1.99%。

抗 病 性 感黑胫病、青枯病和根结线虫病。

Ergo

Gold no Burley

品种编号　HBBGW022

品种来源　美国育成品种，2002年从中国农业科学院烟草研究所引进。

特征特性　株式筒形，株高151.7～165.5 cm，茎围8.7～9.6 cm，节距4.2～4.5 cm，叶数28.0～30.0片，腰叶长61.5～68.9 cm、宽31.2～31.6 cm，茎叶角度小，株型紧凑；叶形椭圆，无叶柄，叶尖渐尖，叶面较平，叶缘微波状，叶耳中，叶片主脉粗细中等，主侧脉夹角稍大，叶色黄绿，叶肉组织粗糙，叶片厚薄中等；花序密集，花色淡红。移栽至现蕾48 d，移栽至中心花开放50～56 d，大田生育期86～90 d。田间长势弱，叶片分层成熟。亩产量145.63 kg，上等烟率5.90%，中等烟率75.00%。

外观质量　原烟颜色呈近红黄、浅黄，结构稍疏松，身份适中，叶面舒展至稍皱，光泽亮，色度中。

化学成分　中部叶烟碱含量2.30%，总氮含量4.10%，钾含量4.24%；上部叶烟碱含量2.68%，总氮含量3.65%，钾含量3.83%。

抗 病 性　感黑胫病。

Gold no Burley

Greeneville 17A

品种编号　HBBGW023

品种来源　美国育成品种，2002年从中国农业科学院烟草研究所引进。

特征特性　株式塔形，株高97.0～172.5 cm，茎围9.1～10.2 cm，节距4.2～5.2 cm，叶数21.8～26.5片，腰叶长55.9～73.6 cm、宽27.2～35.5 cm，茎叶角度中等；叶形椭圆，无叶柄，叶尖渐尖，叶面较平，叶缘平滑，叶耳较大，叶片主脉较细，主侧脉夹角大，叶色黄绿，叶肉组织细致，叶片厚薄中等；花序密集，花色淡红。移栽至现蕾46 d，移栽至中心花开放48～51 d，大田生育期84～89 d。田间长势较强，叶片成熟较集中。亩产量117.32～144.20 kg，上等烟率17.60%～38.51%，中等烟率53.79%～61.50%。

外观质量 原烟颜色呈近红黄、浅红黄，结构疏松至尚疏松，身份适中，叶面舒展至稍皱，光泽明亮至亮，色度中。

化学成分 中部叶烟碱含量3.02%，总氮含量3.26%；上部叶烟碱含量4.16%，总氮含量4.20%。

抗 病 性 中感黑胫病，感青枯病和根结线虫病。

Greeneville 17A

J.P.W.burley

品种编号 HBBGW025

品种来源 日本育成品种，1994年从中国农业科学院烟草研究所引进。

特征特性 株式橄榄形，株高123.0～168.0 cm，茎围9.4～10.2 cm，节距3.8～4.5 cm，叶数25.0～27.0片，腰叶长56.5～69.4 cm、宽22.9～33.9 cm，茎叶角度中等；叶形长椭圆，无叶柄，叶尖渐尖，叶面较平，叶缘平滑，叶耳大，叶片主脉粗细中等，主侧脉夹角大，叶色绿，叶肉组织细致，叶片厚薄中等；花序密集，花色淡红。移栽至现蕾52 d，移栽至中心花开放55～59 d，大田生育期87～98 d。田间长势强，叶片成熟较集中。亩产量128.03～165.00 kg，上等烟率22.60%～41.01%，中等烟率49.50%～50.81%。

外观质量 原烟颜色呈红黄、近红黄，结构疏松至尚疏松，身份适中，叶面稍皱，光泽明亮，色度中。

化学成分 中部叶烟碱含量3.15%，总氮含量3.52%；上部叶烟碱含量4.16%，总氮含量5.15%。

抗 病 性 中感黑胫病，感青枯病和根结线虫病，抗蚜虫。

KBM 33

品种编号 HBBGW025

品种来源 马拉维育成品种，2001年从马拉维引进。

特征特性 株式塔形，株高168.6～193.7 cm，茎围10.4～10.5 cm，节距4.2～6.3 cm，叶数29.0～34.0片，腰叶长67.7～68.7 cm、宽31.3～33.4 cm，上部茎叶角度小，下部茎叶角度大；叶

形宽椭圆，无叶柄，叶尖渐尖，叶面较平，叶缘平滑，叶耳中，叶片主脉稍细，主侧脉夹角甚大，叶色绿，叶肉组织稍粗糙，叶片较薄；花序密集，花色淡红。移栽至中心花开放 65 ~ 94 d，大田生育期 98 d。田间长势强，耐肥，叶片分层成熟。亩产量 152.83 ~ 172.00 kg，上等烟率 17.00% ~ 32.86%，中等烟率 58.05% ~ 62.00%。

外观质量 原烟颜色呈红棕、红黄，结构疏松，身份适中至稍薄，叶面皱，光泽亮至暗，色度中。

化学成分 中部叶烟碱含量 2.89%；上部叶烟碱含量 3.55%。

评吸质量 香型风格显著，香气质好，香气量足，劲头适中，刺激性小，余味舒适，无杂气。

抗 病 性 抗根结线虫病，易感黑胫病。

J.P.W.burley

KBM 33

Kentucky 9

品种编号　HBBGW026

品种来源　美国肯塔基大学育成品种，1987 年从中国农业科学院烟草研究所引进。

特征特性　株式塔形，株高 145.8 ~ 174.2 cm，茎围 9.6 ~ 11.8 cm，节距 3.9 ~ 5.7 cm，叶数 19.6 ~ 26.0 片，腰叶长 66.0 ~ 75.7 cm、宽 33.0 ~ 34.8 cm，茎叶角度中等，株型紧凑；叶形长椭圆，无叶柄，叶尖渐尖，叶面略皱，叶缘波浪状，叶耳中，叶片主脉粗细中等，主侧脉夹角较大，叶色黄绿，叶肉组织细致，叶片稍厚；花序密集，花色淡红。移栽至现蕾 47 d，移栽至中心花开放 45 ~ 67 d，大田生育期 87 ~ 105 d。田间长势较强，耐旱，耐肥，叶片成熟较集中。亩产量 125.00 ~ 152.00 kg，上等烟率 21.70% ~ 43.00%，中等烟率 44.00% ~ 44.10%。

外观质量　原烟颜色呈红黄、近红黄，结构疏松至尚疏松，身份适中至稍厚，叶面舒展至稍皱，光泽亮至暗，色度强至中。

化学成分　中部叶烟碱含量 2.96% ~ 4.47%，总氮含量 3.03%，钾含量 5.03%；上部叶烟碱含量 4.75%，总氮含量 3.45%，钾含量 3.73%。

评吸质量　香型风格尚显著，有香气，余味尚舒适，燃烧性中等。

抗 病 性　中抗根黑腐病和赤星病，中感黑胫病、根结线虫病和 TMV，感青枯病和丛顶病。

Kentucky 9

Kentucky 12

品种编号　HBBGW027

品种来源　美国肯塔基大学用 Kentucky 14 × EX1 ×（Kentucky 167 × Burley 21）× EX4 杂交选育而成，1995 年从中国农业科学院烟草研究所引进。

特征特性 株式筒形，株高 145.5 ~ 175.0 cm，茎围 8.9 ~ 11.1 cm，节距 3.6 ~ 6.2 cm，叶数 21.2 ~ 31.3 片，腰叶长 53.0 ~ 74.0 cm、宽 28.4 ~ 36.0 cm，茎叶角度较小，株型紧凑；叶形椭圆，无叶柄，叶尖急尖，叶面较平，叶缘微波状，叶耳中，叶片主脉粗细中等，主侧脉夹角较大，叶色黄绿，叶肉组织细致，叶片厚薄中等；花序密集，花色淡红。移栽至中心花开放 51 ~ 63 d，大田生育期 87 ~ 108 d。田间长势强，耐肥，叶片成熟较集中。亩产量 148.00 ~ 170.00 kg，上等烟率 24.86%，中等烟率 54.90%。

外观质量 原烟颜色呈红黄、近红黄，结构稍疏松，身份适中，叶面舒展至稍皱，光泽亮至明亮，色度中。

化学成分 中部叶烟碱含量 2.30% ~ 2.41%，总氮含量 3.43% ~ 3.95%，钾含量 3.48%；上部叶烟碱含量 2.39%，总氮含量 3.64%，钾含量 3.10%。

评吸质量 香型风格尚显著，香气量有，劲头适中，吃味尚纯净，微有杂气，微有刺激性。

抗 病 性 抗 TMV，中抗青枯病，感黑胫病和根结线虫病。

Kentucky 12

Kentucky 14

品种编号 HBBGW028

品种来源 美国肯塔基大学农业试验站用 Burley 21×Wamor 杂交选育而成，1989 年从美国引进。

特征特性 株式筒形，株高 123.1 ~ 185.0 cm，茎围 8.7 ~ 11.3 cm，节距 3.7 ~ 5.9 cm，叶数 18.0 ~ 33.0 片，腰叶长 64.0 ~ 77.0 cm、宽 25.0 ~ 36.0 cm，茎叶角度中等偏小，株型紧凑；叶形椭圆，无叶柄，叶尖渐尖，叶面较平，叶缘微波状，叶耳中，主脉粗细中等，主侧脉夹角大，叶色浅绿，叶肉组织尚细致，叶片厚度中等偏厚；花序密集，花色淡红。移栽至现蕾 50 ~ 59 d，移栽至中心花开放 53 ~ 68 d，大田生育期 90 ~ 107 d。田间长势强，较耐肥，中晚熟，叶片成熟较集中。亩产量 118.00 ~ 169.00 kg，上等烟率 26.90% ~ 45.56%，中等烟率 40.00% ~ 56.10%。

外观质量　原烟颜色呈红黄、近红黄，结构疏松至尚疏松，身份适中至稍厚，叶面稍皱至舒展，光泽明亮至亮，叶片色度中至强。

化学成分　中部叶烟碱含量 0.96% ~ 4.26%，总氮含量 3.35% ~ 4.36%，钾含量 2.11% ~ 3.88%；上部叶烟碱含量 1.01% ~ 4.15%，总氮含量 3.63% ~ 4.82%，钾含量 1.75% ~ 3.45%。

评吸质量　香型风格显著，香气量有至多，劲头中至大，杂气微有至有，刺激性中等，余味舒适至尚舒适，燃烧性强，质量档次中偏上至较好，是美国衡量其他品种质量优劣的标准品种。

抗 病 性　抗青枯病、根黑腐病、野火病、TMV 和气候性斑点病，中抗根结线虫，感赤星病，易感黑胫病。

Kentucky 14

Kentucky 16

品种编号　HBBGW029

品种来源　美国肯塔基大学从 White Burley 变异株中系统选育而成，1994 年从中国农业科学院烟草研究所引进。

特征特性　株式塔形，株高 165.1 ~ 196.3 cm，茎围 9.2 ~ 11.8 cm，节距 4.4 ~ 5.6 cm，叶数 23.1 ~ 35.0 片，腰叶长 67.3 ~ 78.5 cm、宽 31.3 ~ 35.4 cm，茎叶角度中等偏小，株型紧凑；叶形长椭圆，无叶柄，叶尖渐尖，叶面略皱，叶缘微波状，叶耳中，叶片主脉较粗，主侧脉夹角大，叶色黄绿，叶肉组织尚细致，叶片稍厚；花序密集，花色淡红。移栽至现蕾 45 ~ 50 d，移栽至中心花开放 47 ~ 62 d，大田生育期 92 ~ 105 d。田间长势强，耐肥，叶片成熟较集中。亩产量 127.09 ~ 157.00 kg，上等烟率 16.80% ~ 44.28%，中等烟率 40.71% ~ 56.30%。

外观质量　原烟颜色呈红黄、近红黄，结构疏松至稍疏松，身份适中，叶面稍皱至舒展，光泽明亮，色度浓。

化学成分 中部叶烟碱含量3.31%，总氮含量3.22%，钾含量4.07%；上部叶烟碱含量3.33%，总氮含量4.33%，钾含量3.89%。

抗病性 抗根黑腐病和黑胫病。

Kentucky 16

Kentucky 17

品种编号 HBBGW030

品种来源 美国肯塔基大学用 [(Bx×By)×Bel66-11×B49]F$_7$×Va509 杂交选育而成，1989年从中国农业科学院烟草研究所引进。

特征特性 株式塔形，株高120.8～185.3 cm，茎围8.8～12.5 cm，节距3.4～6.5 cm，叶数21.8～36.0片，腰叶长46.2～77.7 cm、宽23.7～34.3 cm，茎叶角度中等，株型紧凑；叶形椭圆，无叶柄，叶尖渐尖，叶面较平，叶缘微波状，叶耳中偏大，叶片主脉粗细中等，主侧脉夹角甚大，叶色黄绿，叶肉组织尚细致，叶片厚薄中等；花序密集，花色淡红。移栽至现蕾44～59 d，移栽至中心花开放47～66 d，大田生育期88～110 d。田间长势中等至强，耐肥，不耐旱，叶片成熟较集中。亩产量125.06～160.10 kg，上等烟率27.20%～45.21%，中等烟率45.70%～60.00%。

外观质量 原烟颜色呈红黄、近红黄，结构疏松至尚疏松，身份适中至稍厚，叶面舒展至稍皱，光泽明亮至亮，色度浓至中。

化学成分 中部叶烟碱含量2.94%～4.28%，总氮含量3.30%～6.91%，钾含量3.66%～4.91%；上部叶烟碱含量1.56%～4.61%，总氮含量4.08%～6.82%，钾含量4.47%～4.72%。

评吸质量 香型风格较显著，香气量有，劲头适中至大，有杂气，刺激性中等，余味纯净，燃烧性强，质量档次中偏上至较好。

抗病性 高抗根黑腐病和TMV，抗黑胫病（0号和1号生理小种），中感赤星病，感青枯病和根结线虫病，高感丛顶病。

Kentucky 17

Kentucky 21

品种编号 HBBGW031

品种来源 美国肯塔基大学育成品种，1987年从美国引进。

特征特性 株式塔形，株高153.0 ~ 233.0 cm，茎围8.7 ~ 9.5 cm，节距4.2 ~ 6.5 cm，叶数31.0 ~ 35.0片，腰叶长67.0 ~ 67.5 cm、宽30.2 ~ 34.0 cm，茎叶角度大；叶形椭圆，无叶柄，叶尖渐尖，叶面略皱，叶缘平滑，叶耳中，叶片主脉粗细中等，主侧脉夹角较大，叶色黄绿，叶肉组织细致，叶片厚薄中等；花序松散，花色淡红。移栽至中心花开放71 ~ 85 d，大田生育期100 ~ 106 d。田间长势强，腋芽生长势较强，耐肥，叶片成熟较集中。亩产量115.05 ~ 156.77 kg，上等烟率16.39% ~ 30.67%，中等烟率59.17% ~ 65.70%。

外观质量 原烟颜色呈近红黄、浅红黄，结构尚疏松，身份适中，叶面稍皱，光泽亮，色度中。

化学成分 中部叶烟碱含量2.37%，总氮含量3.74%，钾含量3.9%；上部叶烟碱含量2.78%，总氮含量3.80%，钾含量3.76%。

抗病性 中感赤星病，易感黑胫病。

Kentucky 24

品种编号 HBBGW032

品种来源 美国肯塔基大学育成品种，2003年从中国农业科学院烟草研究所引进。

特征特性 株式塔形，株高125.3 ~ 171.0 cm，茎围9.3 ~ 9.7 cm，节距3.9 ~ 4.9 cm，叶数24.0 ~ 32.0片，腰叶长58.3 ~ 75.1 cm、宽31.6 ~ 37.8 cm，茎叶角度大；叶形椭圆，无叶柄，叶尖渐尖，叶面略皱，叶缘平滑，叶耳中，叶片主脉较粗，主侧脉夹角大，叶色绿，叶肉组织尚细致，叶片较厚；花序松散，花色淡红。移栽至中心花开放55 d，大田生育期85 ~ 89 d。田间长势较强，腋芽生长势较强，叶片成熟较集中。亩产量 112.76 ～ 141.35 kg，上等烟率 10.60% ～ 38.65%，中等烟率 53.32% ～ 73.70%。

外观质量　原烟颜色呈近红黄、浅红黄，结构疏松至尚疏松，身份适中，叶面稍皱，光泽亮，色度中。

化学成分　中部叶烟碱含量 2.57%，总氮含量 3.40%，钾含量 3.15%；上部叶烟碱含量 3.52%，总氮含量 3.83%，钾含量 3.34%。

抗 病 性　中抗黑胫病。

Kentucky 21

Kentucky 24

Kentucky 34

品种编号　HBBGW033

品种来源　美国肯塔基大学育成品种，1994 年从中国农业科学院烟草研究所引进。

特征特性　株式塔形，株高143.6 ~ 164.2 cm，茎围9.7 ~ 11.0 cm，节距4.5 ~ 7.2 cm，叶数18.0 ~ 39.0 片，腰叶长 62.0 ~ 75.8 cm、宽25.7 ~ 32.5 cm，茎叶角度大；叶形椭圆，无叶柄，叶尖渐尖，叶面略皱，叶缘波浪状，叶耳大，叶片主脉粗细中等，主侧脉夹角大，叶色黄绿，叶肉组织稍粗糙，叶片厚薄中等；花序松散，花色淡红。移栽至中心花开放 45 ~ 61 d，大田生育期 90 ~ 98 d。田间长势强，耐肥，抗旱，叶片成熟较集中。亩产量 126.90 ~ 176.00 kg，上等烟率20.00% ~ 28.90%，中等烟率61.00% ~ 65.40%。

外观质量　原烟颜色呈红黄、近红黄，结构疏松至尚疏松，身份适中至稍厚，叶面稍皱，光泽明亮至亮，色度中。

化学成分　中部叶烟碱含量2.23% ~ 3.86%，总氮含量2.79% ~ 4.97%，钾含量4.72%；上部叶烟碱含量3.22%，总氮含量5.27%，钾含量3.70%。

抗 病 性　抗 TMV 和丛顶病，中抗赤星病，感黑胫病、青枯病和根结线虫病。

Kentucky 34

Kentucky 41A

品种编号　HBBGW034

品种来源　美国肯塔基大学育成品种，1994 年从中国农业科学院烟草研究所引进。

特征特性　株式塔形，株高 143.0 ~ 185.0 cm，茎围 9.6 ~ 11.7 cm，节距 3.1 ~ 7.2 cm，叶数20.0 ~ 33.0 片，腰叶长 49.1 ~ 76.0 cm、宽24.0 ~ 41.0 cm，茎叶角度大；叶形椭圆，无叶柄，叶尖急尖，叶面略皱，叶缘微波状，叶耳大，叶片主脉稍粗，主侧脉夹角甚大，叶色黄绿，叶肉组织较粗糙，叶片稍厚；花序松散，花色淡红。移栽至中心花开放 45 ~ 62 d，大田生育期 85 ~ 91 d。田间长势强，腋芽生长势强，较耐肥，叶片成熟较集中。亩产量 110.27 ~ 176.00 kg，上等烟率22.80% ~ 37.52%，中等烟率50.00% ~ 62.30%。

外观质量 原烟颜色呈红黄、浅红棕，结构疏松至尚疏松，身份适中至稍厚，叶面稍皱，光泽明亮至稍暗，色度中。

化学成分 中部叶烟碱含量 2.77% ～ 4.12%，总氮含量 3.46%，钾含量 4.82%；上部叶烟碱含量 4.12%，总氮含量 4.56%，钾含量 4.80%。

评吸质量 香型风格尚显著，有香气，劲头适中，有杂气，微有刺激性，余味尚舒适。

抗 病 性 抗 TMV，中抗青枯病和赤星病，感黑胫病和根结线虫病。

Kentucky 41A

Kentucky 56

品种编号 HBBGW035

品种来源 美国肯塔基大学用白肋烟与 *N.glutinasa* 杂交，1962 年育成的抗 TMV 的品种。

特征特性 株式塔形，株高 155.0 ～ 181.1 cm，茎围 9.5 ～ 10.5 cm，节距 5.2 ～ 6.1 cm，叶数 18.0 ～ 26.0 片，腰叶长 66.5 ～ 78.8 cm、宽 35.9 ～ 41.5 cm，茎叶角度大，叶片下披；叶形卵圆，无叶柄，叶尖钝尖，叶面略皱，叶缘微波状，叶耳较小，叶片主脉粗细中等，主侧脉夹角较大，叶色绿，叶肉组织尚细致，叶片稍厚；花序密集，花色淡红。移栽至现蕾 54 d，移栽至中心花开放 56 ～ 65 d，大田生育期 90 ～ 102 d。田间长势中等至强，较耐肥，耐旱，叶片成熟较集中。亩产量 125.81 ～ 166.00 kg，上等烟率 7.30% ～ 20.00%，中等烟率 60.00% ～ 74.60%。

外观质量 原烟颜色呈近红黄、浅红黄，结构尚疏松至稍密，身份适中，叶面皱，光泽亮，色度中至暗。

化学成分 中部叶烟碱含量 1.58% ～ 2.89%，总氮含量 3.69%，钾含量 4.24%；上部叶烟碱含量 3.18%，总氮含量 3.69%，钾含量 4.24%。

评吸质量 香型风格尚显著，香气量有，劲头适中，有杂气，微有刺激性，余味尚舒适，燃烧性强。

抗 病 性 抗 TMV，中抗青枯病和白粉病，感黑胫病和根结线虫病。

Kentucky 56

Kentucky 907

品种编号 HBBGW036

品种来源 美国肯塔基大学用 Burley 21×PVY202 杂交选育而成，1998 年从中国农业科学院烟草研究所引进。

特征特性 株式筒形，株高 144.6 ~ 190.2 cm，茎围 9.6 ~ 11.6 cm，节距 4.2 ~ 5.6 cm，叶数 20.0 ~ 36.0 片，腰叶长 61.7 ~ 73.5 cm、宽 32.3 ~ 38.0 cm，茎叶角度小，株型紧凑；叶形椭圆，无叶柄，叶尖急尖，叶面较平，叶缘微波状，叶耳中，叶片主脉粗细中等，主侧脉夹角较大，叶色绿，叶肉组织尚细致，叶片厚度中等至较厚；花序密集，花色淡红。移栽至现蕾 54 d，移栽至开花 55 ~ 68 d，大田生育期 89 ~ 100 d。田间长势强，抗旱，叶片成熟较集中。亩产量 110.07 ~ 172.00 kg，上等烟率 23.90% ~ 49.11%，中等烟率 41.93% ~ 62.10%。

外观质量 原烟颜色呈红黄、近红黄，结构尚疏松至疏松，身份适中至稍厚，叶面舒展至稍皱，光泽明亮至亮，色度中至强。

化学成分 中部叶烟碱含量 1.62% ~ 4.89%，总氮含量 2.49% ~ 4.93%，钾含量 3.08% ~ 4.54%；上部叶烟碱含量 1.69% ~ 3.96%，总氮含量 3.31% ~ 4.45%，钾含量 3.34% ~ 3.83%。

评吸质量 香型风格较显著，香气量尚足，浓度较浓，劲头较大，杂气有至微有，有刺激性，余味尚舒适，燃烧性强，质量档次中偏上至较好。

抗 病 性 抗 TMV 和 PVY，中抗黑胫病、根黑腐病和赤星病，感青枯病和根结线虫病。

Kentucky 8959

品种编号 HBBGW037

品种来源 美国肯塔基大学用 Kentucky 8529×Tennessee 86 杂交选育而成，1998 年从云南省

Kentucky 907

Kentucky 8959

烟草科学研究所引进。

特征特性　株式筒形，株高 141.5 ~ 263.8 cm，茎围 10.1 ~ 13.3 cm，节距 4.0 ~ 5.5 cm，叶数 23.9 ~ 45.0 片，腰叶长 63.6 ~ 78.5 cm、宽 33.0 ~ 40.0 cm，茎叶角度中等，株型紧凑；叶形长椭圆，无叶柄，叶尖渐尖，叶面略皱，叶缘皱折，叶耳中偏小，叶片主脉稍粗，主侧脉夹角较大，叶色黄绿，叶肉组织细致，叶片厚薄中等；花序密集，花色淡红。田间长势强，耐肥，抗旱。中晚熟，叶片分层成熟。移栽至现蕾 43 ~ 53 d，移栽至中心花开放 55 ~ 80 d，大田生育期 90 ~ 112 d。亩产量 129.67 ~ 175.00 kg，上等烟率 21.50% ~ 39.62%，中等烟率 45.52% ~ 64.00%。

外观质量　原烟颜色呈红黄、近红黄，结构疏松至尚疏松，身份适中至稍厚，叶面舒展至稍皱，光泽明亮至亮,叶片色度浓至中。

化学成分 中部叶烟碱含量 1.77% ~ 4.26%,总氮含量 2.62% ~ 4.52%,钾含量 3.56% ~ 4.00%;上部叶烟碱含量 1.99% ~ 4.81%,总氮含量 3.66% ~ 3.56%,钾含量 3.64% ~ 3.72%。

评吸质量 香型风格尚显著至较显著,香气量尚足至有,浓度较浓至中等,劲头中等至稍大,有杂气,有刺激性,余味尚舒适,燃烧性强,质量档次中偏上至较好。

抗 病 性 抗根腐病、野火病和 PVY,中抗黑胫病、赤星病和烟草蚀纹病,感青枯病、根结线虫和 TMV。

L-8

品种编号 HBBGW038

品种来源 美国用(*N.tabacum* × *N.longflora*) × Kentucky 16 × Kentucky 56 杂交选育而成,1987 年从中国农业科学院烟草研究所引进。

特征特性 株式筒形,株高 66.6 ~ 143.1 cm,茎围 7.4 ~ 10.5 cm,节距 3.2 ~ 5.5 cm,叶数 14.0 ~ 22.0 片,腰叶长 31.0 ~ 65.8 cm、宽 12.0 ~ 27.7 cm,茎叶角度中等;叶形长椭圆,无叶柄,叶尖渐尖,叶面较平,叶缘微波状,叶耳中,叶片主脉稍粗,主侧脉夹角甚大,叶色黄绿,叶肉组织尚细致,叶片较厚;花序密集,花色淡红。移栽至中心花开放 52 ~ 58 d,大田生育期 76 ~ 109 d。田间长势弱,不耐肥。亩产量 68.50 ~ 100.00 kg,上等烟率 9.10%,中等烟率 36.40%。

外观质量 原烟颜色红棕、浅红黄,结构密至尚疏松,身份较厚至适中,叶面皱,光泽暗,色度中。

化学成分 中部叶烟碱含量 2.03% ~ 3.61%,总氮含量 3.64%,钾含量 4.35%;上部叶烟碱含量 3.08%,总氮含量 3.91%,钾含量 4.23%。

抗 病 性 高抗黑胫病 0 号生理小种(显性单基因控制),感黑胫病 1 号生理小种、青枯病和根结线虫病,易感炭疽病、赤星病、TMV、叶斑病。

L-8

LA Burley 21

品种编号 HBBGW039

品种来源 美国田纳西大学育成的低烟碱品种，2003年从中国农业科学院烟草研究所引进。

特征特性 株式筒形，株高119.8～162.8 cm，茎围9.5～10.7 cm，节距3.7～4.2 cm，叶数25.0～32.5片，腰叶长64.8～75.1 cm、宽32.0～36.5 cm，茎叶角度中等偏大，株型松散；叶形长椭圆，无叶柄，叶尖渐尖，叶面较平，叶缘微波状，叶耳中，叶片主脉稍粗，主侧脉夹角大，叶色黄绿，叶肉组织细致，叶片厚薄中等；花序密集，花色淡红。移栽至开花59～65 d，大田生育期89～97 d。田间长势强，较耐肥，抗逆、耐旱性较强，叶片分层成熟。亩产量142.19～164.54 kg，上等烟率15.0%～40.76%，中等烟率51.13%～71.40%。

外观质量 原烟颜色呈红黄、近红黄，结构疏松至尚疏松，身份适中，叶面舒展至稍皱，光泽明亮至亮，色度中至浓。

化学成分 中部叶烟碱含量2.87%，总氮含量3.65%，钾含量3.39%；上部叶烟碱含量3.28%，总氮含量3.80%，钾含量3.20%。

抗病性 抗根黑腐病、TMV、野火病和角斑病，中感黑胫病。

LA Burley 21

PB 9

品种编号 HBBGW040

品种来源 国外育成品种，2003年从中国农业科学院烟草研究所引进。

特征特性 株式筒形，株高106.4～174.2 cm，茎围9.1～10.7 cm，节距4.1～5.4 cm，叶数21.0～33.0片，腰叶长61.1～76.1 cm、宽29.9～37.2 cm，茎叶角度中等，株型紧凑；叶形椭圆，

无叶柄，叶尖渐尖，叶面较平，叶缘波浪状，叶耳中，叶片主脉稍粗，主侧脉夹角大，叶色黄绿，叶肉组织尚细致，叶片厚薄中等；花序密集，花色淡红。移栽至现蕾 45 ~ 49 d，移栽至中心花开放 47 ~ 65 d，大田生育期 90 ~ 105 d。田间长势强，较耐肥，叶片分层成熟。亩产量 116.42 ~ 156.42 kg，上等烟率 20.60% ~ 51.02%，中等烟率 43.79% ~ 66.70%。

外观质量　原烟颜色呈近红黄、浅红黄，结构疏松至尚疏松，身份适中，叶面舒展至稍皱，光泽亮至明亮，色度中。

化学成分　中部叶烟碱含量 2.49% ~ 2.75%，总氮含量 2.95% ~ 3.54%，钾含量 3.68% ~ 6.23%；上部叶烟碱含量 3.90%，总氮含量 3.87%，钾含量 3.32%。

评吸质量　香型风格显著，香气质较好，香气量较足，浓度较浓，劲头适中，余味较舒适，杂气较轻，有刺激性。

抗病性　中抗赤星病，中感 PVY，感黑胫病、青枯病、CMV 和烟蚜。

PB 9

PMR Burley 21

品种编号　HBBGW041

品种来源　津巴布韦用 Burley 21×KoKubu 杂交育成的抗白粉病品种，1994 年从中国农业科学院烟草研究所引进。

特征特性　株式塔形，株高 128.0 ~ 165.4 cm，茎围 9.5 ~ 9.9 cm，节距 3.5 ~ 6.3 cm，叶数 23.2 ~ 29.0 片，腰叶长 62.4 ~ 67.2 cm，宽 25.2 ~ 31.6 cm，茎叶角度小，株型紧凑；叶形长椭圆，无叶柄，叶尖渐尖，叶面较平，叶缘微波状，叶耳中，叶片主脉稍粗，主侧脉夹角较大，叶色黄绿，叶肉组织细致，叶片厚薄中等；花序密集，花色淡红。移栽至现蕾 53 d，移栽至中心花开放 62 ~ 68 d，大田生育期 95 ~ 102 d。田间长势强，较耐肥，叶片分层成熟。亩产量 156.30 ~ 158.48 kg，上等烟率 10.80% ~ 22.50%，中等烟率 72.90%。

外观质量 原烟颜色呈红黄、近红黄，结构尚疏松至疏松，身份适中，叶面舒展至稍皱，光泽亮至明亮，色度中。

化学成分 中部叶烟碱含量 2.06%，总氮含量 4.11%，钾含量 3.22%；上部叶烟碱含量 3.07%，总氮含量 4.47%，钾含量 3.83%。

抗 病 性 对 TMV 免疫，高抗黑胫病、白粉病和野火病。

PMR Burley 21

S. K

品种编号 HBBGW042

品种来源 国外育成品种，2003 年从中国农业科学院烟草研究所引进。

特征特性 株式塔形，株高 136.0 ~ 191.8 cm，茎围 10.2 ~ 11.0 cm，节距 4.0 ~ 5.9 cm，叶数 22.9 ~ 27.0 片，腰叶长 70.0 ~ 79.0 cm、宽 34.0 ~ 40.2 cm，茎叶角度较大；叶形椭圆，无叶柄，叶尖渐尖，叶面较皱，叶缘微波状，叶耳较大，叶片主脉粗细中等，主侧脉夹角甚大，叶色绿，叶肉组织稍粗糙，叶片稍厚；花序松散，花色淡红。移栽至现蕾 54 d，移栽至中心花开放 55 ~ 56 d，大田生育期 86 ~ 91 d。田间长势强，较耐肥，叶片成熟较集中。亩产量 125.73 ~ 152.00 kg，上等烟率 18.80% ~ 25.70%，中等烟率 58.00% ~ 64.30%。

外观质量 原烟颜色呈近红黄、浅红黄，结构尚疏松，身份适中至稍厚，叶面舒展至稍皱，光泽亮，色度中。

化学成分 中部叶烟碱含量 2.47%，总氮含量 2.79%，钾含量 4.04%；上部叶烟碱含量 3.68%，总氮含量 3.44%，钾含量 4.09%。

抗 病 性 感黑胫病、青枯病和根结线虫病。

S. K

S. N（69）

品种编号　HBBGW043

品种来源　国外育成品种，2003 年从中国农业科学院烟草研究所引进。

特征特性　株式筒形，株高 146.3 ~ 178.9 cm，茎围 8.6 ~ 10.8 cm，节距 4.5 ~ 5.3 cm，叶数 18.4 ~ 25.0 片，腰叶长 49.3 ~ 65.5 cm、宽 25.3 ~ 33.6 cm，茎叶角度大；叶形椭圆，无叶柄，叶尖急尖，叶面平，叶缘平滑，叶耳大，叶片主脉粗细中等，主侧脉夹角较大，叶色黄绿，叶肉组织细致，叶片较厚；花序松散，花色淡红。移栽至中心花开放 46 ~ 65 d，大田生育期 86 d。田间长势强，叶片成熟集中。亩产量 129.47 ~ 139.38 kg，上等烟率 16.00% ~ 17.00%，中等烟率 56.10%。

外观质量　原烟颜色呈近红黄、浅红黄，结构稍疏松，身份适中，叶面舒展至稍皱，光泽亮至明亮。

化学成分　中部叶烟碱含量 2.59% ~ 2.84%，总氮含量 3.13%，钾含量 3.47%；上部叶烟碱含量 3.16%，总氮含量 3.53%，钾含量 2.11%。

评吸质量　香型风格尚显著，香气质尚好，香气量有，劲头较大，吃味尚舒适，微有杂气，有刺激性。

抗　病　性　抗 PVY，中抗黑胫病、根结线虫病和 TMV。

Stamn D23–Nikotinarn

品种编号　HBBGW044

品种来源　国外育成品种，1994 年从中国农业科学院烟草研究所引进。

特征特性　株式塔形，株高 164.3 ~ 185.0 cm，茎围 9.8 ~ 10.3 cm，节距 5.4 ~ 6.1 cm，叶数 22.0 ~ 24.0 片，腰叶长 71.0 ~ 76.0 cm、宽 31.0 ~ 37.7 cm，茎叶角度中等；叶形椭圆，无叶柄，叶尖急尖，叶面较平，叶缘平滑，叶耳中，叶片主脉稍粗，主侧脉夹角大，叶色绿，叶肉组

S. N（69）

织稍粗糙，叶片稍厚；花序密集，花色淡红。移栽至现蕾 49 d，移栽至中心花开放 52 ～ 55 d，大田生育期 89 ～ 95 d。田间长势强，叶片成熟较集中。亩产量 127.22 ～ 142.00 kg，上等烟率 16.20% ～ 25.00%，中等烟率 56.00% ～ 69.70%。

外观质量　原烟颜色呈近红黄至浅黄，结构尚疏松，身份适中，叶面稍皱，光泽亮，色度中至差。

化学成分　中部叶烟碱含量 1.79%，总氮含量 3.56%，钾含量 2.84%；上部叶烟碱含量 3.47%，总氮含量 3.98%，钾含量 3.11%。

抗 病 性　感黑胫病、青枯病和根结线虫病。

Stamn D23–Nikotinarn

Tennessee 86

品种编号 HBBGW045

品种来源 美国田纳西大学用 Burley 49×PVY202（即 Greeneville 107 的姊妹系）杂交选育而成，1989 年从云南省烟草科学研究所引进。

特征特性 株式筒形，株高 117.9 ~ 187.0 cm，茎围 9.4 ~ 12.5 cm，节距 4.1 ~ 5.6 cm，叶数 18.4 ~ 30.0 片，腰叶长 58.3 ~ 76.8 cm、宽 27.4 ~ 35.2 cm，茎叶角度小，株型紧凑；叶形长椭圆，无叶柄，叶尖渐尖，叶面较平，叶缘微波状，叶耳中，叶片主脉粗细中等，主侧脉夹角大，叶色黄绿，叶肉组织细致，叶片厚薄中等；花序密集，花色淡红。移栽至中心花开放 50 ~ 70 d，大田生育期 90 ~ 116 d。田间生长前期稍慢，中后期生长较快，长势较强，较耐肥，耐旱，适应性强。叶片迟熟、成熟较集中。亩产量 109.02 ~ 168.00 kg，上等烟率 11.60% ~ 37.20%，中等烟 43.96% ~ 67.40%。

外观质量 原烟颜色呈近红黄、红黄，叶片结构疏松至尚疏松，身份适中，叶面舒展至稍皱，光泽明亮至亮，色度中至浓。

化学成分 中部叶烟碱含量 2.01% ~ 3.45%，总氮含量 3.15% ~ 4.30%，钾含量 3.53% ~ 3.93%；上部叶烟碱含量 2.31% ~ 3.43%，总氮含量 4.11% ~ 5.55%，钾含量 3.42% ~ 3.57%。

评吸质量 香型风格较显著，香气量有至较足，浓度中等，劲头适中，有杂气，有刺激性，余味尚舒适，燃烧性强。质量档次中偏上至较好。

抗 病 性 高抗根黑腐病、野火病和脉斑驳病毒病，中抗黑胫病（0 号和 1 号小种）、赤星病、PVY 和烟草蚀纹病，感青枯病、根结线虫病和 TMV。

Tennessee 86

Tennessee 90

品种编号 HBBGW046

品种来源 美国田纳西大学用 Burley 49×PVY202 杂交育成，1995 年从中国农业科学院烟草研究所引进。

特征特性 株式筒形，株高 119.53 ~ 190.4 cm，茎围 9.9 ~ 12.3 cm，节距 3.8 ~ 5.8 cm，叶数 24.0 ~ 32.0 片，腰叶长 65.5 ~ 73.7 cm、宽 27.2 ~ 35.7 cm，茎叶角度中等。叶形长椭圆，无叶柄，叶尖渐尖，叶面较平，叶缘波浪状，叶耳中，叶片主脉粗细中等，主侧脉夹角大，叶色黄绿，叶肉组织细致，叶片厚薄中等；花序密集，花色淡红。田间长势强，较耐肥，耐旱，适应性强。中熟，中下部叶耐成熟，上部叶成熟快，叶片成熟较集中。移栽至中心花开放 50 ~ 68 d，大田生育期 85 ~ 105 d。亩产量 117.98 ~ 160.80 kg，上等烟率 15.00% ~ 38.80%，中等烟率 51.20% ~ 65.00%。

外观质量 原烟颜色呈近红黄、红黄，结构疏松至尚疏松，身份稍厚至适中，叶面舒展至稍皱，光泽明亮至亮，色度中至浓。

化学成分 中部叶烟碱含量 1.62% ~ 5.02%，总氮含量 2.36% ~ 5.65%，钾含量 2.88% ~ 3.73%；上部叶烟碱含量 1.93% ~ 3.78%，总氮含量 3.12% ~ 5.62%，钾含量 2.64% ~ 3.34%。

评吸质量 香型风格较显著，香气量足至尚足，浓度较浓至中等，劲头中等至稍大，余味较舒适至尚舒适，有杂气，有刺激性，燃烧性强，质量档次中偏上至较好。

抗 病 性 对 TMV 免疫，高抗根腐病、野火病和烟草脉斑驳病毒病，抗 PVY，中抗黑胫病（0号和1号生理小种）、赤星病和蚀纹病，感青枯病和根结线虫病。

Tennessee 90

Tennessee 97

品种编号　HBBGW047

品种来源　美国田纳西大学育成品种，1998 年从中国农业科学院烟草研究所引进。

特征特性　株式橄榄形，株高 152.4 ~ 192.6 cm，茎围 9.1 ~ 10.3 cm，节距 4.1 ~ 6.0 cm，叶数 28.0 ~ 32.0 片，腰叶长 65.8 ~ 76.0cm、宽 30.3 ~ 34.0cm，茎叶角度中等偏小，株型紧凑；叶形长椭圆，无叶柄，叶尖渐尖，叶面较平，叶缘微波状，叶耳中，叶片主脉稍粗，主侧脉夹角大，叶色绿，叶肉组织尚细致，叶片稍厚；花序松散，花色淡红。移栽至现蕾 58 d，移栽至中心花开放 60 ~ 67 d，大田生育期 88 ~ 96 d。田间长势强，较耐肥，叶片成熟较集中。亩产量 137.23 ~ 168.80 kg，上等烟率 17.60% ~ 24.70%，中等烟率 50.60% ~ 65.0%。

外观质量　原烟颜色呈近红黄、红黄，结构疏松至尚疏松，身份适中，叶面舒展至稍皱，光泽明亮至亮，色度中。

化学成分　中部叶烟碱含量 2.07%，总氮含量 3.75%，钾含量 2.76%；上部叶烟碱含量 3.40%，总氮含量 4.08%，钾含量 1.95%。

抗 病 性　中抗黑胫病和 TMV。

Tennessee 97

TI1406

品种编号　HBBGW048

品种来源　德国研究人员 Koelle 于 1961 年利用 X 射线辐照白肋烟品种 Virginia A 种子而获得的抗 Potyvirus 病毒 PVY、TEV 及 TVMV 的单基因隐性突变体 Virgin A Mutant（VAM），2002 年从中国农业科学院烟草研究所引进。

特征特性　株式塔形，株高 94.0 ～ 150.6 cm，茎围 8.3 ～ 9.7 cm，节距 4.2 ～ 5.3 cm，叶数 19.0 ～ 26.0 片，腰叶长 52.8 ～ 73.0 cm、宽 28.4 ～ 36.2 cm，茎叶角度较小，株型紧凑；叶形宽椭圆，无叶柄，叶尖渐尖，叶面较平，叶缘微波状，叶耳中，叶片主脉较粗，主侧脉夹角较大，叶色绿，叶肉组织细致，叶片厚薄中等；花序松散，花色淡红。移栽至中心花开放 46 ～ 63 d，大田生育期 80 ～ 97 d。田间长势中等至较强，叶片成熟较集中。亩产量 130.87 ～ 154.13 kg，上等烟率 20.80% ～ 35.97%，中等烟率 49.80% ～ 70.73%。

外观质量　原烟颜色呈浅红黄、浅红棕，结构尚疏松至稍密，身份适中，光泽暗，叶面稍皱至较皱，色度中至淡。

化学成分　中部叶烟碱含量 2.12% ～ 3.25%，总氮含量 3.33% ～ 3.84%，钾含量 3.20% ～ 6.32%；上部叶烟碱含量 3.34% ～ 4.21%，总氮含量 4.69% ～ 4.87%，钾含量 3.38% ～ 4.12%。

评吸质量　香型风格微有，香气质较好，香气量较足，浓度较浓，劲头适中，余味较舒适，杂气较轻，有刺激性。

抗 病 性　高抗烟蚜，抗 PVY、TEV、TVMV 和烟青虫，中感 TMV、CMV，感黑胫病、青枯病和赤星病。

TI1406

TI1459

品种编号　HBBGW049

品种来源　美国从南美洲收集的材料，2002 年从中国农业科学院烟草研究所引进。

特征特性　株式塔形，株高 122.0 cm，茎围 10.8 cm，节距 4.7 cm，叶数 24.0 片，腰叶长 64.5 cm、宽 26.9 cm，茎叶角度中等；叶形椭圆，无叶柄，叶尖渐尖，叶面略皱，叶缘波浪状，叶耳中，叶片主脉粗细中等，主侧脉夹角较大，叶色黄绿，叶肉组织尚细致，叶片厚薄中等；花序密集，花色淡红。移栽至现蕾 52 d，移栽至中心花开放 54 d，大田生育期 91 d。

抗 病 性　感黑胫病，田间表现为叶部病害轻。

TI1459

TI1462

品种编号　HBBGW050

品种来源　美国从南美洲收集的材料，2002 年从中国农业科学院烟草研究所引进。

特征特性　株式筒形，株高 116.0 cm，茎围 10.2 cm，节距 5.3 cm，叶数 16.4 片，腰叶长 59.3 cm、宽 30.2 cm，茎叶角度较大，株型松散；叶形椭圆，无叶柄，叶尖渐尖，叶面较平，叶缘皱折，叶耳

TI1462

中等偏小，叶片主脉稍粗，主侧脉夹角大，叶色黄绿，叶肉组织细致，叶片稍厚；花序松散，花色淡红。移栽至现蕾 48 d，移栽至中心花开放 51 d，大田生育期 100 d。

抗 病 性　抗黑胫病，田间表现为叶部病害轻。

TI1463

品种编号　HBBGW051

品种来源　美国从南美洲收集的材料，2002 年从中国农业科学院烟草研究所引进。

特征特性　株式塔形，株高 135.6 ~ 190.6 cm，茎围 9.6 ~ 11.4 cm，节距 4.2 ~ 5.7 cm，叶数 26.4 ~ 31.0 片，腰叶长 60.1 ~ 76.0 cm、宽 24.8 ~ 31.2 cm，茎叶角度中等；叶形椭圆，无叶柄，叶尖渐尖，叶面较平，叶缘微波状，叶耳中，叶片主脉粗细中等，主侧脉夹角中等偏大，叶色绿，叶肉组织尚细致，叶片厚薄中等；花序密集，花色淡红。移栽至现蕾 59 d，移栽至中心花开放 64 ~ 66 d，大田生育期 90 ~ 100 d。田间长势较强，叶片成熟较集中。亩产量 135.20 ~ 137.50 kg，上等烟率 13.10% ~ 18.60%，中等烟率 64.50%。

外观质量　原烟颜色呈近红黄、浅红黄，结构稍疏松，身份适中，叶面较皱，光泽暗，色度淡。

化学成分　中部叶烟碱含量 3.15%，总氮含量 3.64%，钾含量 3.76%；上部叶烟碱含量 4.12%，总氮含量 4.57%，钾含量 4.42%。

抗 病 性　中抗黑胫病。

TI1463

Virginia 509

品种编号　HBBGW052

品种来源　美国弗吉尼亚大学用 Burley 21×Burley 37 杂交选育而成，2002 年从中国农业科学院烟草研究所引进。

特征特性　株式筒形，株高 137.6 ～ 192.0 cm，茎围 9.0 ～ 12.4 cm，节距 3.9 ～ 6.9 cm，叶数 22.2 ～ 35.0 片，腰叶长 52.1 ～ 80.7 cm、宽 23.5 ～ 36.0 cm，茎叶角度较小，株型紧凑；叶形椭圆，无叶柄，叶尖渐尖，叶面较平，叶缘皱折，叶耳稍大，叶片主脉稍粗，主侧脉夹角大，叶色黄绿，叶肉组织尚细致，叶片稍厚至中等；花序密集，花色淡红。移栽至现蕾 43 ～ 62 d，移栽至中心花开放 45 ～ 67 d，大田生育期 87 ～ 106 d。田间长势强，耐肥，耐渍。早中熟，叶片成熟较集中。亩产量 116.33 ～ 168.00 kg，上等烟率 16.30% ～ 34.75%，中等烟率 44.17% ～ 70.00%。

外观质量　原烟颜色呈近红黄、红黄，结构疏松至尚疏松，身份适中至稍薄，叶面舒展至稍皱，光泽明亮至亮，色度浓。

化学成分　中部叶烟碱含量 1.33% ～ 4.65%，总氮含量 3.55% ～ 4.56%，钾含量 4.08% ～ 5.53%；上部叶烟碱含量 2.30% ～ 4.18%，总氮含量 4.03% ～ 4.33%，钾含量 3.57% ～ 4.73%。

评吸质量　香型风格较显著，香气质好，香气量有，劲头较大，有杂气，刺激性中等，余味尚舒适，燃烧性中等至强，质量档次中偏上至较好。

抗 病 性　高抗野火病，中抗黑胫病（0 号和 1 号小种）、根黑腐病和 PVY，感根结线虫病、赤星病、白粉病和 TMV。

Virginia 509

Virginia 528

品种编号　HBBGW053

品种来源　美国弗吉尼亚大学育成品种，1994 年从中国农业科学院烟草研究所引进。

特征特性　株式筒形，株高 119.5 ～ 188.2 cm，茎围 9.0 ～ 12.1 cm，节距 4.2 ～ 6.1 cm，叶数

23.0 ～ 30.0 片，腰叶长 66.0 ～ 81.3 cm、宽 32.4 ～ 40.4 cm，茎叶角度中等，株型松散；叶形椭圆，无叶柄，叶尖渐尖，叶面较平，叶缘波浪状，叶耳中，叶片主脉粗细中等，主侧脉夹角大，叶色黄绿，叶肉组织细致，叶片厚薄中等；花序密集，花色白。移栽至中心花开放 55 ～ 68 d，大田生育期 86 ～ 100 d。田间长势中至强，耐肥，耐渍，叶片成熟较集中。亩产量 123.30 ～ 178.00 kg，上等烟率 16.40% ～ 40.59%，中等烟率 51.44% ～ 72.70%。

外观质量　原烟颜色呈近红黄、红黄，结构疏松至稍密，身份适中，光泽明亮至亮，叶面舒展至稍皱，色度中至淡。

化学成分　中部叶烟碱含量 2.98% ～ 4.71%，总氮含量 3.27% ～ 4.52%，钾含量 4.35% ～ 5.34%；上部叶烟碱含量 4.65%，总氮含量 4.57%，钾含量 4.17%。

评吸质量　香型风格较显著，香气质较好，香气量较足，浓度较浓至中等，劲头适中，余味较舒适至尚舒适，杂气较轻，有刺激性。

抗病性　抗黑胫病（0 号和 1 号生理小种）和野火病，中抗根黑腐病和 TMV，感青枯病、根结线虫病和赤星病。

Virginia 528

Virginia 1013R

品种编号　HBBGW054

品种来源　美国弗吉尼亚大学育成品种，2002 年从中国农业科学院烟草研究所引进。

特征特性　株式塔形，株高 119.4 ～ 170.0 cm，茎围 10.1 ～ 12.6 cm，节距 3.7 ～ 4.6 cm，叶数 24.4 ～ 38.0 片，腰叶长 60.8 ～ 71.6 cm、宽 29.3 ～ 30.9 cm，茎叶角度较小，株型紧凑；叶形椭圆，无叶柄，叶尖渐尖，叶面较平，叶缘微波状，叶耳小，叶片主脉粗细中等，主侧脉夹角中等，叶色绿，叶肉组织细致，叶片厚薄中等；花序密集，花色粉红。移栽至现蕾52 d，移栽至中心花开放55 ~ 68 d，大田生育期90 ~ 95 d。田间长势中等，叶片成熟较集中。亩产量112.50 ~ 139.44 kg，上等烟率25.00% ~ 25.90%，中等烟率62.50%。

外观质量　原烟颜色呈近红黄至浅红黄，结构稍疏松，身份适中，叶面较皱，光泽暗，色度淡。

化学成分　中部叶烟碱含量2.49%，总氮含量4.10%，钾含量3.68%；上部叶烟碱含量2.61%，总氮含量4.59%，钾含量4.22%。

抗 病 性　中感赤星病，感黑胫病。

Virginia 1013R

Virginia 1019

品种编号　HBBGW055

品种来源　美国弗吉尼亚大学育成品种，2002年从中国农业科学院烟草研究所引进。

特征特性　株式筒形，株高131.0 ~ 197.3 cm，茎围9.4 ~ 12.2 cm，节距5.0 ~ 5.4 cm，叶数26.6 ~ 32.0 片，腰叶长66.4 ~ 70.7 cm、宽30.8 ~ 34.0 cm，茎叶角度小，株型紧凑；叶形长椭圆，无叶柄，叶尖渐尖，叶面较平，叶缘波浪状，叶耳小，叶片主脉稍粗，主侧脉夹角中等，叶色黄绿，叶肉组织细致，叶片厚薄中等；花序密集，花色淡红。移栽至现蕾53 d，移栽至中心花开放56 ~ 67 d，大田生育期90 ~ 98 d。田间长势较强，叶片成熟较集中。亩产量156.25 kg，上等烟率26.30%，中等烟率52.00%。

外观质量　原烟颜色呈近红黄、浅红黄，结构稍疏松，身份适中，叶面较皱，光泽亮，色度中。

化学成分　中部叶烟碱含量2.89%，总氮含量3.50%，钾含量3.88%；上部叶烟碱含量3.67%，总氮含量4.19%，钾含量4.12%。

抗 病 性　感黑胫病。

Virginia 1019

Virginia 1048

品种编号 HBBGW056

品种来源 美国弗吉尼亚大学育成品种，1994年从中国农业科学院烟草研究所引进。

特征特性 株式筒形，株高154.6 ~ 188.0 cm，茎围10.0 ~ 11.5 cm，节距3.9 ~ 6.0 cm，叶数21.2 ~ 27.0 片，腰叶长62.5 ~ 67.5 cm、宽32.0 ~ 35.0 cm，茎叶角度较小，株型尚紧凑；叶形椭圆，无叶柄，叶尖渐尖，叶面较平，叶缘微波状，叶耳稍大，叶片主脉粗细中等，主侧脉夹角大，叶色黄绿，叶肉组织细致，叶片较厚；花序松散，花色淡红。移栽至现蕾49 ~ 53 d，移栽至中心花开放53 ~ 68 d，大田生育期89 ~ 97 d。田间长势强，耐肥，叶片成熟集中。亩产量113.96 ~ 145.00 kg，上等烟率26.80% ~ 30.91%，中等烟率54.70% ~ 60.00%。

外观质量 原烟颜色呈红黄、近红黄，结构疏松，身份适中，叶面稍皱，光泽明亮，色度浓。

化学成分 中部叶烟碱含量1.22%，总氮含量2.67%，钾含量3.92%；上部叶烟碱含量1.67%，总氮含量2.90%，钾含量3.44%。

抗病性 中抗黑胫病，感赤星病。

Virginia 1050

品种编号 HBBGW057

品种来源 美国弗吉尼亚大学育成品种，1994年从中国农业科学院烟草研究所引进。

特征特性 株式筒形，株高148.0 ~ 168.0 cm，茎围8.7 ~ 10.2 cm，节距4.1 ~ 5.9 cm，叶数25.1 ~ 29.0 片，腰叶长57.0 ~ 70.8 cm、宽31.0 ~ 34.5 cm，茎叶角度中等偏小，株型尚紧凑；

Virginia 1048

Virginia 1050

叶形椭圆无叶柄，叶尖渐尖，叶面较平，叶缘皱折，叶耳中，叶片主脉稍细，主侧脉夹角甚大，叶形椭圆，叶色黄绿，叶肉组织细致，叶片较厚；花序密集，花色淡红。移栽至现蕾47 d，移栽至中心花开放50～64 d，大田生育期82～90 d。田间长势较强，较耐肥，叶片成熟较集中。亩产量139.21～165.00 kg，上等烟率21.00%～32.30%，中等烟率51.01%～52.60%。

　　外观质量　原烟颜色呈近红黄、红黄，结构疏松，身份适中，叶面舒展至稍皱，光泽明亮至亮，色度浓。

化学成分 中部叶烟碱含量 1.29% ~ 5.17%，总氮含量 2.71% ~ 3.87%，钾含量 2.96% ~ 3.79%；上部叶烟碱含量 2.41%，总氮含量 3.97%，钾含量 2.23%。

评吸质量 香型风格较显著，香气量足，浓度较浓，劲头较大，余味尚舒适，有杂气，有刺激性，燃烧性较强。

抗 病 性 中抗黑胫病。

Virginia 1052

品种编号 HBBGW058

品种来源 美国弗吉尼亚大学育成品种，1994 年从中国农业科学院烟草研究所引进。

特征特性 株式塔形，株高 151.6 ~ 165.0 cm，茎围 10.0 ~ 13.2 cm，节距 3.6 ~ 5.9 cm，叶数 24.0 ~ 30.0 片，腰叶长 65.5 ~ 74.3 cm、宽 23.0 ~ 29.0 cm，下部叶片着生较密，茎叶角度中等偏大；叶形椭圆，无叶柄，叶尖渐尖，叶面略皱，叶缘波浪状，叶耳小，叶片主脉较粗，主侧脉夹角中等，叶色黄绿，叶肉组织尚细致，叶片较厚；花序密集，花色淡红。移栽至中心花开放 50 ~ 70 d，大田生育期 88 ~ 98 d。田间长势中等，较耐肥、耐旱，叶片成熟较集中。亩产量 110.60 ~ 177.03 kg，上等烟率 21.00% ~ 25.10%，中等烟率 72.70%。

外观质量 原烟颜色呈近红黄、红黄，结构尚疏松至稍密，身份稍厚至稍薄，叶面稍皱，光泽亮至暗，色度中至弱。

化学成分 中部叶烟碱含量 2.85% ~ 4.72%，总氮含量 3.20% ~ 4.08%，钾含量 3.23% ~ 4.59%；上部叶烟碱含量 4.36%，总氮含量 5.12%，钾含量 3.15%。

评吸质量 香型风格尚显著，香气量有，劲头适中，有杂气，余味尚舒适。

抗 病 性 抗野火病，中抗根黑腐病、镰刀菌萎蔫病，中感黑胫病，感赤星病和 TMV。

Virginia 1052

Virginia 1052R

品种编号　HBBGW059

品种来源　美国弗吉尼亚大学育成品种，1994 年从中国农业科学院烟草研究所引进。

特征特性　株式筒形，株高 130.0 ~ 165.0 cm，茎围 10.0 ~ 12.6 cm，节距 3.6 ~ 5.2 cm，叶数 25.0 ~ 30.0 片，腰叶长 65.5 ~ 71.0 cm、宽 23.0 ~ 29.0 cm，茎叶角度较小，株型紧凑；叶形长椭圆，无叶柄，叶尖渐尖，叶面较平，叶缘微波状，叶耳小，叶片主脉稍粗，主侧脉夹角中等偏小，叶色黄绿，叶肉组织尚细致，叶片较厚；花序密集，花色淡红。移栽至现蕾 57 d，移栽至中心花开放 59 ~ 70 d，大田生育期 88 ~ 92 d。田间长势较强，较耐肥，叶片成熟较集中。亩产量 147.20 ~ 155.21 kg，上等烟率 21.00% ~ 25.10%，中等烟率 72.70%。

外观质量　原烟颜色呈近红黄、红黄，结构稍疏松，身份适中，叶面稍皱，光泽亮，色度中。

化学成分　中部叶烟碱含量 3.14%，总氮含量 3.76%，钾含量 3.23%；上部叶烟碱含量 4.36%，总氮含量 5.12%，钾含量 3.15%。

抗病性　抗野火病，中感黑胫病，感赤星病和 TMV。

Virginia 1052R

Virginia 1053

品种编号　HBBGW060

品种来源　美国弗吉尼亚大学育成品种，2002 年从中国农业科学院烟草研究所引进。

特征特性　株式筒形，株高 133.0 ~ 179.0 cm，茎围 9.2 ~ 9.6 cm，节距 4.1 ~ 4.5 cm，叶数 25.0 ~ 31.0 片，腰叶长 51.5 ~ 60.5 cm、宽 27.6 ~ 31.2 cm，茎叶角度小，株型紧凑；叶形椭圆，无叶柄，

叶尖急尖，叶面较平，叶缘皱折，叶耳较小，叶片主脉粗细中等，主侧脉夹角大，叶色黄绿，叶肉组织尚细致，叶片较厚；花序密集，花色白。移栽至现蕾 52 d，移栽至中心花开放 55 ~ 67 d，大田生育期 89 ~ 92 d。田间长势较强，较耐肥，叶片成熟较集中。亩产量 135.00 ~ 150.00 kg，上等烟率 17.00% ~ 25.00%，中等烟率 52.40%。

外观质量 原烟颜色呈近红黄、浅红黄，结构稍疏松，身份适中，叶面稍皱，光泽亮，色度中。

化学成分 中部叶烟碱含量 3.06%，总氮含量 3.59%，钾含量 4.28%；上部叶烟碱含量 4.26%，总氮含量 4.92%，钾含量 3.80%。

抗 病 性 中抗黑胫病，感赤星病。

Virginia 1053

Virginia 1061

品种编号 HBBGW061

品种来源 美国弗吉尼亚大学育成品种，1989 年从中国农业科学院烟草研究所引进。

特征特性 株式筒形，株高 153.4 ~ 198.6 cm，茎围 9.6 ~ 11.3 cm，节距 4.2 ~ 6.0 cm，叶数 24.3 ~ 31.6 片，腰叶长 65.9 ~ 72.0 cm、宽 29.9 ~ 35.0 cm，茎叶角度较小，株型紧凑；叶形椭圆，无叶柄，叶尖渐尖，叶面较平，叶缘微波状，叶耳小，叶片主脉稍粗，主侧脉夹角较大，叶色黄绿，叶肉组织尚细致，叶片较厚；花序密集，花色淡红。移栽至现蕾 47 d，移栽至中心花开放 50 ~ 70 d，大田生育期 86 ~ 97 d。田间长势较强，较耐旱，叶片成熟较集中。亩产量 120.20 ~ 153.78 kg，上等烟率 23.50% ~ 35.59%，中等烟率 43.96% ~ 60.00%。

外观质量 原烟颜色呈红黄、近红黄，结构疏松至尚疏松，身份适中，叶面舒展至稍皱，光泽明亮至亮，色度浓。

化学成分　中部叶烟碱含量 1.85% ~ 5.08%，总氮含量 2.86% ~ 4.32%，钾含量 3.58% ~ 4.13%；上部叶烟碱含量 2.77% ~ 4.70%，总氮含量 3.27% ~ 3.81%，钾含量 3.32% ~ 4.23%。

评吸质量　香型风格较显著，香气量尚足至有，浓度较浓，劲头较大至中等，杂气有至略重，有刺激性，余味微苦至尚舒适，燃烧性强。

抗病性　中抗黑胫病，感赤星病和TMV。

Virginia 1061

Virginia 1088

品种编号　HBBGW062

品种来源　美国弗吉尼亚大学育成品种，2002 年从中国农业科学院烟草研究所引进。

特征特性　株式筒形，株高 134.6 ~ 201.8 cm，茎围 10.6 ~ 11.4 cm，节距 4.4 ~ 5.6 cm，叶数 25.0 ~ 30.0 片，腰叶长 66.8 ~ 75.3 cm、宽 31.4 ~ 37.0 cm，茎叶角度中等，株型稍松散；叶形椭圆，无叶柄，叶尖渐尖，叶面略皱，叶缘微波状，叶耳中，叶片主脉较粗，主侧脉夹角大，叶色黄绿，叶肉组织稍粗糙，叶片较厚；花序密集，花色淡红。移栽至现蕾 59 d，移栽至中心花开放 60 ~ 65 d，大田生育期 86 ~ 90 d。田间长势强，较耐肥，叶片成熟较集中。亩产量 145.00 ~ 154.60 kg，上等烟率 20.50% ~ 23.00%，中等烟率 68.80%。

外观质量　原烟颜色呈近红黄、浅红黄，结构疏松，身份适中，叶面稍皱，光泽亮，色度中。

化学成分　中部叶烟碱含量 3.25%，总氮含量 3.98%，钾含量 4.07%；上部叶烟碱含量 4.21%，总氮含量 4.52%，钾含量 3.64%。

抗病性　感黑胫病和赤星病。

Virginia 1088

Virginia 1411

品种编号 HBBGW063

品种来源 美国弗吉尼亚大学育成品种，2002 年从中国农业科学院烟草研究所引进。

特征特性 株式塔形，株高 127.0 ~ 161.0 cm，茎围 10.0 ~ 11.2 cm，节距 4.0 ~ 5.1 cm，叶数 24.2 ~ 34.0 片，腰叶长 61.9 ~ 72.0 cm、宽 27.3 ~ 32.0 cm，茎叶角度较小，株型紧凑；叶形长椭圆，无叶柄，叶尖渐尖，叶面略皱，叶缘皱折，叶耳中，叶片主脉稍粗，主侧脉夹角甚大，叶色黄绿，叶肉组织尚细致，叶片较厚；花序密集，花色淡红。移栽至现蕾 57 d，移栽至中心花开放 58 ~ 61 d，大田生育期 86 ~ 92 d。田间长势强，叶片成熟较集中。亩产量 140.10 ~ 150.90 kg，上等烟率 28.00% ~ 30.00%，中等烟率 57.30% ~ 58.90%。

外观质量 原烟颜色呈红黄、近红黄，结构疏松，身份适中，叶面稍皱，光泽明亮，色度中。

化学成分 中部叶烟碱含量 3.19%，总氮含量 3.75%，钾含量 3.52%；上部叶烟碱含量 3.97%，总氮含量 3.83%，钾含量 4.40%。

抗 病 性 中抗黑胫病，中感赤星病。

W. B（68）

品种编号 HBBGW064

品种来源 国外育成品种，2003 年从中国农业科学院烟草研究所引进。

特征特性 株式塔形，株高 104.2 ~ 168.0 cm，茎围 8.5 ~ 11.0 cm，节距 4.0 ~ 5.5 cm，叶数 16.6 ~ 27.0 片，腰叶长 45.0 ~ 69.8 cm、宽 23.2 ~ 35.4 cm，茎叶角度中等，株型较松散；叶形椭圆，无叶柄，叶尖渐尖，叶面较平，叶缘微波状，叶耳较小，叶片主脉粗细中等，主侧脉夹角大，叶色绿，

Virginia 1411

W. B（68）

叶肉组织尚细致；花序密集，花色淡红。移栽至现蕾 46 d，移栽至中心花开放 51 ~ 57 d，大田生育期 89 ~ 100 d。田间长势中至强，较耐肥，叶片成熟较集中。亩产量 101.77 ~ 151.00 kg，上等烟率 21.90% ~ 31.49%，中等烟率 57.82% ~ 68.90%。

外观质量　原烟颜色呈近红黄、浅红黄，结构疏松至稍密，身份稍厚至稍薄，叶面舒展至稍皱，光泽明亮至稍暗，色度中。

化学成分　中部叶烟碱含量 2.87% ~ 4.35%，总氮含量 3.21% ~ 4.14%，钾含量 5.15%；上部叶烟碱含量 4.06%，总氮含量 4.52%，钾含量 4.45%。

评吸质量 香型风格尚显著，香气质尚好，香气量有，劲头较大，吃味尚舒适，微有杂气，有刺激性。

抗 病 性 抗PVY，中抗TMV，中感CMV，感黑胫病、赤星病和丛顶病。

White Burley 1

品种编号 HBBGW065

品种来源 古巴育成品种，1996年从中国农业科学院烟草研究所引进。

特征特性 株式塔形，株高161.3 ~ 190.7 cm，茎围9.6 ~ 10.5 cm，节距5.4 ~ 6.5 cm，叶数20.0 ~ 24.0片，腰叶长65.2 ~ 78.0 cm、宽35.7 ~ 37.0 cm，茎叶角度中等偏大；叶形椭圆，无叶柄，叶尖渐尖，叶面较平，叶缘平滑，叶耳较大，叶片主脉较粗，主侧脉夹角甚大，叶色黄绿，叶肉组织尚细致，叶片厚薄中等；花序密集，花色淡红。移栽至中心花开放46 ~ 56 d，大田生育期87 ~ 91 d。田间长势强，叶片成熟较集中。亩产量127.26 ~ 148.10 kg，上等烟率26.00% ~ 33.00%，中等烟率50.00% ~ 59.10%。

外观质量 原烟颜色呈红黄、近红黄，结构疏松至尚疏松，身份适中，叶面稍皱，光泽明亮，色度浓至中。

化学成分 中部叶烟碱含量4.22%，总氮含量3.72%，钾含量3.32%；上部叶烟碱含量4.68%，总氮含量4.25%，钾含量2.84%。

抗 病 性 感黑胫病、青枯病和根结线虫病。

White Burley 1

White Burley 2

品种编号 HBBGW066

品种来源 古巴育成品种，1996年从中国农业科学院烟草研究所引进。

特征特性 株式塔形,株高 158.00 ~ 199.4 cm,茎围 10.6 ~ 12.2 cm,节距 3.7 ~ 5.6 cm,叶数 23.1 ~ 28.0 片,腰叶长 71.0 ~ 74.0 cm、宽 34.6 ~ 42.9 cm,茎叶角度中;叶形椭圆,无叶柄,叶尖渐尖,叶面略皱,叶缘微波状,叶耳中,叶片主脉稍粗,主侧脉夹角中等,叶色绿,叶肉组织细致,叶片厚薄中等;花序密集,花色淡红。移栽至中心花开放 50 ~ 68 d,大田生育期 85 ~ 101 d。田间长势中至强,较耐肥,叶片成熟较集中。亩产量 133.51 ~ 193.00 kg,上等烟率 25.90% ~ 29.00%,中等烟率 55.00% ~ 58.90%。

外观质量 原烟颜色呈红黄、近红黄,结构疏松至尚疏松,身份适中至稍薄,叶面稍皱,光泽明亮,色度浓至强。

化学成分 中部叶烟碱含量 2.20% ~ 3.01%,总氮含量 3.35% ~ 4.03%,钾含量 4.40%;上部叶烟碱含量 3.74%,总氮含量 4.27%,钾含量 4.33%。

评吸质量 香型风格尚显著,香气量有,劲头适中,有杂气,有刺激性,余味尚舒适。

抗 病 性 中抗黑胫病、TMV 和丛顶病,感青枯病和根结线虫病。

White Burley 2

White Burley 5

品种编号 HBBGW067

品种来源 古巴育成品种,1996 年从中国农业科学院烟草研究所引进。

特征特性 株式塔形,株高 148.0 ~ 166.5 cm,茎围 9.8 ~ 10.5 cm,节距 4.5 ~ 6.3 cm,叶数 22.7 ~ 26.0 片,腰叶长 67.3 ~ 71.6 cm、宽 32.0 ~ 37.3 cm,茎叶角度较大;叶形椭圆,无叶柄,叶尖钝尖,叶面较平,叶缘微波状,叶耳稍小,叶片主脉稍粗,主侧脉夹角较大,叶色绿,叶肉组织细致,叶片较薄;花序密集,花色淡红。移栽至现蕾 46 d,移栽至中心花开放 48 ~ 50 d,大田生育期 77 ~ 85 d。田间长势较强,叶片成熟较集中。亩产量 131.00 ~ 142.00 kg,上等烟率 25.60% ~ 28.00%,中等烟率 54.10% ~ 55.00%。

外观质量 原烟颜色呈红黄、近红黄，结构疏松至尚疏松，身份适中，叶面稍皱，光泽明亮，色度浓至中。

化学成分 中部叶烟碱含量2.69%，总氮含量4.10%，钾含量4.75%；上部叶烟碱含量3.31%，总氮含量3.36%，钾含量4.22%。

抗病性 中抗黑胫病，中感青枯病，感根结线虫病。

White Burley 5

Wohlsdorfer Burley

品种编号 HBBGW068

品种来源 德国育成品种，2002年从中国农业科学院烟草研究所引进。

特征特性 株式塔形，株高120.0 ~ 168.1 cm，茎围8.7 ~ 11.1 cm，节距4.5 ~ 5.7 cm，叶数18.0 ~ 25.0片，腰叶长62.0 ~ 75.0 cm、宽32.9 ~ 38.0 cm，茎叶角度中等；叶形椭圆，无叶柄，叶尖渐尖，叶面较平，叶缘平滑，叶耳中，叶片主脉粗细中等，主侧脉夹角大，叶色绿，叶肉组织尚细致，叶片厚度中等偏薄；花序密集，花色淡红。移栽至中心花开放50 ~ 55 d，大田生育期85 ~ 95 d。田间长势较弱至中等，叶片成熟较集中。亩产量122.47 ~ 135.00 kg，上等烟率18.90% ~ 36.00%，中等烟率49.00% ~ 64.50%。

外观质量 原烟颜色呈近红黄、浅红黄，结构尚疏松，身份适中至稍薄，叶面稍皱，光泽亮，色度中至淡。

化学成分 中部叶烟碱含量2.17% ~ 3.28%，总氮含量2.35% ~ 4.30%，钾含量3.20%；上部叶烟碱含量3.10%，总氮含量3.55%，钾含量3.80%。

评吸质量 香型风格尚显著，香气尚足，劲头适中，有杂气，有刺激性，余味尚舒适。

抗病性 中抗青枯病和丛顶病，感黑胫病和根结线虫病。

Wohlsdorfer Burley

阿波

品种编号 HBBGW069

品种来源 即 Awa，日本育成品种，1994 年从中国农业科学院烟草研究所引进。

特征特性 株式塔形，株高 142.0 ～ 198.7 cm，茎围 9.4 ～ 10.8 cm，节距 4.4 ～ 5.6 cm，叶数 21.6 ～ 31.0 片，腰叶长 59.0 ～ 71.3 cm、宽 29.5 ～ 36.0 cm，下部叶片着生较密，茎叶角度中等；叶形长椭圆，无叶柄，叶尖渐尖，叶面较平，叶缘平滑，叶耳较大，叶片主脉稍粗，主侧脉夹角较大，叶色绿，叶肉组织尚细致，叶片较厚；花序密集，花色淡红。移栽至现蕾 58 d，移栽至中心花开放 58 ～ 62 d，大田生育期 82 ～ 89 d。田间长势较强，叶片成熟较集中。亩产量 90.00 ～ 135.00 kg，上等烟率 17.50% ～ 26.50%，中等烟率 52.60%。

外观质量 原烟颜色呈近红黄、浅红黄，结构疏松，身份适中，叶面稍皱，光泽亮，色度中。

化学成分 中部叶烟碱含量 3.05%，总氮含量 3.45%，钾含量 2.72%；上部叶烟碱含量 3.57%，总氮含量 4.10%，钾含量 2.11%。

抗 病 性 中抗黑胫病和赤星病，感青枯病、根结线虫病和 TMV。

白远州 1 号

品种编号 HBBGW070

品种来源 日本育成品种，2002 年从中国农业科学院烟草研究所引进。

特征特性 株式塔形，株高 147.5 ～ 191.0 cm，茎围 9.1 ～ 10.4 cm，节距 4.7 ～ 8.3 cm，叶数 18.0 ～ 25.0 片，腰叶长 61.0 ～ 68.6 cm、宽 31.7 ～ 32.8 cm，叶片分布上下均匀，茎叶角度较大；叶形宽椭圆，无叶柄，叶尖渐尖，叶面较皱，叶缘波浪状，叶耳较小，主叶片脉粗细中等，主侧脉夹角大，叶色黄绿，叶肉组织尚细致，叶片厚度中等；花序密集，花色淡红。移栽至现蕾 55 d，移栽至中心花开放 58 ～ 59 d，大田生育期 88 ～ 90 d。田间长势中等，叶片成熟较集中。亩产量

55.44 ～ 159.70 kg，上等烟率 16.90%，中等烟率 71.30%。

外观质量 原烟颜色呈近红黄、浅红黄，结构尚疏松至疏松，身份适中至薄，叶面展，光泽亮，色度中至强。

化学成分 中部叶烟碱含量 2.81% ～ 3.16%，总氮含量 3.28% ～ 4.46%，钾含量 3.34% ～ 3.78%；上部叶烟碱含量 3.78%，总氮含量 3.83%，钾含量 3.56%。

评吸质量 香型风格尚显著，香气质尚好，香气量有，劲头大，吃味尚舒适，微有杂气，有刺激性，燃烧性强。

抗 病 性 抗 TMV，感黑胫病、赤星病、CMV 和 PVY。

阿波

白远州 1 号

日本白肋

品种编号 HBBGW071

品种来源 日本育成品种，1994 年从中国农业科学院烟草研究所引进。

特征特性 株式筒形，株高 160.5 ～ 172.5 cm，茎围 9.4 ～ 11.2 cm，节距 3.8 ～ 4.6 cm，叶数

24.5 ～ 31.0 片，腰叶长 56.5 ～ 71.0 cm、宽 22.9 ～ 33.3 cm，茎叶角度中等，株型较松散；叶形椭圆，无叶柄，叶尖渐尖，叶面较平，叶缘平滑，叶耳中，叶片主脉稍粗，主侧脉夹角大，叶色黄绿，叶肉组织细致，叶片厚薄中等；花序密集，花色淡红。移栽至中心花开放 58 ～ 61 d，大田生育期 91 ～ 103 d。田间长势强，耐肥，叶片成熟较集中。亩产量 135.00 ～ 165.00 kg，上等烟率 26.90% ～ 42.00%，中等烟率 44.00% ～ 60.30%。

外观质量 原烟颜色呈近红黄、红黄，结构尚疏松至疏松，身份适中，叶面舒展至稍皱，光泽明亮至亮，色度中至强。

化学成分 中部叶烟碱含量 3.67%，总氮含量 4.23%，钾含量 6.58%。

抗 病 性 中抗黑胫病，抗蚜虫。

日本白肋

三、马里兰烟种质资源

Maryland 609

品种编号 HBM001

品种来源 美国马里兰大学用 MD Robinson×Florida 301 杂交育成，2002 年从安徽省农业科学院烟草研究所引进，湖北省烟草科学研究院保存。

特征特性 株式塔形，株高 104.4 ～ 170.0 cm，茎围 8.0 ～ 12.0 cm，节距 4.2 ～ 5.5 cm，叶数 18.7 ～ 23.0 片，腰叶长 60.0 ～ 75.5 cm、宽 25.0 ～ 40.0 cm，茎叶角度中等；叶形椭圆，无叶柄，叶尖急尖，叶面较皱，叶缘波浪状，叶耳中，叶片主脉粗细中等，主侧脉夹角较小，叶色绿，叶肉组织尚细致，叶片厚薄中等；花序密集，花色淡红。移栽至现蕾 44 ~ 60 d，移栽至中心花开放 47 ~ 70 d，大田生育期 95 ~ 110 d。田间长势较强，亩产量 85.46 ~ 140.00 kg。

外观质量　原烟颜色红棕、浅红黄，结构疏松至尚疏松，身份稍薄，光泽尚鲜明，油分稍有，色度弱。

化学成分　总植物碱含量 1.24% ~ 7.08%，总氮含量 3.08% ~ 5.33%，总糖含量 0.85% ~ 6.22%，还原糖含量 0.55% ~ 5.90%，钾含量 2.42% ~ 2.84%，蛋白质含量 6.69% ~ 31.97%。

评吸质量　香气质好至尚好，香气量较足，浓度中等，劲头中等至大，杂气少，刺激性小至有，余味舒适，燃烧性好。

抗病性　中抗黑胫病，耐气候性斑点病，感青枯病、根结线虫病、赤星病、TMV、CMV 和 PVY。

Maryland 609

马里兰 -1

品种编号　HBM002

品种来源　湖北省农业科学院经济作物研究所从马里兰 609 中系统选育而成，湖北省烟草科学研究院保存。

特征特性　株式塔形，株高 134.0 cm，茎围 10.2 cm，节距 4.2 cm，叶数 26.6 片，腰叶长 75.5 cm、宽 31.0 cm，下部叶片着生较密，茎叶角度稍小；叶形椭圆，无叶柄，叶尖急尖，叶面较平，叶缘皱折状，叶耳中，叶片主脉粗细中等，主侧脉夹角大，叶色绿，叶肉组织细致，叶片厚薄中等；花序密集，花色淡红。移栽至现蕾 52 d，移栽至中心花开放 55 d，大田生育期 101 d。田间长势中等，亩产量 55.83 kg。

外观质量　原烟颜色浅红黄，结构尚疏松，身份稍薄，光泽尚鲜明，油分稍多，色度中。

抗病性　田间表现为叶面病害轻。

马里兰 –1

马里兰 –2

品种编号 HBM003

品种来源 湖北省农业科学院经济作物研究所从马里兰 609 中系统选育而成，湖北省烟草科学研究院保存。

特征特性 株式塔形，株高 109.5 cm，叶片 20.7 片，茎围 8.9 cm，节距 4.9 cm，腰叶长 64.3 cm、宽 30.3 cm，叶片上下分布均匀，茎叶角度中等；叶形长椭圆，无叶柄，叶尖渐尖，叶面较皱，叶缘皱折，叶耳小，叶片主脉粗细中等，主侧脉夹角较小，叶色绿，叶肉组织细致，叶片较厚；花序密集，花色淡红。移栽至现蕾 52 d，移栽至中心花开放 55 d，大田生育期 98 d。亩产量 151.56 kg。

马里兰 –2

外观质量 原烟红棕色，色度强，油分稍有，身份薄，结构尚疏松。

化学成分 总植物碱含量 2.34%，总氮含量 3.66%，总糖含量 5.32%，还原糖含量 3.83%，蛋白质含量 11.00%。

评吸质量 香气质一般，香气量有，劲头适中，有杂气，有刺激性，吃味尚舒适，燃烧性好。

抗 病 性 抗黑胫病，中抗 TMV、赤星病，感 CMV、PVY。

马里兰 –3

品种编号 HBM004

品种来源 湖北省农业科学院经济作物研究所从马里兰 609 中系统选育而成，湖北省烟草科学研究院保存。

特征特性 株式筒形，株高 138.0 cm，茎围 9.9 cm，节距 5.3 cm，叶数 23.6 片，腰叶长 70.7 cm、宽 33.0 cm，叶片上下分布较均匀，茎叶角度中等；叶形长椭圆，无叶柄，叶尖渐尖，叶面较平，叶缘波浪状，叶耳中，叶片主脉粗细中等，主侧脉夹角较大，叶色绿，叶肉组织尚细致，叶片较厚；花序密集，花色淡红。移栽至现蕾 52 d，移栽至中心花开放 55 d，大田生育期 102 d。田间长势较强，亩产量 120.00 ~ 140.00 kg。

外观质量 原烟颜色红棕，结构尚疏松，身份中等，光泽尚鲜明，油分稍有，色度强。

化学成分 总植物碱含量 2.68% ~ 2.92%，总氮含量 2.29% ~ 4.76%，总糖含量 1.14% ~ 2.60%，还原糖含量 0.90% ~ 1.27%，钾含量 1.60% ~ 3.53%。

抗 病 性 田间表现为叶面病害轻。

马里兰 –3

四、雪茄烟种质资源

Florida 301

品种编号 HBXGW001

品种来源 美国用雪茄烟品种"大古巴"和"小古巴"杂交选育而成，2009年从安徽省农业科学院烟草研究所引进。

特征特性 株式筒形，株高178.5～210.8 cm，茎围5.2～9.1 cm，节距3.8～6.4 cm，叶数24.0～26.0片，腰叶长54.5～66.4 cm、宽31.0～38.7 cm，叶片稍下披，茎叶角度甚大；叶形宽椭圆，无叶柄，叶尖渐尖，叶面较平，叶缘平滑，叶耳中，叶片主脉较细，主侧脉夹角甚大，叶色绿，叶肉组织较粗糙，叶片稍薄；花序松散，花色淡红。移栽至中心花开放57～62 d，大田生育期113～120 d。田间长势中等，抗逆性强。亩产量87.30～123.7 kg。

外观质量 原烟颜色棕红色带青褐色，叶面平展，结构疏松，身份稍薄，油分有，色度弱。

化学成分 总糖含量9.25%，还原糖含量8.61%，总氮含量1.88%，烟碱含量2.14%。

抗病性 抗黑胫病和赤星病，感青枯病和根结线虫病。国外常用作黑胫病和赤星病抗源。

Florida 301

TI448A

品种编号 HBXGW002

品种来源 美国于1934年在南美洲哥伦比亚发现的，原品种名为Castillo，2013年从中国烟草东南农业试验站引进。

特征特性 株式塔形，株高127.8 cm，茎围7.7 cm，节距4.8 cm，叶数19.7片，腰叶长48.5 cm、宽23.5 cm，茎叶角度甚大；叶形宽椭圆，无叶柄，叶尖急尖，叶面较平，叶缘平滑，叶耳中，叶片主脉细粗中等，主侧脉夹角甚大，叶色绿，叶肉组织较粗糙，叶片稍薄；花序密集，花色淡红。大田生育期 129 d。腋芽生长势强。亩产量 117.60 kg。

抗病性　高抗青枯病（多基因控制），中感黑胫病、赤星病和 TMV，是重要的青枯病抗源。

TI448A

TI1112

品种编号　HBXGW003

品种来源　美国从南美洲收集的抗虫材料，2015 年从山东农业大学引进。

特征特性　株式筒形，株高 134.0 cm，茎围 7.2 cm，节距 5.7 cm，叶数 17.0 片，腰叶长 35.2 ~ 43.7 cm、宽 23.6 ~ 25.5 cm，茎叶角度大；叶形宽椭圆，无叶柄，叶尖钝尖，叶面较平，叶缘微波状，叶耳大，叶片主脉粗细中等，主侧脉夹角甚大，叶色绿，叶肉组织稍粗糙，叶片厚度中等；花序密集，花色淡红。移栽至现蕾 39 d，移栽至中心花开放 46 d，大田生育期 121 d。田间长势强。

抗病性　对 TMV 免疫，中抗黑胫病，感青枯病和根结线虫病，抗烟青虫、烟草天蛾和烟蚜。

TI1112

第三部分　晒烟种质资源

一、湖北晒烟种质资源

巴东粗烟

品种编号 HBSSN001

品种来源 湖北省恩施州巴东县地方晒烟品种，湖北省烟草科学研究院保存。

特征特性 株式塔形，株高 42.3 ~ 102.6 cm，茎围 6.9 ~ 8.5 cm，节距 2.6 ~ 7.9 cm，叶数 11.0 ~ 14.9 片，腰叶长 32.8 ~ 58.9 cm、宽 20.4 ~ 34.0 cm，下部叶片着生较密，茎叶角度甚大，叶片平展；叶形椭圆，无叶柄，叶尖钝尖，叶面较平，叶缘微波状，叶耳大，叶片主脉稍粗，主侧脉夹角大，叶色绿，叶肉组织稍粗糙，叶片厚薄中等；花序密集，花色淡红。移栽至现蕾 32 ~ 59 d，移栽至中心花开放 35 ~ 63 d，大田生育期 91 ~ 111 d。田间长势中等，腋芽生长势较强，耐肥。亩产量 32.7 ~ 58.91 kg，上中等烟率 46.86%。

外观质量 原烟颜色红黄至红棕，结构尚疏松至稍密，身份适中至稍厚，油分有，光泽鲜明，色度中。单叶重 7.8 g。

化学成分 总植物碱含量 3.92% ~ 5.50%，总氮含量 3.83% ~ 4.14%，总糖含量 3.30% ~ 4.37%，钾含量 0.89% ~ 0.91%。

评吸质量 香气质中等，香气量尚充足，浓度较大，劲头较大，有杂气，有刺激性，余味尚舒适，燃烧性中。

抗 病 性 感黑胫病，田间表现为叶部病害轻。

巴东粗烟

巴东大南烟

品种编号 HBSSN002

品种来源 湖北省恩施州巴东县地方晒烟品种，湖北省烟草科学研究院保存。

特征特性 株式塔形，株高 102.4 ~ 195.0 cm，茎围 8.7 ~ 10.4 cm，节距 3.0 ~ 8.4 cm，叶数

13.4 ～ 16.2 片，腰叶长 62.8 ～ 64.5 cm、宽 36.3 ～ 38.2 cm，下部叶片着生较密，茎叶角度甚大，叶片稍下披；叶形椭圆，无叶柄，叶尖渐尖，叶面略皱，叶缘微波状，叶耳大，叶片主脉较细，主侧脉夹角大，叶色绿，叶肉组织稍粗糙，叶片厚薄中等；花序松散，花色淡红。移栽至现蕾 40 ～ 48 d，移栽至中心花开放 51 ～ 63 d，大田生育期 101 ～ 110 d。耐肥，亩产量 56.6 ～ 97.19 kg，上等烟率 9.80%，上中等烟率 83.40%。

外观质量 原烟颜色青褐色，结构疏松至尚疏松，身份稍薄，油分有至少，光泽暗，色度强。

化学成分 总植物碱含量 2.73% ～ 2.76%，总氮含量 2.49% ～ 3.89%，总糖含量 2.96% ～ 18.00%，还原糖含量 15.43%，钾含量 1.27% ～ 2.36%。

评吸质量 香气质中等，香气量尚足，浓度中等，劲头中等，有杂气，有刺激性，余味尚舒适，燃烧性中。

抗 病 性 抗黑胫病，中感赤星病、TMV、CMV 和 PVY，感青枯病。

巴东大南烟

巴东二花糙

品种编号 HBSSN003

品种来源 湖北省恩施州巴东县绿葱坡地方晒烟品种，湖北省烟草科学研究院保存。

特征特性 株式塔形，株高 127.4 cm，茎围 9.6 cm，节距 6.1 cm，叶数 15.2 片，腰叶长 74.8 cm、宽 37.4 cm，下部叶片着生较密，茎叶角度甚大，叶片稍下披；叶形宽椭圆，无叶柄，叶尖渐尖，叶面略皱，叶缘微波状，叶耳小，叶片主脉较细，主侧脉夹角较大，叶色绿，叶肉组织细致，叶片厚薄中等；花序密集，花色淡红。移栽至现蕾 51 d，移栽至中心花开放 65 d，大田生育期 111 ～ 118 d。耐肥，亩产量 68.4 ～ 85.49 kg，上中等烟率 58.98%。

外观质量 原烟颜色褐黄色，结构尚疏松，身份适中，油分稍有，光泽尚鲜明，色度中。

化学成分 总植物碱含量 1.26% ～ 1.73%，总氮含量 1.56% ～ 2.24%，总糖含量 8.73% ～ 21.50%，

还原糖含量 20.70%，钾含量 1.44% ～ 3.39%。

评吸质量 香气质中等至较好，香气量尚足至较足，浓度中等至较浓，劲头中等，杂气有至较轻，有刺激性，余味尚舒适至较舒适，燃烧性中等。

抗 病 性 抗黑胫病，中感赤星病、TMV、CMV 和 PVY，感青枯病。

巴东二花糙

芭扇烟

品种编号 HBSSN004

品种来源 湖北省地方晒烟品种，湖北省烟草科学研究院保存

特征特性 株式塔形，株高 132.0 cm，茎围 8.1 cm，节距 6.1 cm，叶数 18.0 ～ 21.0 片，腰叶长 66.2 cm、宽 36.8 cm，下部叶片着生较密，茎叶角度甚大，叶片稍下披；叶形宽披针形，有叶柄，叶尖渐尖，叶面较皱，叶缘波浪状，叶耳无，叶片主脉稍细，主侧脉夹角大，叶色绿，叶肉组织尚

芭扇烟

细致，叶片厚薄中等；花序松散，花色淡红。移栽至现蕾 45 d，移栽至中心花开放 48 d，大田生育期 119 ~ 124 d。

抗 病 性　抗黑胫病，田间表现为叶部病害轻。

白花铁杆毛烟

品种编号　HBSSN005

品种来源　湖北省宜昌市五峰县地方晒烟品种，湖北省烟草科学研究院保存。

特征特性　株式塔形，株高 52.0 ~ 136.0 cm，茎围 9.2 ~ 8.7 cm，节距 3.0 ~ 8.0 cm，叶数 16.0 ~ 23.0 片，腰叶长 44.4 ~ 66.1 cm、宽 31.0 ~ 41.3 cm，茎叶角度大，叶片着生集中于中下部；叶形宽椭圆，无叶柄，叶尖钝尖，叶面皱折，叶缘皱折，叶耳大，叶片主脉细，主侧脉夹角中等，叶色深绿，叶肉组织细致，叶片厚薄中等偏厚；花序密集，花色淡红偏白。移栽至现蕾 43 ~ 57 d，移栽至中心花开放 46 ~ 63 d，大田生育期 101 ~ 115 d。耐肥，亩产量 100.30 ~ 144.53 kg。

外观质量　原烟颜色土黄至棕黄，结构疏松至稍密，身份适中至稍厚，油分有至少，光泽鲜明，色度弱。单叶重 11.0 g。

化学成分　总植物碱含量 1.59% ~ 1.89%，总氮含量 1.85% ~ 2.27%，总糖含量 19.34% ~ 20.00%，钾含量 0.97% ~ 1.11%。

评吸质量　香气质中等，香气量较足，浓度中等，劲头中等，有杂气，微有刺激性，余味尚舒适，燃烧性中等。

抗 病 性　中抗黑胫病和赤星病，中感 TMV 和 PVY，感 CMV。

 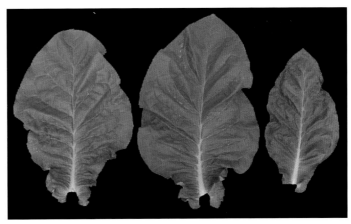

白花铁杆毛烟

柏杨大柳叶

品种编号　HBSSN006

品种来源　湖北省恩施州利川市柏杨坝镇地方晒烟品种，湖北省烟草科学研究院保存。

特征特性　株式筒形，株高 97.7 ~ 127.2 cm，茎围 8.3 ~ 8.4 cm，节距 1.8 ~ 5.0 cm，叶数 17.1 ~ 20.0 片，腰叶长 56.9 ~ 63.5 cm、宽 28.4 ~ 33.9 cm，下部叶片着生较密，茎叶角度大；叶

形椭圆，无叶柄，叶尖渐尖，叶面皱折，叶缘皱折，叶耳大，叶片主脉粗细中等，主侧脉夹角较小，叶色深绿，叶肉组织细致，叶片厚薄中等；花序松散，花色淡红。移栽至现蕾 36 ~ 57 d，移栽至中心花开放 39 ~ 64 d，大田生育期 92 ~ 114 d。亩产量 176.53 kg，上中等烟率 37.24%。

外观质量　原烟颜色棕黄，结构疏松，身份薄，油分少，色度中。

抗 病 性　抗黑胫病，田间表现为叶部病害轻。

柏杨大柳叶

长坪蒲扇叶子

品种编号　HBSSN007

品种来源　湖北省恩施州利川市长坪村地方晒烟品种，湖北省烟草科学研究院保存。

特征特性　株式筒形，株高 99.2 ~ 130.2 cm，茎围 9.2 ~ 10.1 cm，节距 2.0 ~ 6.1 cm，叶数 16.0 ~ 20.9 片，腰叶长 68.9 ~ 71.5 cm、宽 31.8 ~ 33.8 cm，叶片上下分布均匀，茎叶角度中；叶形长椭圆，无叶柄，叶尖渐尖，叶面略皱，叶缘皱折，叶耳中，叶片主脉粗细中等，主侧脉夹角中等偏大，叶色浅绿，叶肉组织尚细致，叶片较薄；花序密集，花色淡红。移栽至现蕾 43 ~ 62 d，移栽至中心花开放 47 ~ 69 d，大田生育期 103 ~ 106 d。亩产量 203.36 kg，上中等烟率 73.31%。

外观质量　原烟颜色深黄，结构疏松，身份适中，油分有，色度中。

抗 病 性　中抗黑胫病，田间表现为叶部病害轻。

丛腊烟

品种编号　HBSSN008

品种来源　湖北省地方晒烟品种，湖北省烟草科学研究院保存。

特征特性　株式塔形，株高 112.0 cm，茎围 9.8 cm，节距 4.4 cm，叶数 18.0 片，腰叶长 78.7 cm、宽 39.8 cm，茎叶角度甚大，叶片下披，腋芽生长势较强；叶形椭圆，无叶柄，叶尖渐尖，叶面较平，叶缘微波状，叶耳中偏小，叶片主脉较细，主侧脉夹角中等偏大，叶色深绿，叶肉组织尚细致，叶片厚薄中等；花序松散，花色淡红。移栽至现蕾44 d，移栽至中心花开放47 d，大田生育期115 d。

抗 病 性 抗黑胫病，田间表现为叶部病害轻。

长坪蒲扇叶子

丛腊烟

大红烟

品种编号 HBSSN009

品种来源 湖北省宜昌市长阳县磨市镇地方晒烟品种，湖北省烟草科学研究院保存。

特征特性 株式塔形，株高80.3 ~ 117.5 cm，茎围10.1 ~ 10.3 cm，节距2.8 ~ 5.6 cm，叶数

13.2 ~ 19.7 片，腰叶长 56.2 ~ 71.9 cm、宽 34.2 ~ 38.5 cm，茎叶角度甚大，叶片着生集中于中下部，叶片平展；叶形宽椭圆，无叶柄，叶尖渐尖，叶面较皱，叶缘波浪状，叶耳中，叶片主脉粗细中等，主侧脉夹角中等，叶色绿，叶肉组织细致，叶片厚薄中等；花序密集，花色淡红。移栽至现蕾 50 ~ 61 d，移栽至中心花开放 64 ~ 66 d，大田生育期 99 ~ 107 d。耐肥。亩产量 64.26 ~ 108.50 kg，上等烟率 26.34%，上中等烟率 73.26%。

外观质量 原烟颜色红黄至红棕，结构疏松至稍密，身份适中至稍厚，油分少至多，光泽尚鲜明，色度弱至强。单叶重 12.4 g。

化学成分 总植物碱含量 1.10% ~ 3.75%，总氮含量 1.69% ~ 3.67%，总糖含量 6.48% ~ 21.2%，还原糖含量 20%，钾含量 1.02% ~ 3.47%。

评吸质量 香气质中等至较好，香气量尚足至较足，浓度中等至较浓，劲头中等，杂气有至较轻，刺激性微有至有，余味尚舒适至较舒适，燃烧性中等。

抗 病 性 中抗黑胫病，中感赤星病、TMV、CMV 和 PVY，感青枯病。

大红烟

大集大铁板烟

品种编号 HBSSN010

品种来源 湖北省恩施州大集场村地方晒烟品种，湖北省烟草科学研究院保存。

特征特性 株式塔形，株高 73.7 ~ 158.4 cm，茎围 8.1 ~ 10.5 cm，节距 2.9 ~ 6.3 cm，叶数 15.4 ~ 20.2 片，腰叶长 47.1 ~ 66.3 cm、宽 26.3 ~ 38.0 cm，叶片上下分布尚均匀，茎叶角度甚大，叶片略下披；叶形宽椭圆，无叶柄，叶尖渐尖，叶面较皱，叶缘波浪状，叶耳中偏小，叶片主脉粗细中等，主侧脉夹角中等，叶色绿，叶肉组织尚细致，叶片厚薄中等；花序密集，花色淡红。移栽至现蕾 44 ~ 54 d，移栽至中心花开放 49 ~ 63 d，大田生育期 101 ~ 112 d。田间长势中等，耐肥。亩产量 64.3 ~ 141.35 kg。

外观质量 原烟颜色正黄至红黄，结构尚疏松至稍密，身份适中至稍厚，油分稍有至多，光泽尚鲜明至鲜明，色度强。单叶重9.2 g。

化学成分　总植物碱含量3.38% ~ 4.55%，总氮含量2.76% ~ 3.08%，总糖含量5.15% ~ 15.59%，钾含量0.69% ~ 0.89%。

评吸质量　香气质中等，香气量尚足，浓度中等，劲头中等，有杂气，有刺激性，余味尚舒适，燃烧性中等。

抗 病 性　抗黑胫病，田间表现为叶部病害轻。

大集大铁板烟

大集毛烟

品种编号　HBSSN011

品种来源　湖北省恩施州大集场村地方晒烟品种，湖北省烟草科学研究院保存。

特征特性　株式筒形，株高146.0 cm，茎围9.3 cm，节距6.2 cm，叶数15.8片，腰叶长63.8 cm、宽35.3 cm，叶片上下分布尚均匀，茎叶角度甚大，叶片略下披；叶形椭圆，无叶柄，叶尖钝尖，叶面较平，叶缘波浪状，叶耳中偏大，叶片主脉粗细中等，主侧脉夹角大，叶色绿，叶肉组织尚细致，叶片厚薄中等；花序密集，花色淡红。移栽至现蕾44 d，移栽至中心花开放50 d，大田生育期103 ~ 108 d。耐肥，亩产量95.4 kg。

外观质量　原烟棕黄色，结构疏松，身份适中，油分稍有，光泽尚鲜明。

化学成分　总植物碱含量2.63%，总氮含量1.94%，总糖含量14.11%，钾含量0.55%。

评吸质量　香气质中等，香气量尚足，浓度中等，劲头较小，有杂气，有刺激性，余味较苦辣，燃烧性中。

抗 病 性　抗黑胫病，田间表现为叶部病害轻。

大集乌烟

品种编号　HBSSN012

品种来源　湖北省恩施州大集场村地方晒烟品种，湖北省烟草科学研究院保存。

特征特性　株式塔形，株高142.9 cm，茎围8.3 cm，节距8.2 cm，叶数13.4片，腰叶长

大集毛烟

59.3 cm、宽 34.2 cm，下部叶片着生稍密，茎叶角度甚大，叶片略下披；叶形卵圆形，无叶柄，叶尖钝尖，叶面较平，叶缘微波状，叶耳小，叶片主脉粗细中等，主侧脉夹角大，叶色浓绿，叶肉组织细致，叶片较厚；花序密集，花色淡红。移栽至现蕾47 d，移栽至中心花开放50～65 d，大田生育期105～112 d。耐肥。亩产量51.9 kg。

外观质量 原烟颜色青褐色，结构尚疏松，身份适中，油分稍有，光泽鲜明。

化学成分 总植物碱含量3.14%，总氮含量3.05%，总糖含量4.54%，钾含量1.01%。

评吸质量 香气质中等，香气量尚足，浓度中等，劲头中等，有杂气，刺激性大，余味较苦辣，燃烧性中等。

抗 病 性 抗黑胫病，田间表现为叶部病害轻。

大集乌烟

大柳子烟

品种编号 HBSSN013

品种来源 湖北省十堰市房县下坝村地方晒烟品种，湖北省烟草科学研究院保存。

特征特性 株式筒形，株高 136.8 ~ 193.0 cm，茎围 8.7 ~ 10.0 cm，节距 3.5 ~ 6.6 cm，叶数 15.0 ~ 18.5 片，腰叶长 62.6 ~ 66.9 cm、宽 24.6 ~ 37.7 cm，叶片上下分布尚均匀，茎叶角度甚大，叶片略下披；叶形椭圆，无叶柄，叶尖渐尖，叶面较平，叶缘微波状，叶耳大，叶片主脉较细，主侧脉夹角较大，叶色绿，叶肉组织尚细致，叶片较厚；花序密集，花色淡红。移栽至现蕾 38 ~ 43 d，移栽至中心花开放 41 ~ 59 d，大田生育期 101 ~ 113 d。耐肥。亩产量 77.6 kg。

外观质量 原烟颜色正黄至棕黄，结构疏松至尚疏松，身份中等，油分有至稍有，光泽鲜明至尚鲜明。

化学成分 总植物碱含量 2.73% ~ 3.75%，总氮含量 3.08% ~ 3.16%，总糖含量 2.13% ~ 5.88%，钾含量 1.11% ~ 1.27%。

评吸质量 香气质中等，香气量尚足，浓度中等，劲头中等，有杂气，有刺激性，余味尚舒适，燃烧性中。

抗 病 性 中感黑胫病，田间表现为叶部病害轻。

大柳子烟

大蛮烟

品种编号 HBSSN014

品种来源 湖北省地方晒烟品种，湖北省烟草科学研究院保存。

特征特性 株式塔形，株高 113.2 cm，茎围 8.6 cm，节距 4.8 cm，叶数 18.0 片，腰叶长 67.6 cm、宽 38.5 cm，茎叶角度甚大，叶片稍下披；叶形长椭圆，有短叶柄，叶尖渐尖，叶面稍皱折，叶缘波浪状，叶耳中等偏小，叶片主脉粗，主侧脉夹角中等，叶色深绿，叶肉组织粗糙，叶片厚薄中等；花序松散，花色淡红。移栽至现蕾 41 d，移栽至中心花开放 44 d，全生育期 116 d。

抗 病 性 抗黑胫病，田间表现为叶部病害轻。

大蛮烟

大木枇杷烟

品种编号 HBSSN015

品种来源 湖北省十堰市房县大木厂镇地方晒烟品种，湖北省烟草科学研究院保存。

特征特性 株式筒形，株高 158.8 ～ 182.4 cm，茎围 9.2 ～ 12.3 cm，节距 4.1 ～ 7.4 cm，叶数 15.0 ～ 21.8 片，腰叶长 61.5 ～ 85.0 cm、宽 35.6 ～ 48.0 cm，叶片上下分布尚均匀，茎叶角度较大；叶形椭圆，无叶柄，叶尖渐尖，叶面较皱，叶缘波浪状，叶耳中等偏大，叶片主脉粗细中等，主侧脉夹角大，叶色绿，叶肉组织细致，叶片厚薄中等；花序密集，花色淡红。移栽至现蕾 39 ～ 44 d，移栽至中心花开放 47 ～ 61 d，大田生育期 105 ～ 122 d。亩产量 109.00 ～ 141.40 kg。

外观质量 原烟颜色红黄，结构紧密，身份适中，油分多，光泽鲜明。

化学成分 总植物碱含量 2.46%，总氮含量 1.90%，总糖含量 16.66%，还原糖含量 14.84%。

评吸结果 香气质中等，香气尚足，浓度中等，劲头中等，有杂气，有刺激性，余味尚舒适，燃烧性中等。

抗 病 性 中抗黑胫病、赤星病。

大铁板烟

品种编号 HBSSN016

品种来源 湖北省恩施州地方晒烟品种，湖北省烟草科学研究院保存。

特征特性 株式筒形，株高 143.4 ～ 170.0 cm，茎围 8.5 ～ 9.8 cm，节距 3.5 ～ 4.5 cm，叶数 16.2 ～ 18.8 片，腰叶长 46.6 ～ 63.9 cm、宽 24.1 ～ 31.8 cm，茎叶角度大，下部叶片着生稍密；叶形椭圆，无叶柄，叶尖渐尖，叶面较平，叶缘微波状，叶耳中，叶片主脉粗细中等，主侧脉夹角甚大，叶色绿，

大木枇杷烟

叶肉组织尚细致，叶片厚薄中等偏厚；花序松散，花色淡红。移栽至现蕾 42 ~ 48 d，移栽至中心花开放 59 ~ 62 d，大田生育期 105 ~ 112 d。田间长势中等，耐肥。亩产量 74.6 ~ 95.97 kg，上等烟率 11.28%，上中等烟率 81.48%。

外观质量 原烟颜色土黄至红黄，结构疏松至尚疏松，身份适中，油分有至稍有，光泽尚鲜明，色度中。

化学成分 总植物碱含量 2.93% ~ 4.74%，总氮含量 2.91% ~ 3.04%，总糖含量 5.08% ~ 6.03%，钾含量 0.79% ~ 1.37%。

大铁板烟

评吸质量 香气质中等至较好,香气量尚足,浓度中等,劲头中等,杂气有至微有,刺激性有至微有,余味尚舒适,燃烧性中等。

抗病性 对TMV免疫,中抗黑胫病、青枯病,中感赤星病,感根结线虫和CMV。

大香烟

品种编号 HBSSN017

品种来源 湖北省宜昌市潘家湾地方晒烟品种,湖北省烟草科学研究院保存。

特征特性 株式椭圆形,株高159.2 cm,茎围8.4 cm,节距10.5 cm,叶数12.6片,腰叶长51.0 cm、宽40.0 cm,茎叶角度甚大,叶片平展略下披,腋芽生长势强;叶形宽椭圆,无叶柄,叶尖渐尖,叶面较平,叶缘波浪状,叶耳中,叶片主脉粗细中等,主侧脉夹角甚大,叶色绿,叶肉组织尚细致,叶片厚薄中等;花序密集,花色淡红。移栽至现蕾40 d,移栽至中心花开放42 d,大田生育期113 d。亩产量75.47 kg,上中等烟率57.07%。

外观质量 原烟颜色淡棕色,色度弱,油分少,身份稍薄,结构尚疏松。

化学成分 总植物碱含量3.04%,总氮含量1.45%,总糖含量2.56%,还原糖含量1.85%,钾含量2.32%。

评吸质量 香气质较好,香气量尚足,浓度中等,劲头中等,余味尚舒适,微有杂气,微有刺激性,燃烧性中等。

抗病性 中抗黑胫病和TMV,中感青枯病、CMV和PVY。

大香烟

倒垮柳子烟

品种编号 HBSSN018

品种来源 湖北省恩施州利川市青花村地方晒烟品种,湖北省烟草科学研究院保存。

特征特性 株式塔形,株高95.0～150.0 cm,茎围8.2～8.6 cm,节距2.3～5.7 cm,叶数15.9～16.0片,腰叶长47.0～60.0 cm、宽31.5～35.8 cm,茎叶角度甚大,下部叶片着生较密,叶

片下披；叶形宽卵圆，有短叶柄，叶尖渐尖，叶面略皱，叶缘波浪状，叶耳中偏小，叶片主脉粗细中等，主侧脉夹角甚大，叶色深绿，叶肉组织尚细致，叶片较厚；花序松散，花色淡红。移栽至现蕾 40 ~ 60 d，移栽至中心花开放 43 ~ 68 d，全生育期 110 ~ 115 d。亩产量 117.86 kg，上中等烟率 48.18%。

外观质量　原烟颜色红黄，结构尚疏松，身份中等至稍厚，油分有，色度中。

抗 病 性　抗黑胫病，田间表现为叶部病害轻。

倒垮柳子烟

恩施金堂烟

品种编号　HBSSN019

品种来源　湖北省恩施市石门坝村地方晒烟品种，湖北省烟草科学研究院保存。

特征特性　株式塔形，株高 87.0 ~ 132.6 cm，茎围 8.1 ~ 10.7 cm，节距 2.8 ~ 6.0 cm，叶数 14.6 ~ 16.8 片，腰叶长 58.0 ~ 64.8 cm、宽 29.5 ~ 41.0 cm，茎叶角度甚大，中、下部叶片着生密，叶片平展；叶形宽椭圆，无叶柄，叶尖钝尖，叶面较平，叶缘微波近平滑，叶耳中等偏大，叶片主脉粗细中等，主侧脉夹角大，叶色浓绿，叶肉组织尚细致，叶片厚薄中等偏厚；花序松散，花色淡红。移栽至现蕾 46 ~ 58 d，移栽至中心花开放 61 ~ 65 d，大田生育期 95 ~ 108 d。田间长势中等，不耐肥。亩产量 91.60 ~ 107.10 kg。

外观质量　原烟颜色棕黄色，身份中等至稍厚，油分有至稍有，结构尚疏松，光泽鲜明至较暗。

化学成分　总植物碱含量 4.29% ~ 4.51%，总氮含量 3.00% ~ 3.98%，总糖含量 3.37% ~ 8.63%，钾含量 0.83% ~ 1.31%。

评吸质量　香气质中等，香气量尚足，浓度中等，劲头中等，有杂气，有刺激性，余味尚舒适，燃烧性中等。

抗 病 性　抗黑胫病，田间表现为叶部病害轻。

恩施金堂烟

反背青

品种编号　HBSSN020

品种来源　湖北省地方晒烟品种，湖北省烟草科学研究院保存。

特征特性　株式塔形，株高114.6 cm，茎围8.6 cm，节距6.0 cm，叶数17.0片，腰叶长66.6 cm、宽37.0 cm，茎叶角度甚大，下部叶片着生密，叶片下披；叶形宽椭圆，无叶柄，叶尖渐尖，叶面略皱，叶缘波浪状，叶耳中，叶片主脉粗细中等，主侧脉夹角较大，叶色绿，叶肉组织尚细致，叶片厚薄中等；花序密集，花色淡红。移栽至现蕾42 d，移栽至中心花开放44 d，大田生育期95 ～ 100 d。田间长势中等，腋芽生长势强，耐肥。亩产量95.10 kg。

外观质量　原烟颜色赤黄色，身份中等，油分有，结构疏松，光泽尚鲜明。

化学成分　总植物碱含量6.90%，总氮含量3.99%，总糖含量5.45%，钾含量1.33%。

评吸质量　香气质中等，香气量尚足，浓度较浓，劲头较大，有杂气，有刺激性，余味尚舒适，燃烧性中等。

抗 病 性　抗黑胫病，田间表现为叶部病害轻。

房县露水白

品种编号　HBSSN021

品种来源　湖北省十堰市房县地方晒烟品种，湖北省烟草科学研究院保存。

特征特性　株式塔形，株高108.9 cm，茎围9.5 cm，节距3.1 cm，叶数15.8片，腰叶长66.7 cm、宽40.3 cm，茎叶角度甚大，下部叶片着生密，叶片下披；叶形卵圆形，有短叶柄，叶尖渐尖，叶面皱折，叶缘波浪状，叶耳小，叶片主脉稍粗，主侧脉夹角中等，叶色浓绿，叶肉组织尚细致，叶片较厚；花序密集，花色淡红。移栽至现蕾48 d，移栽至中心花开放63 d，大田生育期107 d。

抗 病 性　抗黑胫病，田间表现为叶部病害轻。

反背青

房县露水白

福保小青烟

品种编号 HBSSN022

品种来源 湖北省恩施州利川市福保山地方晒烟品种，湖北省烟草科学研究院保存。

特征特性 株式塔形，株高 90.8 ~ 108.0 cm，茎围 8.0 ~ 10.0 cm，节距 1.8 ~ 6.3 cm，叶数 13.0 ~ 16.1 片，腰叶长 54.0 ~ 74.2 cm、宽 30.6 ~ 41.2 cm，茎叶角度甚大，下部叶片着生密，叶片平展或稍下披；叶形椭圆，无叶柄，叶尖渐尖，叶面较平，叶缘微波状，叶耳中，叶片主脉粗细中等，主侧脉夹角大，叶色浓绿，叶肉组织尚细致，叶片厚薄中等；花序松散，花色淡红。移栽至现蕾 36 ~ 57 d，移栽至中心花开放 39 ~ 64 d，大田生育期 110 ~ 115 d。亩产量 117.48 ~ 147.82 kg，上中等烟率 1.44% ~ 42.99%。

外观质量 原烟颜色棕黄色，结构疏松至稍密，身份中等至较厚，油分有至稍有，色度中。

抗病性 抗黑胫病，田间表现为叶部病害轻。

福保小青烟

福田大柳条烟

品种编号 HBSSN023

品种来源 湖北省地方晒烟品种，湖北省烟草科学研究院保存。

特征特性 株式塔形，株高124.8 cm，茎围9.8 cm，节距5.7 cm，叶数15.0片，腰叶长62.9 cm、宽39.7 cm，茎叶角度大，中、下部叶片着生密，叶片平展；叶形椭圆，无叶柄，叶尖渐尖，叶面较平，叶缘微波近平滑，叶耳中，叶片主脉粗细中等，主侧脉夹角大，叶色深绿，叶肉组织尚细致，叶片厚薄中等；花序密集，花色淡红。移栽至现蕾43 d，移栽至中心花开放46 d，大田生育期116 d。

抗病性 中抗黑胫病，田间表现为叶部病害轻。

福田大柳条烟

桂坪旱烟

品种编号 HBSSN024

品种来源 湖北省十堰市竹山县桂坪村地方晒烟品种，湖北省烟草科学研究院保存。

特征特性 株式筒形，株高 79.6 ~ 124.9 cm，茎围 8.2 ~ 9.1 cm，节距 3.7 ~ 7.6 cm，叶数 14.0 ~ 20.4 片，腰叶长 58.0 ~ 63.7 cm、宽 23.3 ~ 35.2 cm，茎叶角度大，中、下部叶片着生稍密；叶形长椭圆，无叶柄，叶尖渐尖，叶面较皱，叶缘波浪状，叶耳中等偏小，叶片主脉粗细中等，主侧脉夹角稍大，叶色绿，叶肉组织细致，叶片厚薄中等；花序密集，花色淡红。移栽至现蕾 41 ~ 52 d，移栽至中心花开放 44 ~ 55 d，大田生育期 98 ~ 114 d。亩产量 92.07 kg，上中等烟率 58.42%。

外观质量 原烟颜色淡棕色，结构尚疏松，身份中等，油分少，色度中。

化学成分 总植物碱含量 4.98%，总氮含量 1.44%，总糖含量 13.09%，还原糖含量 11.04%，钾含量 3.86%。

抗 病 性 中抗黑胫病，中感 CMV、PVY，感青枯病。

桂坪旱烟

桂坪毛烟

品种编号 HBSSN025

品种来源 湖北省十堰市竹山县桂坪村地方晒烟品种，湖北省烟草科学研究院保存。

特征特性 株式筒形，株高 105.0 cm，茎围 8.2 cm，节距 7.8 cm，叶数 12.0 片，腰叶长 66.0 cm、宽 34.0 cm，茎叶角度甚大，叶片平展，腋芽生长势强；叶形椭圆，无叶柄，叶尖渐尖，叶面较平，叶缘微波近平滑，叶耳中等偏大，叶片主脉粗细中等，主侧脉夹角甚大，叶色绿，叶肉组织尚细致，叶片厚薄中等；花序密集，花色淡红。移栽至现蕾 32 d，移栽至中心花开放 34 d，大田生育期 96 d。

抗 病 性 感黑胫病，田间表现为叶部病害轻。

桂坪毛烟

何家旱烟

品种编号 HBSSN026

品种来源 湖北省宜昌市秭归县何家湾地方晒烟品种,湖北省烟草科学研究院保存。

特征特性 株式橄榄形,株高 115.8 ~ 125.5 cm,茎围 9.0 ~ 9.6 cm,节距 5.3 ~ 6.4 cm,叶数 16.0 ~ 18.0 片,腰叶长 62.0 ~ 67.3 cm、宽 36.6 ~ 37.2 cm,茎叶角度大,叶片上下分布尚均匀,下部叶片下披;叶形宽椭圆,无叶柄,叶尖钝尖,叶面较皱,叶缘波浪状,叶耳中,叶片主脉粗细中等,主侧脉夹角较小,叶色浓绿,叶肉组织稍粗糙,叶片厚薄中等;花序密集,花色淡红。移栽至现蕾 41 ~ 45 d,移栽至中心花开放 44 ~ 48 d,大田生育期 113 ~ 119 d。

抗病性 抗黑胫病,田间表现为叶部病害轻。

何家旱烟

鹤峰毛烟

品种编号 HBSSN027

品种来源 湖北省恩施州鹤峰县地方晒烟品种，湖北省烟草科学研究院保存。

特征特性 株式筒形，株高 80.8 ~ 131.0 cm，茎围 10.1 ~ 10.8 cm，节距 2.6 ~ 7.6 cm，叶数 23.0 ~ 24.2 片，腰叶长 58.0 ~ 74.1 cm、宽 26.9 ~ 30.0 cm，茎叶角度中等偏大，中、下部叶片着生稍密；叶形长椭圆，无叶柄，叶尖渐尖，叶面较平，叶缘皱折，叶耳中，叶片主脉粗细中等，主侧脉夹角中等，叶色绿，叶肉组织较粗糙，叶片厚薄中等；花序密集，花色淡红。移栽至现蕾 52 ~ 58 d，移栽至中心花开放 54 ~ 64 d，大田生育期 98 ~ 102 d。耐肥。亩产量 92.7 ~ 98.82 kg。

外观质量 原烟颜色红黄至棕黄，结构疏松，身份中等，油分有至稍有，光泽尚鲜明，色度中。单叶重 7.1 g。

化学成分 总植物碱含量 3.12% ~ 3.95%，总氮含量 3.20% ~ 3.36%，总糖含量 6.31% ~ 11.72%，钾含量 0.97% ~ 1.23%。

评吸质量 香气质中等，香气量较足，浓度中等，劲头中等，杂气较轻，微有刺激性，余味尚舒适，燃烧性中等。

抗病性 抗黑胫病，田间表现为叶部病害轻。

鹤峰毛烟

花台癞蛤蟆烟

品种编号 HBSSN028

品种来源 湖北省恩施州利川市花台村地方晒烟品种，湖北省烟草科学研究院保存。

特征特性 株式塔形，株高 80.2 ~ 137.6 cm，茎围 8.6 ~ 9.6 cm，节距 1.8 ~ 5.8 cm，叶数 14.0 ~ 18.0 片，腰叶长 55.3 ~ 66.1 cm、宽 31.6 ~ 38.4 cm，茎叶角度甚大，下部叶片着生稍密，叶片平展；叶形宽椭圆，无叶柄，叶尖渐尖，叶面较平，叶缘波浪状，叶耳中，叶片主脉细，主侧脉夹角大，叶色深绿，叶肉组织较粗糙，叶片厚薄中等；花序密集，花色淡红。移栽至现蕾38～60 d，移栽至中心花开放40～68 d，大田生育期110～116 d。亩产量85.02～148.02 kg，上中等烟率34.97%～65.05%。

外观质量 原烟颜色红黄至红棕，结构稍密，身份稍厚，油分有，色度强至中。

化学成分 总植物碱含量4.25%，总氮含量1.25%，总糖含量3.47%，还原糖含量2.78%，钾含量2.31%。

抗 病 性 中感黑胫病、TMV、CMV和PVY，感青枯病。

花台癞蛤蟆烟

花台青烟–1

品种编号 HBSSN029

品种来源 湖北省恩施州利川市花台村地方晒烟品种，湖北省烟草科学研究院保存。

特征特性 株式塔形，株高74.6～123.6 cm，茎围8.0～10.4 cm，节距3.7～7.6 cm，有效叶数13.0～17.0片，腰叶长48.4～65.3 cm、宽25.4～35.0 cm，茎叶角度甚大，下部叶片着生密，叶片下披；叶形长卵圆形，有短叶柄，叶尖渐尖，叶面较平，叶缘微波近平滑，叶耳小，叶片主脉较细，主侧脉夹角甚大，叶色深绿，叶肉组织尚细致，叶片厚薄中等；花序密集，花色淡红。移栽至现蕾38～52 d，移栽至中心花开放41～60 d，大田生育期110～115 d。亩产量109.76 kg，上中等烟率24.57%。

外观质量 原烟颜色红黄，结构疏松，身份适中，油分有，色度中。

抗 病 性 中抗黑胫病，田间表现为叶部病害轻。

花台青烟–2

品种编号 HBSSN030

品种来源 湖北省恩施州利川市花台村地方晒烟品种，湖北省烟草科学研究院保存。

特征特性 株式塔形，株高93.7～130.4 cm，茎围6.5～8.2 cm，节距2.0～6.3 cm，叶数15.0～15.2片，腰叶长44.2～60.7 cm、宽19.5～26.4 cm，茎叶角度较大，腋芽生长势强；叶形椭圆，

无叶柄，叶尖渐尖，叶面较平，叶缘微波近平滑，叶耳大，叶片主脉较细，主侧脉夹角大，叶色绿，叶肉组织尚细致，叶片厚薄中等；花序松散，花色淡红。移栽至现蕾 37 ~ 55 d，移栽至中心花开放 44 ~ 62 d，大田生育期 91 ~ 115 d。亩产量 102.47 kg，上中等烟率 60.29%。

外观质量 原烟颜色红黄，结构疏松，身份适中，油分稍有，色度中。

抗 病 性 中感黑胫病，田间表现为叶部病害轻。

花台青烟 –1

花台青烟 –2

黄土大乌烟

品种编号 HBSSN031

品种来源 湖北省恩施州利川市黄土村地方晒烟品种，湖北省烟草科学研究院保存。

特征特性 株式塔形，株高 69.9 ~ 113.0 cm，茎围 7.5 ~ 9.6 cm，节距 1.5 ~ 6.4 cm，叶数 12.0 ~ 15.1 片，腰叶长 46.1 ~ 66.3 cm、宽 27.3 ~ 42.9 cm，茎叶角度甚大，基部叶片着生稍密，

叶片略下披，腋芽生长势强；叶形宽椭圆，无叶柄，叶尖钝尖，叶面略皱，叶缘波浪状，叶耳小，叶片主脉稍细，主侧脉夹角较大，叶色深绿，叶肉组织尚细致，叶片厚薄中等；花序松散，花色淡红。移栽至现蕾 38 ~ 52 d，移栽至中心花开放 41 ~ 60 d，大田生育期 108 ~ 116 d。亩产量 80.86 ~ 117.29 kg，上中等烟率 39.73% ~ 46.07%。

外观质量　原烟颜色红黄，结构尚疏松至稍密，身份稍厚至稍薄，油分有至稍有，色度中。

抗 病 性　中抗黑胫病，田间表现为叶部病害轻。

黄土大乌烟

火把儿烟

品种编号　HBSSN032

品种来源　湖北省宜昌市兴山县箭洞地方晒烟品种，湖北省烟草科学研究院保存。

特征特性　株式筒形，株高 99.4 ~ 123.0 cm，茎围 8.0 ~ 9.2 cm，节距 5.3 ~ 7.0 cm，叶数 15.0 ~ 16.0 片，腰叶长 58.9 ~ 65.6 cm、宽 32.7 ~ 34.4 cm，茎叶角度甚大，基部叶片着生稍密，叶片下披；叶形椭圆，无叶柄，叶尖渐尖，叶面较皱，叶缘波浪状，叶耳大，叶片主脉粗细中等，主侧脉夹角中等，叶色深绿，叶肉组织细致，叶片稍厚；花序密集，花色淡红。移栽至现蕾 44 ~ 47 d，移栽至中心花开放 47 ~ 50 d，大田生育期 98 ~ 117 d。

抗 病 性　中抗黑胫病，田间表现为叶部病害轻。

尖叶子烟

品种编号　HBSSN033

品种来源　湖北省宜昌市龙泉镇地方晒烟品种，湖北省烟草科学研究院保存。

特征特性　株式筒形，株高 171.6 cm，茎围 8.6 cm，节距 8.3 cm，叶数 18.0 片，腰叶长 64.2 cm、宽 26.8 cm，茎叶角度较大，叶片上下分布尚均匀，叶片稍下披；叶形长椭圆，无叶柄，叶尖渐尖，叶面皱折，叶缘皱折，叶耳中偏小，叶片主脉较粗，主侧脉夹角小，叶色绿，叶肉组织较粗糙，叶片厚薄中等；花序松散，花色淡红近乎白。移栽至现蕾 38 d，移栽至中心花开放 41 d，大田生育期 113 d。

外观质量　原烟颜色红棕，结构较密，身份较薄，油分稍有，光泽稍暗。

化学成分　总植物碱含量 2.91%，总氮含量 3.78%，总糖含量 8.08%，还原糖含量 4.51%。

评吸质量　香气质中等，香气量有，劲头较大，吃味稍苦辣，微有杂气，有刺激性，燃烧性强。

抗 病 性　中抗黑胫病，感青枯病和根结线虫病，高感 CMV，抗烟蚜。

火把儿烟

尖叶子烟

建平大人头烟

品种编号　HBSSN034

品种来源　湖北省地方晒烟品种，湖北省烟草科学研究院保存。

特征特性　株式塔形，株高111.0 cm，茎围8.1 cm，节距6.6 cm，叶数15.0片，腰叶长65.4 cm、宽30.0 cm，茎叶角度大，下部叶片着生稍密，叶片稍下披；叶形长椭圆，无叶柄，叶尖渐尖，叶面较平，叶缘波浪状，叶耳中偏小，叶片主脉较细，主侧脉夹角中，叶色绿，叶肉组织稍粗糙，叶片厚薄中等；花序密集，花色淡红。移栽至现蕾45 d，移栽至中心花开放48 d，大田生育期101 d。

抗病性　抗黑胫病，田间表现为叶部病害轻。

建平大人头烟

建始大毛烟

品种编号　HBSSN035

品种来源　湖北省恩施州建始县地方晒烟品种，湖北省烟草科学研究院保存。

特征特性　株式塔形，株高78.7～117.0 cm，茎围9.9～10.9 cm，节距2.9～4.5 cm，叶数18.9～21.6片，腰叶长57.7～67.8 cm、宽31.3～35.4 cm，茎叶角度大，下部叶片着生稍密，叶片略下披；叶形椭圆，无叶柄，叶尖渐尖，叶面皱，叶缘波浪状，叶耳大，叶片主脉粗细中等，主侧脉夹角大，叶色绿，叶肉组织细致，叶片厚薄中等；花序松散，花色淡红。移栽至现蕾49～59 d，移栽至中心花开放52～65 d，大田生育期101～110 d。田间长势中等，耐肥。亩产量104.20～127.48 kg，上中等烟率13.30%。

外观质量　原烟红黄色，结构疏松，身份中等，油分有至少，光泽较暗，色度中。单叶重13.7 g。

化学成分　总植物碱含量2.71%～3.89%，总氮含量2.32%～3.47%，总糖含量11.51%～12.68%，钾含量1.08%～1.14%。

评吸质量　香气质中等，香气量尚足，浓度中等，劲头中等，有杂气，有刺激性，余味尚舒适，燃烧性中等。

抗 病 性　抗黑胫病，田间表现为叶部病害轻。

建始大毛烟

建始铁板烟

品种编号　HBSSN036

品种来源　湖北省恩施州建始县地方晒烟品种，湖北省烟草科学研究院保存。

特征特性　株式筒形，株高115.4 cm，茎围7.9 cm，节距7.3 cm，叶数15.0 片，腰叶长65.0 cm、宽33.5 cm，茎叶角度甚大，下部叶片着生稍密，叶片略下披；叶形长椭圆，无叶柄，叶尖渐尖，叶面较平，叶缘波浪状，叶耳大，叶片主脉稍细，主侧脉夹角甚大，叶色绿，叶肉组织较粗糙，叶片较厚；花序密集，花色淡红。移栽至现蕾44 d，移栽至中心花开放47 d，大田生育期102 d。

抗 病 性　抗黑胫病，田间表现为叶部病害轻。

建始铁板烟

箭洞湾大把儿烟

品种编号 HBSSN037

品种来源 湖北省宜昌市兴山县箭洞地方晒烟品种，湖北省烟草科学研究院保存。

特征特性 株式筒形，株高183.0 cm，茎围9.3 cm，节距6.6 cm，叶数16.0片，腰叶长59.3 cm、宽38.8 cm，茎叶角度大，叶片上下分布尚均匀，叶片略下披；叶形宽卵圆形，有短叶柄，叶尖渐尖，叶面较皱，叶缘波浪状，叶耳小，叶片主脉粗细中等，主侧脉夹角甚大，叶色绿，叶肉组织稍粗糙，叶片厚薄中等；花序密集，花色淡红。移栽至现蕾40 d，移栽至中心花开放42 d，大田生育期113 d。

抗病性 中感黑胫病。

箭洞湾大把儿烟

箭竹溪火烟

品种编号 HBSSN038

品种来源 湖北省恩施州利川市箭竹溪乡地方晒烟品种，湖北省烟草科学研究院保存。

特征特性 株式塔形，株高58.8 ～ 103.2 cm，茎围7.1 ～ 10.0 cm，节距1.8 ～ 5.2 cm，叶数15.0 ～ 17.3片，腰叶长47.4 ～ 71.5 cm、宽28.3 ～ 40.1 cm，茎叶角度大，下部叶片着生稍密，叶片略下披，腋芽生长势较强；叶形心脏形，无叶柄，叶尖渐尖，叶面较平，叶缘微波近平滑，叶耳小，叶片主脉稍细，主侧脉夹角大，叶色绿，叶肉组织尚细致，叶片厚薄中等；花序松散，花色淡红。移栽至现蕾38 ～ 65 d，移栽至中心花开放41 ～ 73 d，大田生育期91 ～ 116 d。亩产量58.33 kg，上中等烟率53.62%。

外观质量 原烟颜色红黄色，结构稍密，身份稍厚，油分稍有，色度中。

抗病性 中感黑胫病，田间表现为叶部病害轻。

箭竹溪火烟

金堂叶子烟

品种编号 HBSSN039

品种来源 湖北省宜昌市五峰城关地方晒烟品种，湖北省烟草科学研究院保存。

特征特性 株式塔形，株高 149.6 cm，茎围 10.0 cm，节距 5.4 cm，叶数 26.0 片，腰叶长 72.4 cm、宽 31.6 cm，茎叶角度较大，叶片上下分布尚均匀；叶形长椭圆，无叶柄，叶尖渐尖，叶面皱，叶缘波浪状，叶耳大，叶片主脉稍粗，主侧脉夹角小，叶色绿，叶肉组织尚细致，叶片厚薄中等；花序密集，花色淡红。移栽至现蕾 41 d，移栽至中心花开放 43 d，大田生育期 114 d。

抗病性 抗黑胫病，田间表现为叶部病害轻。

金堂叶子烟

金条子烟

品种编号 HBSSN040

品种来源 湖北省宜昌市秭归县九里村地方晒烟品种，湖北省烟草科学研究院保存。

特征特性 株式塔形，株高 129.0 cm，茎围 8.6 cm，节距 5.5 cm，叶数 19.0 片，中部叶长 76.4 cm、宽 35.6 cm，茎叶角度甚大，下部叶片着生密，叶片下披；叶形椭圆，无叶柄，叶尖渐尖，叶面较平，叶缘微波状，叶耳中，叶片主脉粗细中等，主侧脉夹角大，叶色深绿，叶肉组织尚细致，叶片厚薄中等；花序松散，花色淡红。移栽至现蕾 43 d，移栽至中心花开放 45 d，大田生育期 116 d。

抗 病 性 抗黑胫病，田间表现为叶部病害轻。

金条子烟

京大黑烟

品种编号 HBSSN041

品种来源 湖北省宜昌市秭归县京大地方晒烟品种，湖北省烟草科学研究院保存。

特征特性 株式塔形，株高 110.0 ~ 119.0 cm，茎围 8.6 ~ 8.9 cm，节距 5.5 ~ 6.2 cm，叶数 15.0 片，腰叶长 57.2 ~ 63.3 cm、宽 34.5 ~ 39.8 cm，茎叶角度甚大，下部叶片着生稍密，叶片略下披；叶形宽卵圆形，无叶柄，叶尖钝尖，叶面较平，叶缘平滑，叶耳中，叶片主脉粗细中等，主侧脉夹角大，叶色深绿，叶肉组织细致，叶片厚薄中等；花序密集，花色淡红。移栽至现蕾 40 ~ 42 d，移栽至中心花开放 43 ~ 45 d，大田生育期 110 ~ 116 d。

抗 病 性 感黑胫病，田间表现为叶部病害轻。

九月寒

品种编号 HBSSN042

品种来源 湖北省黄冈市地方晒烟品种，湖北省烟草科学研究院保存。

特征特性 株式塔形，株高 101.5 cm，茎围 9.7 cm，节距 4.5 cm，有效叶数 25.6 ~ 26.8 片，中

部叶长 49.1 cm、宽 32.4 cm，茎叶角度其大，叶片上下分布较均匀，叶片平展；叶形宽椭圆，无叶柄，叶尖急尖，叶面略皱，叶缘微波状，叶耳大，叶片主脉较细，主侧脉夹角大，叶色浅绿，叶肉组织细致，叶片厚薄中等；花序密集，花色淡红。茎叶角度大，移栽至现蕾 57 d，移栽至中心花开放 63 d，大田生育期 110 ～ 115 d。田间长势强，耐肥。亩产量 105.97 ～ 153.63 kg，上中等烟率 11.52% ～ 19.00%。

外观质量 原烟正黄色，结构疏松，身份中等～薄，油分多～稍有，光泽鲜明，色度强。单叶重 6.3 g。

化学成分 总植物碱含量 2.58% ～ 2.70%，总氮含量 2.22% ～ 2.75%，总糖含量 10.06% ～ 14.48%，钾含量 0.76% ～ 1.14%。

评吸质量 香气质中等，香气量尚足，浓度中等，劲头较小至中等，有杂气，有刺激性，余味尚舒适，燃烧性中等至强。

抗 病 性 抗黑胫病，田间表现为叶部病害较轻。

京大黑烟

九月寒

菊花烟

品种编号 HBSSN043

品种来源 湖北省宜昌市枝城镇潘家湾地方晒烟品种，湖北省烟草科学研究院保存。

特征特性 株式筒形，株高 122.4 cm，茎围 10.4 cm，节距 5.1 cm，叶数 16.0 片，腰叶长 72.5 cm、

宽 41.2 cm，茎叶角度中等，叶片略下披；叶形椭圆，无叶柄，叶尖渐尖，叶面皱，叶缘皱折，叶耳中，叶片主脉稍粗，主侧脉夹角小，叶色绿，叶肉组织尚细致，叶片厚薄中等；花序密集，花色淡红。移栽至现蕾 40 d，移栽至中心花开放 43 d，大田生育期 115 d。

抗 病 性 中抗黑胫病，田间表现为叶部病害轻。

菊花烟

利川癞蛤蟆烟

品种编号 HBSSN044

品种来源 湖北省恩施州利川市地方晒烟品种，湖北省烟草科学研究院保存。

特征特性 株式塔形，株高 85.3 ~ 110.0 cm，茎围 8.3 ~ 10.0 cm，节距 1.9 ~ 5.2 cm，叶数 14.6 ~ 16.0 片，腰叶长 48.9 ~ 72.4 cm、宽 32.1 ~ 39.2 cm，茎叶角度大，下部叶片着生稍密，叶片平展略下披；叶形宽心脏形，有短叶柄，叶尖钝尖，叶面略皱，叶缘微波近平滑，叶耳小，叶片主脉稍细，主侧脉夹角较大，叶色深绿，叶肉组织尚细致，叶片厚薄中等；花序松散，花色淡红。移栽至现蕾 39 ~ 55 d，移栽至中心花开放 42 ~ 62 d，大田生育期 110 ~ 115 d。亩产量 93.60 kg。

外观质量 原烟颜色棕黄色，结构疏松，身份稍薄，油分少，色度弱。

抗 病 性 中抗黑胫病，田间表现为叶部病害轻。

龙坝大柳条烟

品种编号 HBSSN045

品种来源 湖北省十堰市竹溪县龙坝镇地方晒烟品种，湖北省烟草科学研究院保存。

特征特性 株式塔形，株高 122.2 cm，茎围 8.6 cm，节距 6.3 cm，叶数 16.0 片，腰叶长 67.0 cm、宽 31.8 cm，茎叶角度大，叶片上下分布尚均匀；叶形椭圆，无叶柄，叶尖渐尖，叶面略皱，叶缘微波，叶耳中，叶片主脉稍粗，主侧脉夹角大，叶色绿，叶肉组织尚细致，叶片厚薄中等；花序密集，花色淡红。移栽至现蕾 36 d，移栽至中心花开放 39 d，大田生育期 113 d。

抗 病 性 感黑胫病，田间表现为叶部病害轻。

利川癞蛤蟆烟

龙坝大柳条烟

龙台青烟

品种编号　HBSSN046

品种来源　湖北省地方晒烟品种，湖北省烟草科学研究院保存。

特征特性　株式塔形，株高 98.2 ~ 121.0 cm，茎围 9.1 ~ 10.3 cm，节距 4.5 ~ 5.0 cm，叶数 15.0 ~ 26.4 片，腰叶长 60.5 ~ 68.2 cm、宽 31.2 ~ 37.8 cm，茎叶角度大，上下叶片分布均匀，叶片平展；叶形长椭圆，无叶柄，叶尖钝尖，叶面较皱，叶缘皱折，叶耳中偏大，叶片主脉粗细中等，主侧脉夹角大，叶色绿，叶肉组织细致，叶片厚薄中等偏厚；花序密集，花色淡红。移栽至现蕾 44 ~ 52 d，移栽至中心花开放 47 ~ 56 d，大田生育期 111 ~ 117 d。

抗 病 性　抗黑胫病，田间表现为叶部病害轻。

龙台青烟

罗三湾青毛烟

品种编号　HBSSN047

品种来源　湖北省恩施州利川市罗三湾地方晒烟品种,湖北省烟草科学研究院保存。

特征特性　株式塔形,株高83.0~94.4 cm,茎围7.7~9.1cm,节距1.9~5.2 cm,叶数13.0~14.0片,腰叶长47.9~63.3 cm、宽32.9~43.9 cm,茎叶角度大,下部叶片着生密,叶片下披;叶形宽卵圆形,无叶柄,叶尖渐尖,叶面略皱,叶缘皱折,叶耳小,叶片主脉粗细中等,主侧脉夹角大,叶色深绿,叶肉组织尚细致,叶片厚薄中等;花序松散,花色淡红。移栽至现蕾38~48 d,移栽至中心花开放41~55 d,大田生育期106~115 d。亩产量98.90 kg,上中等烟率22.80%。

外观质量　原烟颜色棕黄色,结构尚疏松,身份适中,油分稍有,色度强。

抗病性　中感黑胫病,田间表现为叶部病害轻。

罗三湾青毛烟

麻家渡旱烟

品种编号 HBSSN048

品种来源 湖北省十堰市竹山县麻家渡镇地方晒烟品种，湖北省烟草科学研究院保存。

特征特性 株式塔形，株高116.6 ~ 129.8 cm，茎围9.2 ~ 10.1 cm，节距5.1 ~ 6.7 cm，叶数14.0 ~ 16.0片，腰叶长71.1 ~ 72.8 cm、宽36.7 ~ 38.1 cm，茎叶角度大，下部叶片着生密，腋芽生长势强；叶形椭圆，无叶柄，叶尖渐尖，叶面略皱，叶缘皱折，叶耳大，叶片主脉粗细中等，主侧脉夹角中等，叶色绿，叶肉组织稍粗糙，叶片厚薄中等；花序松散，花色淡红。移栽至现蕾38 ~ 41 d，移栽至中心花开放41 ~ 43 d，大田生育期113 ~ 115 d。

抗 病 性 中感黑胫病，田间表现为叶部病害轻。

麻家渡旱烟

马子溪毛烟

品种编号 HBSSN049

品种来源 湖北省宜昌市长阳县津洋口村地方晒烟品种，湖北省烟草科学研究院保存。

特征特性 株式筒形，株高69.1 ~ 167.0 cm，茎围9.2 ~ 11.3 cm，节距2.7 ~ 7.4 cm，叶数13.4 ~ 21.7片，腰叶长49.5 ~ 73.8 cm、宽29.0 ~ 39.2 cm，茎叶角度大，中、下部叶片着生密，叶片平展；叶形椭圆，无叶柄，叶尖渐尖，叶面略皱，叶缘微波状，叶耳大，主脉粗细中等，主侧脉夹角中等偏大，叶色绿，叶肉组织细致，叶片厚薄中等；花序密集，花色淡红。移栽至现蕾41 ~ 66 d，移栽至中心花开放58 ~ 73 d，大田生育期97 ~ 109 d。田间长势中等，耐肥。亩产量94.23 ~ 185.96 kg，上中等烟率11.75% ~ 86.84%。

外观质量 原烟颜色正黄至红棕，结构疏松至紧密，身份中等至稍厚，油分多至稍有，光泽尚鲜明，色度中至强。单叶重10.0 ~ 11.8 g 。

化学成分 总植物碱含量1.23% ~ 4.86%，总氮含量1.74% ~ 3.55%，总糖含量4.04% ~ 18.20%，还原糖含量8.42% ~ 17.20%，钾含量1.23% ~ 3.84%。

评吸质量 香气质中等至较好，香气量较足至尚足，浓度中等，劲头中等，杂气有至较轻，刺激性微有至有，余味尚舒适至较舒适，燃烧性中至强。

抗 病 性 抗黑胫病，中感赤星病、TMV、CMV 和 PVY，感青枯病。

马子溪毛烟

毛把烟

品种编号 HBSSN050

品种来源 湖北省十堰市丹江口市地方晒烟品种，湖北省烟草科学研究院保存。

特征特性 株式筒形，株高 69.2 ~ 141.0 cm，茎围 8.7 ~ 11.2 cm，节距 2.5 ~ 8.6 cm，叶数 17.5 ~ 23.5 片，腰叶长 53.0 ~ 66.1 cm、宽 29.3 ~ 33.7 cm，茎叶角度中等偏大，叶片上下分布尚均匀；叶形长椭圆，无叶柄，叶尖渐尖，叶面较平，叶缘皱折，叶耳中，叶片主脉稍细，主侧脉夹角大，叶色深绿，叶肉组织细致，叶片厚薄中等；花序密集，花色淡红。移栽至现蕾 49 ~ 67 d，移栽至中心花开放 53 ~ 74 d，大田生育期 90 ~ 112 d。田间长势中至强，耐肥。亩产量 114.14 ~ 231.92 kg，上中等烟率 17.51% ~ 68.35%。

外观质量 原烟颜色正黄至红黄，结构疏松至尚疏松，身份适中至稍厚，油分多至稍有，光泽鲜明至尚鲜明，色度中至强。单叶重 8.0 ~ 12.8 g。

化学成分 总植物碱含量 1.50% ~ 4.63%，总氮含量 1.53% ~ 3.67%，总糖含量 7.78% ~ 20.38%，钾含量 0.69% ~ 1.50%。

评吸质量 香气质中等，香气量较足至尚足，浓度中等，劲头中等，有杂气，微有刺激性，余味尚舒适，燃烧性强。

抗 病 性 中抗黑胫病，田间表现为叶面病害轻。

茆山小铁板烟

品种编号 HBSSN051

品种来源 湖北省恩施州茆山村地方晒烟品种，湖北省烟草科学研究院保存。

特征特性　株式筒形，株高 125.2 cm，节距 3.5 cm，叶数 17.6 片，腰叶长 68.0 cm、宽 30.7 cm，茎叶角度甚大，下部叶片着生稍密，叶片下披；叶形长椭圆，无叶柄，叶尖渐尖，叶面平，叶缘微波状，叶耳中等偏大，叶片主脉稍粗，主侧脉夹角较大，叶色绿，叶肉组织细致，叶片较厚；花序松散，花色淡红。移栽至现蕾 52 d，移栽至中心花开放 68 d，大田生育期 107 d。

抗病性　抗黑胫病，田间表现为叶部病害轻。

毛把烟

茆山小铁板烟

谋道小青烟

品种编号 HBSSN052

品种来源 湖北省恩施州利川市谋道镇地方晒烟品种，湖北省烟草科学研究院保存。

特征特性 株式橄榄形，株高 113.2 ~ 124.4 cm，茎围 8.2 ~ 10.1 cm，节距 2.1 ~ 6.2 cm，有效叶数 14.2 ~ 15.0 片，腰叶长 50.8 ~ 58.8 cm、宽 33.0 ~ 38.4 cm，茎叶角度较大，下部叶片着生稍密；叶形宽椭圆，无叶柄，叶尖钝尖，叶面略皱，叶缘微波状，叶耳中，叶片主脉粗细中等，主侧脉夹角大，叶色绿，叶肉组织粗糙，叶片厚薄中等；花序密集，花色淡红。移栽至现蕾 39 ~ 60 d，移栽至中心花开放 42 ~ 68 d，大田生育期 91 ~ 114 d。亩产量 110.67 kg，上中等烟率 21.64%。

外观质量 原烟颜色红黄，结构疏松，身份稍薄，油分稍有，色度中。

抗病性 中抗黑胫病，田间表现为叶部病害轻。

谋道小青烟

南烟

品种编号 HBSSN053

品种来源 湖北省神农架林区古水镇地方晒烟品种，湖北省烟草科学研究院保存。

特征特性 株式筒形，株高 133.0 ~ 134.2 cm，茎围 8.8 ~ 9.2 cm，节距 4.7 ~ 4.8 cm，叶数 14.0 ~ 15.0 片，腰叶长 62.7 ~ 68.5 cm、宽 34.1 ~ 35.2 cm，茎叶角度较大，下部叶片着生稍密；叶形椭圆，无叶柄，叶尖渐尖，叶面略皱，叶缘波浪状，叶耳大，叶片主脉粗细中等，主侧脉夹角中，叶色绿，叶肉组织细致，叶片厚薄中等；花序松散，花色淡红。移栽至现蕾 41 ~ 42 d，移栽至中心花开放 43 ~ 44 d，大田生育期 111 ~ 113 d。

抗病性 抗黑胫病，田间表现为叶部病害轻。

潘家湾大筋烟

品种编号 HBSSN054

品种来源 湖北省宜昌市枝城镇潘家湾地方晒烟品种，湖北省烟草科学研究院保存。

特征特性 株式筒形，株高 154.2 ~ 211.0 cm，茎围 8.2 ~ 9.3 cm，节距 8.4 ~ 8.5 cm，有效叶

数 16.0 ~ 22.0 片，腰叶长 57.4 ~ 70.2 cm、宽 29.7 ~ 35.7 cm，茎叶角度甚大，上下叶片分布尚均匀，叶片下披；叶形椭圆，有长叶柄，叶尖渐尖，叶面较平，叶缘微波状，无叶耳，叶片主脉粗细中等，主侧脉夹角小，叶色深绿，叶肉组织稍粗糙，叶片厚薄中等；花序松散，花色淡红。移栽至现蕾 38 ~ 43 d，移栽至中心花开放 40 ~ 46 d，大田生育期 113 ~ 115 d。

抗 病 性 感黑胫病，田间表现为叶部病害轻。

南烟

潘家湾大筋烟

千层塔（圆叶种）

品种编号 HBSSN055

品种来源 湖北省黄冈市地方晒烟品种，湖北省烟草科学研究院保存。

特征特性 株式椭圆形，株高 117.0 ~ 167.6 cm，茎围 5.6 ~ 8.0 cm，节距 4.4 ~ 6.5 cm，叶数

19.4 ~ 23.5 片，腰叶长 39.5 ~ 50.2 cm、宽 21.5 ~ 30.4 cm，茎叶角度较大，上下叶片分布尚均匀；叶形宽椭圆，无叶柄，叶尖急尖，叶面平，叶缘微波状，叶耳大，叶片主脉粗细中等，主侧脉夹角甚大，叶色浅绿，叶肉组织细致，叶片较厚；花序密集，花色淡红。移栽至现蕾 41 d，移栽至中心花开放 48 ~ 54 d，大田生育期 102 ~ 113 d。田间长势中等，耐肥。亩产量 60.58 ~ 77.88 kg。

外观质量　原烟颜色土黄至红棕，结构稍密至疏松，身份稍厚，油分稍有，光泽尚鲜明，色度弱。

化学成分　总植物碱含量 1.12% ~ 2.58%，总氮含量 1.21% ~ 3.36%，总糖含量 10.30% ~ 14.39%，还原糖含量 12.78%，钾含量 0.98% ~ 2.71%。

评吸质量　香气质中等，香气量尚足至有，浓度较淡至中等，劲头较小至中等，有杂气，有刺激性，余味尚舒适，燃烧性中等。

抗 病 性　中抗赤星病，中感 TMV 和 PVY，感根结线虫病和 CMV，高感黑胫病和青枯病。

千层塔（圆叶种）

青苞烟

品种编号　HBSSN056

品种来源　湖北省恩施州红坝沙地方晒烟品种，湖北省烟草科学研究院保存。

特征特性　株式筒形，株高 147.4 cm，茎围 10.0 cm，节距 4.3 cm，有效叶数 17.6 片，中部叶长 70.6 cm、宽 38.9 cm，茎叶角度大，中、下部叶片分布稍密；叶形椭圆，无叶柄，叶尖渐尖，叶面较皱，叶缘微波状，叶耳中偏大，叶片主脉粗细中等，主侧脉夹角甚大，叶色绿，叶肉组织细致，叶片厚薄中等；花序密集，花色淡红。移栽至现蕾 47 d，移栽至中心花开放 60 ~ 63 d，大田生育期 103 ~ 108 d。田间长势中等，不耐肥。亩产量 110.00 kg。

外观质量　原烟颜色棕黄色，结构尚疏松，身份中等，油分稍有，光泽尚鲜明。

化学成分　总植物碱含量 3.99%，总氮含量 3.05%，总糖含量 3.85%，钾含量 1.09%。

评吸质量　香气质中等，香气量尚足，浓度中等，劲头中等，有杂气，刺激性大，余味尚舒适，燃烧性中等。

抗 病 性　抗黑胫病，田间表现为叶部病害轻。

青苞烟

青叶洋烟

品种编号　HBSSN057

品种来源　湖北省宜昌市五峰县地方晒烟品种，湖北省烟草科学研究院保存。

特征特性　株式筒形，株高 109.4 cm，茎围 9.3 cm，节距 4.4 cm，有效叶数 14.0 片，腰叶长 78.2 cm、宽 36.4 cm，茎叶角度中等偏大，叶片略下披；叶形椭圆，无叶柄，叶尖渐尖，叶面较皱，叶缘波浪状，叶耳小，叶片主脉粗细中等，主侧脉夹角稍大，叶色深绿，叶肉组织尚细致，叶片厚薄中等；花序松散，花色淡红。移栽至现蕾 41 d，移栽至中心花开放 43 d，大田生育期 116 d。

抗 病 性　抗黑胫病，田间表现为叶部病害轻。

清水小毛烟

品种编号　HBSSN058

品种来源　湖北省恩施州利川市清水村地方晒烟品种，湖北省烟草科学研究院保存。

特征特性　株式塔形，株高 87.0 ～ 131.2 cm，茎围 9.5 ～ 10.4 cm，节距 1.9 ～ 4.8 cm，有效叶数 15.4 ～ 16.0 片，腰叶长 58.7 ～ 74.9 cm、宽 32.1 ～ 42.1 cm，茎叶角度较大，下部叶片分布稍密；叶形宽椭圆，无叶柄，叶尖渐尖，叶面稍平，叶缘皱折，叶耳中，叶片主脉稍细，主侧脉夹角甚大，叶色深绿，叶肉组织稍粗糙，叶片厚薄中等；花序密集，花色淡红。移栽至现蕾 43 ～ 60 d，移栽至中心花开放 46 ～ 68 d，大田生育期 110 ～ 113 d。亩产量 132.19 kg，上中等烟率 36.23%。

外观质量　原烟颜色棕黄色，结构疏松，身份中等，油分稍有，色度中。

抗 病 性　抗黑胫病，田间表现为叶部病害轻。

青叶洋烟

清水小毛烟

清水小青烟

品种编号 HBSSN059

品种来源 湖北省恩施州利川市清水村地方晒烟品种，湖北省烟草科学研究院保存。

特征特性 株式塔形，株高 84.3 ~ 134.8 cm，茎围 6.1 ~ 8.9 cm，节距 1.8 ~ 5.8 cm，叶数 14.4 ~ 19.0 片，腰叶长 44.9 ~ 70.1 cm、宽 20.3 ~ 40.0 cm，茎叶角度甚大，下部叶片分布较密，叶片略下披；叶形椭圆，无叶柄，叶尖渐尖，叶面平，叶缘微波近平滑，叶耳中偏大，叶片主脉稍粗，主侧脉夹角较大，叶色绿，叶肉组织尚细致，叶片厚薄中等；花序松散，花色淡红。移栽至现蕾 34 ~ 52 d，移栽至中心花开放 37 ~ 60 d，大田生育期 91 ~ 115 d。亩产量 65.42 ~ 86.50 kg，上中等烟率51.53%~71.42%。

外观质量 原烟颜色深黄至红黄，结构尚疏松，身份尚适中，油分稍有至多，色度中至强。

抗病性 抗黑胫病，田间表现为叶部病害轻。

清水小青烟

三合大火烟

品种编号 HBSSN060

品种来源 湖北省恩施州利川市三合村地方晒烟品种，湖北省烟草科学研究院保存。

特征特性 株式塔形，株高64.7~124.9 cm，茎围6.9~9.8 cm，节距1.8~5.3 cm，叶数15.5~20.0片，腰叶长50.8~75.5 cm、宽20.6~34.7 cm，茎叶角度甚大，下部叶片分布较密，叶片较下披；叶形长椭圆，无叶柄，叶尖尾状，叶面较平，叶缘微波状，叶耳中，叶片主脉粗细中等，主侧脉夹角中等，叶色绿，叶肉组织尚细致，叶片厚薄中等；花序松散，花色淡红。移栽至现蕾43~65 d，移栽至中心花开放46~73 d，大田生育期91~118 d。亩产量96.59~131.23 kg，上中等烟率40.83%~62.61%。

外观质量 原烟颜色红黄至棕黄，结构稍密，身份适中至稍厚，油分有至稍有，色度中至弱。

抗病性 中抗黑胫病，田间表现为叶部病害轻。

神农大烟

品种编号 HBSSN061

品种来源 湖北省神农架林区板仓村地方晒烟品种，湖北省烟草科学研究院保存。

特征特性 株式塔形，株高53.4~97.6 cm，茎围8.4~9.5 cm，节距4.5~5.6 cm，有效叶数12.0片，

腰叶长53.6 ~ 59.6 cm、宽23.5 ~ 34.2 cm，茎叶角度甚大，下部叶片分布密，叶片下披；叶形长卵圆，无叶柄，叶尖渐尖，叶面较皱，叶缘微波状，叶耳中偏小，叶片主脉稍细，主侧脉夹角中，叶色深绿，叶肉组织稍粗糙，叶片厚薄中等；花序松散，花色淡红。移栽至现蕾35 d，移栽至中心花开放38 ~ 47 d，大田生育期105 ~ 115 d。亩产量82.34 ~ 84.00 kg，上中等烟率75.14%。

外观质量　原烟颜色褐色，结构尚疏松，身份稍薄，油分有，色度中。

化学成分　总植物碱含量4.41%，总氮含量2.52%，总糖含量14.74%，还原糖含量12.12%，钾含量3.09%。

抗　病　性　中抗黑胫病，中感TMV和PVY，感青枯病、根结线虫病和CMV。

三合大火烟

神农大烟

神农火烟

品种编号　HBSSN062

品种来源　湖北省神农架林区盘水村地方晒烟品种，湖北省烟草科学研究院保存。

特征特性　株式塔形，株高113.2～137.4 cm，茎围8.5 cm，节距4.4～5.6 cm，叶数14.0～15.0片，腰叶长64.4～66.0 cm、宽33.0～33.9 cm，茎叶角度大，下部叶片分布稍密，叶片平展；叶形长椭圆，无叶柄，叶尖渐尖，叶面较平，叶缘波浪状，叶耳中，叶片主脉较细，主侧脉夹角较大，叶色深绿，叶肉组织尚细致，叶片厚薄中等；花序松散，花色淡红。移栽至现蕾36～37 d，移栽至中心花开放38～39 d，大田生育期109～113 d。

抗病性　抗黑胫病，田间表现为叶部病害轻。

神农火烟

神农人头烟

品种编号　HBSSN063

品种来源　湖北省神农架林区盘水村地方晒烟品种，湖北省烟草科学研究院保存。

特征特性　株式塔形，株高88.1 cm，茎围8.3 cm，节距5.8 cm，叶数12.0片，腰叶长57.1 cm、宽35.7 cm，茎叶角度大，叶片平展，腋芽生长势强；叶形宽椭圆，无叶柄，叶尖渐尖，叶面皱折，叶缘波浪状，叶耳大，叶片主脉粗细中等，主侧脉夹角中等，叶色深绿，叶肉组织稍粗糙，叶片厚薄中等；花序松散，花色淡红偏白。移栽至现蕾35 d，移栽至中心花开放38 d，大田生育期115 d。

抗病性　抗黑胫病，田间表现为叶部病害轻。

神农小柳子

品种编号　HBSSN064

品种来源　湖北省神农架林区盘水村地方晒烟品种，湖北省烟草科学研究院保存。

特征特性　株式筒形，株高116.0 cm，茎围9.2 cm，节距5.0 cm，叶数19.0片，腰叶长84.3 cm、宽27.4 cm，茎叶角度小；叶形长椭圆，无叶柄，叶尖渐尖，叶面较皱，叶缘皱折，叶耳中，叶片主脉稍粗，主侧脉夹角中，叶色绿，叶肉组织尚细致，叶片厚薄中等；花序松散，花色淡红。移栽到现蕾44 d，移栽至中心花开放47 d，大田生育期110 d。

抗病性　抗黑胫病，田间表现为叶部病害轻。

神农人头烟

神农小柳子

石马青毛把烟

品种编号　HBSSN065

品种来源　湖北省恩施州利川市黄土村地方晒烟品种，湖北省烟草科学研究院保存。

特征特性　株式塔形，株高 78.3 ～ 121.0 cm，茎围 8.3 ～ 10.2 cm，节距 1.5 ～ 5.3 cm，叶数 14.0 ～ 18.0 片，腰叶长 47.4 ～ 69.2 cm、宽 25.8 ～ 37.6 cm，茎叶角度甚大，下部叶片分布密，叶片平展略下披；叶形宽椭圆，无叶柄，叶尖急尖，叶面较平，叶缘微波近平滑，叶耳小，叶片主脉粗细中等，主侧脉夹角甚大，叶色深绿，叶肉组织尚细致，叶片厚薄中等；花序密集，花色淡红。移栽至现蕾 38 ～ 57 d，移栽至中心花开放 41 ～ 64 d，大田生育期 106 ～ 116 d。亩产量 123.46 kg。

外观质量　原烟颜色棕黄色，结构尚疏松，身份稍厚，油分有，色度中。

抗 病 性　中感黑胫病，田间表现为叶部病害轻。

石马青毛把烟

石门小铁板

品种编号　HBSSN066

品种来源　湖北省恩施州石门坝地方晒烟品种，湖北省烟草科学研究院保存。

特征特性　株式筒形，株高 144.4 cm，茎围 9.6 cm，节距 5.0 cm，叶数 17.6 片，腰叶长 53.0 cm、宽 30.0 cm，茎叶角度大，中、下部叶片分布较密，叶片平展；叶形宽椭圆，无叶柄，叶尖钝尖，叶面平，叶缘平滑，叶耳大，叶片主脉粗细中等，主侧脉夹角甚大，叶色绿，叶肉组织细致，叶片厚薄中等；花序松散，花色淡红。移栽至现蕾 48 d，移栽至中心花开放 58 ～ 65 d，大田生育期 101 ～ 106 d。田间长势弱，不耐肥。亩产量 55.50 kg。

外观质量　原烟颜色土黄色，结构稍密，身份较厚，油分稍有，光泽较暗。

化学成分　总植物碱含量 3.95%，总氮含量 3.46%，总糖含量 2.23%，钾含量 1.21%。

评吸质量　香气质中等，香气量尚足，浓度中等，劲头中等，有杂气，有刺激性，余味尚舒适，燃烧性中等。

抗 病 性　抗黑胫病，田间表现为叶部病害轻。

石门小铁板

太平倒挂纸

品种编号 HBSSN067

品种来源 湖北省宜昌市秭归县太平村地方晒烟品种，湖北省烟草科学研究院保存。

特征特性 株式筒形，株高 125.2 cm，茎围 8.0 cm，节距 6.3 cm，叶数 17.0 片，腰叶长 58.9 cm、宽 38.3 cm，茎叶角度甚大，叶片略下披，腋芽生长势强；叶形宽椭圆，有短叶柄，叶尖钝尖，叶面略皱，叶缘平滑，叶耳小，叶片主脉粗细中等，主侧脉夹角较大，叶色绿，叶肉组织尚细致，叶片厚薄中等；花序松散，花色淡红。移栽至现蕾 39 d，移栽至中心花开放 42 d，大田生育期 110 d。

抗 病 性 抗黑胫病，田间表现为叶部病害轻。

太平倒挂纸

桃园乌烟

品种编号 HBSSN068

品种来源 湖北省十堰市竹溪县桃园村地方晒烟品种，湖北省烟草科学研究院保存。

特征特性   株式筒形，株高 124.8 cm，茎围 6.3 cm，节距 8.1 cm，叶数 13.0 片，腰叶长 61.0 cm、宽 26.4 cm，茎叶角度大，株型松散；叶形长椭圆，无叶柄，叶尖渐尖，叶面较平，叶缘波浪状，叶耳中偏大，叶片主脉粗细中等，主侧脉夹角中等，叶色深绿，叶肉组织尚细致，叶片厚薄中等；花序松散，花色淡红。移栽至现蕾 33 d，移栽至中心花开放 36 d，大田生育期 106 d。

抗 病 性   抗黑胫病，田间表现为叶部病害轻。

桃园乌烟

天保把儿烟

品种编号   HBSSN069

品种来源   湖北省十堰市竹溪县天保地方晒烟品种，湖北省烟草科学研究院保存。

特征特性   株式塔形，株高 119.3 cm，茎围 9.0 cm，节距 6.4 cm，叶数 15.0 片，腰叶长 60.5 cm、宽 35.9 cm，茎叶角度中，腋芽生长势较强；叶形宽卵圆，有长叶柄，叶尖渐尖，叶面较皱，叶缘皱折，无叶耳，叶片主脉粗细中等，主侧脉夹角较大，叶色绿，叶肉组织细致，叶片厚薄中等；花序密集，花色淡红。移栽至现蕾 38 d，移栽至中心花开放 41 d，大田生育期 116 d。

抗 病 性   抗黑胫病，田间表现为叶部病害轻。

天池把儿烟

品种编号   HBSSN070

品种来源   湖北省恩施州天池地方晒烟品种，湖北省烟草科学研究院保存。

特征特性   株式塔形，株高 73.9 ~ 102.7 cm，茎围 10.9 ~ 11.6 cm，节距 2.4 ~ 2.8 cm，叶数 19.8 ~ 21.3 片，腰叶长 53.3 ~ 62.7 cm、宽 26.9 ~ 29.2 cm，茎叶角度甚大，下部叶片分布较密，叶片下披；叶形长卵圆形，有长叶柄，叶尖渐尖，叶面皱，叶缘波浪状，无叶耳，叶片主脉粗细中等，主侧脉夹角较大，叶色绿，叶肉组织细致，叶片稍厚；花序松散，花色淡红。移栽至现蕾 52 ~ 57 d，移栽至中心花开放 63 ~ 66 d，大田生育期 101 ~ 107 d。田间长势中等，耐肥。亩产量

天保把儿烟

113.18 ～ 117.10 kg。

外观质量　原烟颜色褐黄色，结构尚疏松至疏松，身份中等至稍厚，油分稍有至多，光泽尚鲜明，色度强。单叶重 11.00 g。

化学成分　总植物碱含量 3.45% ～ 4.41%，总氮含量 3.18% ～ 3.49%，总糖含量 3.06% ～ 7.63%，钾含量 1.26% ～ 1.41%。

评吸质量　香气质中等，香气量尚足，浓度中等，劲头中等，有杂气，有刺激性，余味较苦辣，燃烧性中等。

抗 病 性　抗黑胫病，田间表现为叶部病害轻。

天池把儿烟

土烟种

品种编号　HBSSN071

品种来源　湖北省神农架林区东溪村地方晒烟品种，湖北省烟草科学研究院保存。

特征特性　株式筒形，株高 97.9 cm，茎围 8.8 cm，节距 5.2 cm，叶数 14.0 片，腰叶长 64.7 cm、

宽 41.8 cm，茎叶角度甚大，叶片略下披，株型松散；叶形宽椭圆，无叶柄，叶尖钝尖，叶面平，叶缘波浪状，叶耳中，叶片主脉较细，主侧脉夹角甚大，叶色深绿，叶肉组织细致，叶片厚薄中等；花序密集，花色淡红。移栽至现蕾 44 d，移栽至中心花开放 47 d，大田生育期 117 d。

抗病性 抗黑胫病，田间表现为叶部病害轻。

土烟种

团堡大青烟

品种编号 HBSSN072

品种来源 湖北省恩施州利川市团堡镇地方晒烟品种，湖北省烟草科学研究院保存。

特征特性 植株塔形，株高 103.2 ~ 135.2 cm，茎围 8.5 ~ 8.9 cm，节距 2.2 ~ 5.0 cm，叶数 16.0 ~ 16.7 片，腰叶长 53.0 ~ 68.2 cm、宽 32.9 cm，茎叶角度甚大，叶片平展；叶形卵圆形，有叶柄，叶尖渐尖，叶面较平，叶缘微波状，叶耳小，叶片主脉较细，主侧脉夹角大，叶色深绿，叶肉组织尚细致，叶片厚薄中等；花序松散，花色淡红。移栽至现蕾 42 ~ 65 d，移栽至中心花开放 44 ~ 73 d，大田生育期 110 ~ 113 d。亩产量 137.31 kg，上中等烟率 40.23%。

外观质量 原烟颜色褐黄色，结构稍密，身份稍厚，油分有，色度中。

抗病性 抗黑胫病，田间表现为叶部病害轻。

歪筋烟

品种编号 HBSSN073

品种来源 湖北省宜昌市秭归县三合镇地方晒烟品种，湖北省烟草科学研究院保存。

特征特性 株式塔形，株高 100.3 ~ 113.0 cm，茎围 7.8 ~ 8.5 cm，节距 5.9 ~ 6.0 cm，叶数 14.0 ~ 15.0 片，腰叶长 57.0 ~ 61.2 cm、宽 33.4 ~ 37.5 cm，茎叶角度大，叶片平展略下披；叶形宽卵圆形，有短叶柄，叶尖钝尖，叶面较平，叶缘微波状，叶耳小近无，叶片主脉较细，主侧脉夹角大，叶色绿，叶肉组织稍粗糙，叶片厚薄中等；花序密集，花色淡红。移栽至现蕾 38 d，移栽至中心花开放 40 ~ 41 d，大田生育期 113 ~ 115 d。

抗 病 性 抗黑胫病，田间表现为叶部病害轻。

团堡大青烟

歪筋烟

万胜乌烟

品种编号 HBSSN074

品种来源 湖北省地方晒烟品种，湖北省烟草科学研究院保存。

特征特性 株式塔形，株高 167.6 cm，茎围 9.0 cm，节距 4.0 cm，叶数 14.6 片，腰叶长 58.4 cm、宽 22.2 cm，茎叶角度较大，下部叶片分布稍密，叶片较下披；叶形长椭圆，无叶柄，叶尖渐尖，叶面较皱，叶缘波浪状，叶耳大，叶片主脉稍粗，主侧脉夹角小，叶色绿，叶肉组织尚细致，叶片较厚；花序松散，花色淡红。移栽至现蕾 40 d，移栽至中心花开放 57 d，大田生育期 112 d。

抗 病 性 抗黑胫病，田间表现为叶部病害轻。

万胜乌烟

王家棚毛烟

品种编号 HBSSN075

品种来源 湖北省宜昌市长阳县津洋口村地方晒烟品种，湖北省烟草科学研究院保存。

特征特性 株式塔形，株高94.1 ~ 125.0 cm，茎围9.7 ~ 10.0 cm，节距3.3 ~ 7.1 cm，叶数14.0 ~ 21.1片，腰叶长60.3 ~ 73.4 cm、宽27.3 ~ 39.4 cm，茎叶角度中等偏小；叶形长椭圆，无叶柄，叶尖渐尖，叶面较皱，叶缘波浪状，叶耳中，叶片主脉粗细中等，主侧脉夹角中等偏大，叶色绿，叶肉组织尚细致，叶片较厚；花序密集，花色淡红。移栽至现蕾53 ~ 57 d，移栽至中心花开放60 ~ 67 d，大田生育期103 ~ 108 d。田间长势弱，耐肥。亩产量85.32 ~ 121.1 kg，上中等烟率2.60% ~ 84.83%。

外观质量 原烟颜色红黄至红棕，结构尚疏松至紧密，身份适中至稍厚，油分有至多，光泽鲜明，色度强至中。单叶重10.5 g。

化学成分 总植物碱含量1.51% ~ 2.65%，总氮含量1.82% ~ 3.14%，总糖含量11.18% ~ 20.90%，钾含量1.19% ~ 3.71%。

评吸质量 香气质中等至较好，香气量尚足至较足，浓度中等至较浓，劲头中等，杂气有至较轻，刺激性有，余味尚舒适至较舒适，燃烧性中等。

抗 病 性 抗黑胫病，中抗TMV，中感青枯病、赤星病、CMV和PVY。

乌烟

品种编号 HBSSN076

品种来源 湖北省地方晒烟品种，湖北省烟草科学研究院保存。

特征特性 株式橄榄形，株高116.4 cm，茎围8.4 cm，节距5.3 cm，叶数18.0片，腰叶长64.7 cm、宽

王家棚毛烟

35.0 cm，茎叶角度中等；叶形宽卵圆形，无叶柄，叶尖渐尖，叶面皱，叶缘皱折，叶耳中等偏小，叶片主脉稍细，主侧脉夹角小，叶色绿，叶肉组织稍粗糙，叶片厚薄中等；花序松散，花色淡红。移栽至现蕾41 d，移栽至中心花开放44 d，大田生育期115 d。

抗 病 性 抗黑胫病，田间表现为叶部病害轻。

乌烟

五峰巴烟

品种编号 HBSSN077

品种来源 湖北省宜昌市五峰县清水湾村地方晒烟品种，湖北省烟草科学研究院保存。

特征特性 株式筒形，株高127.0 ~ 131.2 cm，茎围7.7 ~ 9.2 cm，节距4.1 ~ 6.0 cm，叶数17.0 ~ 21.8 片，腰叶长59.7 ~ 62.5 cm、宽33.2 ~ 35.7 cm，茎叶角度较大，上下叶片分布均匀，叶片略平展；叶形椭圆，无叶柄，叶尖渐尖，叶面较平，叶缘波浪状，叶耳中，叶片主脉粗细中等，主侧脉夹角大，叶色绿，叶肉组织稍粗糙，叶片较厚；花序密集，花色淡红。移栽至现蕾44 ~ 52 d，移栽至中心花开放 47 ~ 55 d，大田生育期 99 ~ 117 d。

抗 病 性　中感黑胫病，田间表现为叶部病害轻。

五峰巴烟

五峰把儿烟

品种编号　HBSSN078

品种来源　湖北省宜昌市五峰县水尽司村地方晒烟品种，湖北省烟草科学研究院保存。

特征特性　株式筒形，株高 106.4 ~ 161.0 cm，茎围 7.2 ~ 9.4 cm，节距 5.6 ~ 7.8 cm，有效叶数 16.0 ~ 16.20 片，腰叶长 54.5 ~ 72.0 cm、宽 26.7 ~ 39.8 cm，茎叶角度中等，叶片上下分布较均匀，株型较紧凑；叶形长椭圆，无叶柄，叶尖渐尖，叶面略皱，叶缘皱折，叶耳中，叶片主脉稍粗，主侧脉夹角大，叶色绿，叶肉组织尚细致，叶片厚薄中等；花序密集，花色淡红。移栽至现蕾 42 ~ 46 d，移栽至中心花开放 44 ~ 50 d，大田生育期 98 ~ 115 d。

抗 病 性　中感黑胫病，田间表现为叶部病害轻。

五峰迟铁板烟

品种编号　HBSSN079

品种来源　湖北省宜昌市五峰县地方晒烟品种，湖北省烟草科学研究院保存。

特征特性　株式筒形，株高 95.3 cm，茎围 10.3 cm，节距 4.3 cm，叶数 14.0 片，腰叶长 73.8 cm、宽 35.8 cm，茎叶角度较大；叶形椭圆，无叶柄，叶尖渐尖，叶面较皱，叶缘微波状，叶耳中，叶片主脉粗细中等，主侧脉夹角中等偏大，叶色绿，叶肉组织稍粗糙，叶片厚薄中等；花序密集，花色淡红。移栽至现蕾 40 d，移栽至中心花开放 43 d，大田生育期 116 d。

抗 病 性　抗黑胫病，田间表现为叶部病害轻。

五峰把儿烟

五峰迟铁板烟

五峰大筋烟

品种编号 HBSSN080

品种来源 湖北省宜昌市五峰县清水湾村地方晒烟品种，湖北省烟草科学研究院保存。

特征特性 株式筒形，株高139.0～143.0 cm，茎围8.0～8.4 cm，节距4.0～4.3 cm，叶数20.0～21.0片，腰叶长68.0～75.0 cm、宽34.2～40.0 cm，茎叶角度中等偏大，叶片上下分布较均匀；叶形宽椭圆，无叶柄，叶尖渐尖，叶面较平，叶缘波浪状，叶耳中，叶片主脉粗细中等，主侧脉夹角甚大，叶色绿，叶肉组织粗糙，叶片厚薄中等；花序密集，花色淡红。移栽至现蕾49 d，移栽至中心花开放52 d，大田生育期118 d。

抗病性 抗黑胫病，田间表现为叶部病害轻。

五峰大筋烟

五峰大铁板烟

品种编号 HBSSN081

品种来源 湖北省宜昌市五峰县水尽司村地方晒烟品种，湖北省烟草科学研究院保存。

特征特性 株式塔形，株高118.4 cm，茎围8.7 cm，节距5.1 cm，叶数16.0片，腰叶长64.8 cm、宽32.3 cm，茎叶角度甚大，下部叶片着生较密，叶片平展略下披；叶形宽椭圆，无叶柄，叶尖渐尖，叶面较皱，叶缘微波状，叶耳小，叶片主脉粗细中等，主侧脉夹角大，叶色深绿，叶肉组织稍粗糙，叶片厚薄中等；花序松散，花色淡红。移栽至现蕾39 d，移栽至中心花开放42 d，大田生育期116 d。

抗病性 抗黑胫病，田间表现为叶部病害轻。

五峰大铁板烟

五峰斤把烟

品种编号 HBSSN082

品种来源 湖北省宜昌市五峰县地方晒烟品种，湖北省烟草科学研究院保存。

特征特性 株式塔形，株高 110.2 ～ 113.4 cm，茎围 8.9 ～ 9.5 cm，节距 4.4 ～ 5.4 cm，叶数 15.0 ～ 20.5 片，腰叶长 67.9 ～ 73.6 cm、宽 32.6 ～ 36.6 cm，茎叶角度大，叶片下披；叶形长椭圆，无叶柄，叶尖渐尖，叶面较皱，叶缘波浪状，叶耳中，叶片主脉稍细，主侧脉夹角较大，叶色深绿，叶肉组织稍粗糙，叶片厚薄中等；花序松散，花色淡红。移栽至现蕾 41 d，移栽至中心花开放 44 d，大田生育期 118 d。

抗 病 性 中抗黑胫病，田间表现为叶部病害轻。

五峰斤把烟

五峰铁板烟

品种编号 HBSSN083

品种来源 湖北省宜昌市五峰县地方晒烟品种，湖北省烟草科学研究院保存。

特征特性 株式筒形，株高 135.0 ～ 145.0 cm，茎围 8.4 ～ 9.0 cm，节距 5.5 ～ 6.0 cm，叶数 14.0 ～ 15.0 片，腰叶长 65.2 ～ 68.0 cm、宽 33.3 ～ 37.0 cm，茎叶角度大，下部叶片着生稍密；叶形宽椭圆，无叶柄，叶尖渐尖，叶面较皱，叶缘波浪状，叶耳大，叶片主脉粗细中等，主侧脉夹角大，叶色深绿，叶肉组织粗糙，叶片较厚；花序松散，花色淡红。移栽至现蕾 40 d，移栽至中心花开放 42 d，大田生育期 100 ～ 110 d。

抗 病 性 中抗黑胫病。

五峰小香叶

品种编号 HBSSN084

品种来源 湖北省宜昌市五峰县长乐坪镇地方晒烟品种，湖北省烟草科学研究院保存。

特征特性 株式筒形，株高 143.6 cm，茎围 9.5 cm，节距 5.0 cm，叶数 19.0 片，腰叶长 67.0 cm、宽 34.5 cm，茎叶角度甚大，下部叶片着生较密，叶片平展略下披；叶形宽椭圆，无叶柄，叶尖渐尖，叶面较皱，叶缘微波状，叶耳大，叶片主脉粗细中等，主侧脉夹角大，叶色深绿，叶肉组织较粗糙，叶片厚薄中等；花序密集，花色淡红。移栽至现蕾 43 d，移栽至中心花开放 46 d，大田生育期 114 d。

抗病性 中感黑胫病，田间表现为叶部病害轻。

五峰铁板烟

五峰小香叶

五龙火烟

品种编号 HBSSN085

品种来源 湖北省地方晒烟品种，湖北省烟草科学研究院保存。

特征特性 株式塔形，株高 99.6 cm，茎围 8.0 cm，节距 6.2 cm，叶数 12.0 片，腰叶长 68.0 cm、

宽 35.3 cm，茎叶角度大，中下部叶片着生较密，腋芽生长势较强；叶形宽椭圆近卵圆形，无叶柄，叶尖渐尖，叶面平，叶缘微波近平滑，叶耳中，叶片主脉稍细，主侧脉夹角大，叶色深绿，叶肉组织尚细致，叶片厚薄中等；花序松散，花色淡红。移栽至现蕾 40 d，移栽至中心花开放 43 d，大田生育期 116 d。

抗 病 性　抗黑胫病，田间表现为叶部病害轻。

五龙火烟

小把儿烟

品种编号　HBSSN086

品种来源　湖北省神农架林区板仓村地方晒烟品种，湖北省烟草科学研究院保存。

特征特性　株式塔形，株高 102.8 ~ 144.2 cm，茎围 8.4 ~ 9.1 cm，节距 5.2 ~ 6.3 cm，叶数 15.0 ~ 17.0 片，腰叶长 57.6 ~ 69.4 cm、宽 27.0 ~ 40.6 cm，茎叶角度甚大，下部叶片着生稍密，叶片平展略下披，腋芽生长势较强；叶形宽椭圆，无叶柄，叶尖钝尖，叶面皱，叶缘皱折，叶耳中，叶片主脉粗细中等，主侧脉夹角大，叶色绿，叶肉组织粗糙，叶片厚薄中等；花序松散，花色淡红。移栽至现蕾 40 ~ 43 d，移栽至中心花开放 43 ~ 69 d，大田生育期 101 ~ 115 d。

抗 病 性　中抗黑胫病，田间表现为叶部病害轻。

小花青（宽叶）

品种编号　HBSSN087

品种来源　湖北省恩施州鹤峰县六峰村地方晒烟品种，湖北省烟草科学研究院保存。

特征特性　株式筒形，株高 94.8 ~ 138.7 cm，茎围 9.5 ~ 9.6 cm，节距 2.7 ~ 4.8cm，叶数 14.0 ~ 23.4 片，腰叶长 65.5 ~ 67.4 cm、宽 32.8 ~ 39.3 cm，茎叶角度甚大，下部叶片着生较密，叶片较下披；叶形宽卵圆形，有短叶柄，叶尖渐尖，叶面较皱，叶缘微波状，叶耳小，叶片主脉稍细，主侧脉夹角较大，叶色绿，叶肉组织较粗糙，叶片厚薄中等；花序密集，花色淡红。移栽至现蕾 44 ~ 75 d，移栽至中心花开放 47 ~ 83 d，大田生育期 114 ~ 117 d。耐肥，抗风，适应性较强。亩产量 188.83 kg。

外观质量　原烟颜色红黄色，结构稍密，身份中等至稍厚，油分多至有，色度中。

化学成分 总植物碱含量 6.92%，总糖含量 5.00%。

评吸质量 香气质中等，香气量较足，劲头适中，余味舒适，燃烧性强。

抗 病 性 抗黑胫病，田间表现为叶部病害轻。

小把儿烟

小花青（宽叶）

小花青（窄叶）

品种编号 HBSSN088

品种来源 湖北省恩施州鹤峰县六峰村地方晒烟品种，湖北省烟草科学研究院保存。

特征特性 株式近筒形，株高 132.4 ~ 189.3 cm，茎围 9.2 ~ 11.2 cm，节距 2.8 ~ 6.4 cm，叶数 15.0 ~ 33.4 片，腰叶长 54.7 ~ 72.2 cm、宽 26.7 ~ 36.1 cm，茎叶角度甚大，上下叶片分布稍均匀，叶片略下披；叶形长卵圆形，有长叶柄，叶尖急尖，叶面略皱，叶缘皱折，叶耳小，叶片主脉稍细，主侧脉夹角较大，叶色绿，叶肉组织较粗糙，叶片较厚；花序密集，花色淡红偏白。移栽至现蕾43 ~ 75 d，移栽至中心花开放46 ~ 83 d，大田生育期103 ~ 116 d。耐肥，抗风，适应性较强。亩产量94.60 ~ 178.94 kg，上中等烟率82.31%。

外观质量 原烟颜色红黄至棕黄，结构疏松至稍密，身份适中至稍厚，油分多至有，光泽强，色度中至强。

化学成分 总植物碱含量3.25% ~ 6.92%，总氮含量2.05% ~ 2.21%，总糖含量1.91% ~ 8.96%，还原糖含量1.87% ~ 7.53%，钾含量2.40% ~ 2.47%。

评吸质量 香气质中等至尚好，香气量较足至有，浓度较浓，劲头适中至较大，有杂气，有刺激性，余味舒适至尚舒适，燃烧性强。

抗 病 性 中抗赤星病和烟蚜，中感黑胫病，感青枯病、根结线虫病、TMV、CMV、PVY和丛顶病。

小花青（窄叶）

小筋红叶烟

品种编号 HBSSN089

品种来源 湖北省宜昌市枝城镇潘家湾地方晒烟品种，湖北省烟草科学研究院保存。

特征特性 株式塔形，株高122.8 ~ 135.6 cm，茎围8.9 ~ 10.3 cm，节距5.9 ~ 7.1 cm，叶数16.0 ~ 17.0片，腰叶长65.6 ~ 69.1 cm、宽31.9 ~ 40.2 cm，茎叶角度中等偏大，下部叶片分布稍密，株型松散；叶形宽椭圆，无叶柄，叶尖渐尖，叶面较平，叶缘微波近平滑，叶耳中，叶片主脉粗细中等，主侧脉夹角中等，叶色绿，叶肉组织稍粗糙，叶片厚薄中等；花序密集，花色淡红。移栽至现蕾38 ~ 40 d，移栽至中心花开放41 ~ 42 d，大田生育期113 ~ 115 d。

抗 病 性 感黑胫病，田间表现为叶部病害轻。

小香烟

品种编号 HBSSN090

品种来源 湖北省宜昌市枝城镇潘家湾地方晒烟品种，湖北省烟草科学研究院保存。

特征特性 株式塔形，株高62.0 ~ 119.2 cm，茎围7.0 ~ 9.9 cm，节距2.2 ~ 6.6 cm，叶数

小筋红叶烟

11.4 ~ 14.4 片，腰叶长 49.9 ~ 63.6 cm、宽 29.1 ~ 36.7 cm，茎叶角度甚大，下部叶片分布密，叶片下披；叶形宽心脏形，有短叶柄，叶尖渐尖，叶面较平，叶缘微波近平滑，叶耳小，叶片主脉粗细中等，主侧脉夹角中等，叶色深绿，叶肉组织稍粗糙，叶片较厚；花序松散，花色淡红。移栽至现蕾 35 ~ 48 d，移栽至中心花开放 38 ~ 50 d，大田生育期 99 ~ 115 d。

抗 病 性　感黑胫病，田间表现为叶部病害轻。

小香烟

小香叶子

品种编号　HBSSN091

品种来源　湖北省地方晒烟品种，湖北省烟草科学研究院保存。

特征特性　株式塔形，株高 74.0 ~ 112.8 cm，茎围 9.5 ~ 11.7 cm，节距 2.1 ~ 3.9 cm，叶片

18.4 ~ 19.0 片，腰叶长 57.0 ~ 73.0 cm、宽 30.5 ~ 31.5 cm，茎叶角度中等偏小，株型紧凑；叶形长椭圆形，无叶柄，叶尖渐尖，叶面较平，叶缘微波近平滑，叶耳中，叶片主脉粗细中等，主侧脉夹角较大，叶色绿，叶肉组织尚细致，叶片较厚；花序松散，花色淡红。移栽至现蕾 50 ~ 55 d，移栽至中心花开放 65 ~ 67 d，大田生育期 103 ~ 110 d。田间长势中等，耐肥。亩产量 85.30 kg。

外观质量　原烟颜色正黄色，结构尚疏松，身份中等，油分有，光泽尚鲜明。

化学成分　总植物碱含量 3.50%，总氮含量 2.94%，总糖含量 8.13%，钾含量 1.47%。

评吸质量　香气质中等，香气量尚足，浓度较浓，劲头中等，有杂气，有刺激性，余味尚舒适，燃烧性中等。

抗 病 性　田间表现为叶部病害轻。

小香叶子

新塘护耳把把

品种编号　HBSSN092

品种来源　湖北省恩施市新塘乡地方晒烟品种，湖北省烟草科学研究院保存。

特征特性　株式筒形，株高 84.7 ~ 154.0 cm，茎围 8.0 ~ 9.1 cm，节距 2.3 ~ 5.5 cm，叶数22.2 ~ 22.8 片，腰叶长 48.7 ~ 56.5 cm、宽 17.2 ~ 17.5 cm，茎叶角度较小，株型紧凑；叶形披针形，有长叶柄，叶尖尾状，叶面较皱，叶缘皱折，无叶耳，叶片主脉粗细中等，主侧脉夹角中等，叶色绿，叶肉组织尚细致，叶片较厚；花序松散，花色淡红。移栽至现蕾 46 ~ 53 d，移栽至中心花开放 58 ~ 60 d，大田生育期 95 ~ 100 d。田间长势中等，不耐肥。亩产量 70.10 ~ 138.23 kg，上中等烟率 53.39% ~ 76.82%。

外观质量　原烟颜色棕黄，结构疏松，身份中等，油分有至少，光泽较暗，色度中至弱。单叶重 4.2 g。

化学成分　总植物碱含量 3.48% ~ 6.70%，总氮含量 2.62% ~ 3.49%，总糖含量 2.45% ~ 15.30%，

还原糖含量 13.30%，钾含量 0.83% ~ 3.91%。

评吸质量 香气质中等至较好，香气量尚足至较足，浓度较浓，劲头适中至较大，有杂气，有刺激性，余味尚舒适至较舒适，燃烧性中等。

抗 病 性 中抗 CMV，中感黑胫病、TMV 和 PVY，感青枯病。

新塘护耳把把

兴隆大柳子烟

品种编号 HBSSN093

品种来源 湖北省恩施州利川市兴隆村地方晒烟品种，湖北省烟草科学研究院保存。

特征特性 株式筒形，株高 102.1 ~ 155.6 cm，茎围 8.8 ~ 9.5 cm，节距 4.9 ~ 5.7 cm，叶数 14.0 ~ 26.0 片，腰叶长 65.2 ~ 74.6 cm、宽 38.6 ~ 40.4 cm，茎叶角度小，叶片上下分布较均匀，株型紧凑；叶形椭圆，无叶柄，叶尖渐尖，叶面较平，叶缘微波近平滑，叶耳中，叶片主脉粗细中等，主侧脉夹角大，叶色绿，叶肉组织稍粗糙，叶片厚薄中等；花序密集，花色淡红。移栽至现蕾 39 ~ 43 d，移栽至中心花开放 42 ~ 46 d，大田生育期 114 ~ 116 d。

抗 病 性 中感黑胫病，田间表现为叶部病害轻。

兴隆柳叶子

品种编号 HBSSN094

品种来源 湖北省恩施州利川市兴隆村地方晒烟品种，湖北省烟草科学研究院保存。

特征特性 株式塔形，株高 97.0 cm，茎围 7.8 cm，节距 4.3 cm，叶数 17.0 片，腰叶长 62.6 cm、宽 22.3 cm，茎叶角度大，下部叶片分布较密；叶形长椭圆，无叶柄，叶尖渐尖，叶面较平，叶缘平滑，叶耳中，叶片主脉粗细中等，主侧脉夹角大，叶色绿，叶肉组织稍粗糙，叶片厚薄中等；花序松散，花色淡红。移栽至现蕾 35 d，移栽至中心花开放 38 d，大田生育期 115 d。

抗 病 性　抗黑胫病，田间表现为叶部病害轻。

兴隆大柳子烟

兴隆柳叶子

兴山大枇杷烟

品种编号　HBSSN095

品种来源　湖北省宜昌市兴山县黄粮镇地方晒烟品种，湖北省烟草科学研究院保存。

特征特性　株式筒形，株高 95.2 ~ 112.3 cm，茎围 9.5 ~ 10.3 cm，节距 4.3 ~ 5.7 cm，叶数 13.0 ~ 16.0 片，腰叶长 73.8 ~ 74.2 cm、宽 35.8 ~ 36.1 cm，茎叶角度大，上下叶片分布尚均匀；

叶形椭圆，无叶柄，叶尖渐尖，叶面皱，叶缘皱折，叶耳中，叶片主脉粗细中等，主侧脉夹角大，叶色绿，叶肉组织尚细致，叶片厚薄中等；花序密集，花色淡红。移栽至现蕾 38 ~ 63 d，移栽至中心花开放 41 ~ 69 d，大田生育期 112 ~ 115 d。亩产量 137.17 kg，上中等烟率 92.30%。

外观质量　原烟颜色红棕色，结构疏松，身份中等，油分有，色度强。

化学成分　总植物碱含量 1.64%，总氮含量 1.81%，总糖含量 19.50%，还原糖含量 17.90%，钾含量 3.97%。

评吸质量　香气质较好，香气量较足，浓度较浓，劲头适中，余味较舒适，杂气较轻，有刺激性，燃烧性中等。

抗 病 性　抗黑胫病，中抗根结线虫病，中感赤星病、TMV 和 PVY，感青枯病和 CMV，高感烟蚜。

兴山大枇杷烟

雅沐羽大毛烟

品种编号　HBSSN096

品种来源　湖北省恩施州雅沐羽地方晒烟品种，湖北省烟草科学研究院保存。

特征特性　株式塔形，株高 116.9 cm，茎围 9.9 cm，节距 4.6 cm，叶数 15.2 片，腰叶长 59.5 cm、宽 33.5 cm，茎叶角度甚大，上下叶片分布尚均匀，叶片平展；叶形椭圆，无叶柄，叶尖钝尖，叶面平，叶缘平滑，叶耳大，叶片主脉粗细中等，主侧脉夹角甚大，叶色绿，叶肉组织尚细致，叶片较厚；花序密集，花色淡红。移栽至现蕾 45 d，移栽至中心花开放 62 d，大田生育期 107 d。

抗 病 性　抗黑胫病，田间表现为叶部病害轻。

雅沐羽大毛烟

烟站把儿烟

品种编号 HBSSN097

品种来源 湖北省宜昌市五峰县地方晒烟品种，湖北省烟草科学研究院保存。

特征特性 株式筒形，株高101.4 ~ 112.2 cm，茎围9.4 ~ 10.3 cm，节距4.6 ~ 6.6 cm，叶数14.0 ~ 16.0片，腰叶长66.3 ~ 68.7 cm、宽35.9 ~ 41.6 cm，茎叶角度甚大，下部叶片分布稍密，叶片略下披；叶形心脏形，有长叶柄，叶尖钝尖，叶面皱，叶缘皱折，无叶耳，叶片主脉稍细，主侧脉夹角中，叶色绿，叶肉组织尚细致，叶片厚薄中等；花序密集，花色淡红。移栽至现蕾42 ~ 45 d，移栽至中心花开放45 ~ 48 d，大田生育期115 ~ 118 d。亩产量83.36 kg，上中等烟率62.10%。

外观质量 原烟颜色褐色，结构尚疏松，身份中等，油分稍有，色度中。

化学成分 总植物碱含量2.59%，总氮含量2.39%，总糖含量3.00%，还原糖含量2.06%，钾含量3.68%。

抗病性 中抗根结线虫病和PVY，中感黑胫病、青枯病、TMV和CMV，感赤星病，高感烟蚜。

烟站把儿烟

烟子

品种编号　HBSSN098

品种来源　湖北省宜昌市长阳县麻池村地方晒烟品种，湖北省烟草科学研究院保存。

特征特性　株式筒形，株高90.7 ~ 166.1 cm，茎围9.2 ~ 9.7 cm，节距3.8 ~ 6.1 cm，叶数15.2 ~ 20.1 片，腰叶长51.1 ~ 62.6 cm、宽25.6 ~ 27.8 cm，茎叶角度较大，上下叶片分布尚均匀，株型较紧凑；叶形椭圆，无叶柄，叶尖渐尖，叶面较皱，叶缘微波状，叶耳中，叶片主脉粗细中等，主侧脉夹角中，叶色绿，叶肉组织细致，叶片厚薄中等；花序密集，花色淡红。移栽至现蕾44 ~ 54 d，移栽至中心花开放50 ~ 61 d，大田生育期99 ~ 106 d。田间长势中等，耐肥。亩产量73.27 ~ 75.10 kg。

外观质量　原烟颜色棕黄色，结构尚疏松至疏松，身份适中至较薄，油分有，光泽尚鲜明，色度弱。单叶重7.9 g。

化学成分　总植物碱含量3.79% ~ 4.50%，总氮含量3.03% ~ 3.49%，总糖含量5.94% ~ 6.46%，钾含量0.74% ~ 1.11%。

评吸质量　香气质中等，香气量尚足，浓度中等，劲头中等，有杂气，微有刺激性，余味尚舒适，燃烧性中。

抗 病 性　抗黑胫病，田间表现为叶部病害轻。

烟子

阳河大乌烟

品种编号　HBSSN099

品种来源　湖北省恩施州利川市阳河村地方晒烟品种，湖北省烟草科学研究院保存。

特征特性　株式塔形，株高133.0 ~ 150.2 cm，茎围8.9 ~ 9.9 cm，节距5.7 ~ 5.9 cm，叶数14.0 ~ 16.0 片，腰叶长59.9 ~ 66.7 cm、宽35.7 ~ 37.4 cm，茎叶角度大，下部叶片分布稍密，叶片平展；叶形长椭圆，无叶柄，叶尖渐尖，叶面较平，叶缘平滑，叶耳较大，叶片主脉粗细中等，主侧脉夹角甚大，叶色绿，叶肉组织细致，叶片厚薄中等；花序松散，花色淡红。移栽至现蕾 42 ~ 47 d，移栽至中心花开放 44 ~ 62 d，大田生育期 103 ~ 113 d。田间长势中等，耐肥。亩产量 75.80 ~ 101.08 kg，上中等烟比例 66.44%。

外观质量　原烟颜色红黄至红棕，结构疏松至尚疏松，身份中等，油分少，光泽尚鲜明，色度中。

化学成分　总植物碱含量 1.56% ~ 3.40%，总氮含量 2.04% ~ 2.74%，总糖含量 7.23% ~ 20.30%，还原糖含量 18.40%，钾含量 1.21% ~ 3.32 。

评吸质量　香气质中等至较好，香气量尚足至较足，浓度较浓，劲头中等，杂气有至较轻，有刺激性，余味尚舒适至较舒适，燃烧性中等。

抗 病 性　抗黑胫病，中感赤星病、TMV、CMV 和 PVY，感青枯病。

阳河大乌烟

阳河大香叶

品种编号　HBSSN100

品种来源　湖北省恩施州利川市阳河村地方晒烟品种，湖北省烟草科学研究院保存。

特征特性　株式椭圆形，株高 116.4 cm，茎围 12.2 cm，节距 3.4 cm，叶数 16.4 片，腰叶长 72.2 cm、宽 39.5 cm，茎叶角度中等偏大，下部叶片分布稍密，株型较紧凑；叶形椭圆，无叶柄，叶尖渐尖，叶面较皱，叶缘波浪状，叶耳中，叶片主脉粗细中等，主侧脉夹角较大，叶色绿，叶肉组织细致，叶片厚薄中等；花序密集，花色淡红。移栽至现蕾 50 d，移栽至中心花开放 65 d，大田生育期 112 d。

抗 病 性　田间表现为叶部病害轻。

洋溪大南烟

品种编号　HBSSN101

品种来源　湖北省地方晒烟品种，湖北省烟草科学研究院保存。

特征特性　株式塔形，株高 146.2 cm，茎围 8.8 cm，节距 5.1 cm，叶数 24.0 片，腰叶长 67.9 cm、

宽 26.1 cm，茎叶角度甚大，中、下部叶片分布较密，叶片平展，腋芽生长势较强；叶形椭圆，无叶柄，叶尖钝尖，叶面较平，叶缘微波近平滑，叶耳中，叶片主脉粗细中等，主侧脉夹角甚大，叶色绿，叶肉组织较粗糙，叶片较薄；花序松散，花色淡红。移栽至现蕾 44 d，移栽至中心花开放 47 d，大田生育期 115 d。

抗 病 性 中感黑胫病，田间表现为叶部病害轻。

阳河大香叶

洋溪大南烟

宜昌葵花烟

品种编号 HBSSN102

品种来源 湖北省宜昌市龙泉镇地方晒烟品种，湖北省烟草科学研究院保存。

特征特性 株式塔形，株高 122.2 cm，茎围 9.1 cm，节距 4.6 cm，有效叶数 22.0 片，腰叶长

74.8 cm、宽 29.6 cm，茎叶角度甚大，下部叶片分布较密，叶片平展略下披；叶形卵圆形，有长叶柄，叶尖钝尖，叶面略皱，叶缘微波状，无叶耳，叶片主脉粗细中等，主侧脉夹角大，叶色深绿，叶肉组织尚细致，叶片厚薄中等；花序密集，花色淡红。移栽至现蕾 43 d，移栽至中心花开放 46 d，大田生育期 110 d。

抗 病 性　感黑胫病，田间表现为叶部病害轻。

宜昌葵花烟

鱼龙小火烟

品种编号　HBSSN103

品种来源　湖北省恩施州利川市鱼龙乡地方晒烟品种，湖北省烟草科学研究院保存。

特征特性　株式筒形，株高 113.2 cm，茎围 8.5 cm，节距 5.6 cm，叶数 15.0 片，腰叶长 64.4 cm、宽 33.9 cm，茎叶角度甚大，叶片平展略下披，腋芽生长势强；叶形长椭圆，无叶柄，叶尖渐尖，叶面平，叶缘微波近平滑，叶耳中，叶片主脉粗细中等，主侧脉夹角甚大，叶色深绿，叶肉组织尚细致，叶片厚薄中等；花序松散，花色淡红偏白。移栽至现蕾 34 d，移栽至中心花开放 38 d，大田生育期 105 d。

抗 病 性　抗黑胫病，田间表现为叶部病害轻。

枝城毛烟

品种编号　HBSSN104

品种来源　湖北省宜昌市枝城镇地方晒烟品种，湖北省烟草科学研究院保存。

特征特性　株式筒形，株高 160.0 cm，茎围 9.5 cm，节距 8.3 cm，叶数 16.0 片，腰叶长 66.4 cm、宽 31.2 cm，茎叶角度甚大，叶片下披；叶形长椭圆，无叶柄，叶尖渐尖，叶面皱，叶缘波浪状，叶耳大，叶片主脉稍粗，主侧脉夹角中等，叶色深绿，叶肉组织尚细致，叶片厚薄中等；花序松散，花色淡红。移栽至现蕾 37 d，移栽至中心花开放 40 d，大田生育期 105 d。

抗 病 性　感黑胫病，田间表现为叶部病害轻。

鱼龙小火烟

枝城毛烟

皱皮佬

品种编号　HBSSN105

品种来源　湖北省宜昌市枝城镇潘家湾地方晒烟品种，湖北省烟草科学研究院保存。

特征特性　株式塔形，株高 124.2 cm，茎围 10.2 cm，节距 7.7 cm，叶数 14.0 片，中部叶长 67.8 cm、

宽 39.8 cm，茎叶角度较大，叶片下披；叶形宽椭圆，无叶柄，叶尖钝尖，叶面皱，叶缘波浪状，叶耳中，叶片主脉稍粗，主侧脉夹角中等，叶色深绿，叶肉组织稍粗糙，叶片厚薄中等；花序密集，花色淡红。移栽至现蕾 42 d，移栽至中心花开放 45 d，大田生育期 110 d。

抗 病 性 感黑胫病，田间表现为叶部病害轻。

皱皮佬

竹溪白花烟

品种编号 HBSSN106

品种来源 湖北省十堰竹溪双坝地方晒烟品种，湖北省烟草科学研究院保存。

特征特性 株式筒形，株高 112.0 cm，茎围 8.9 cm，节距 6.5 cm，叶数 13.4 片，腰叶长 60.9 cm、宽 34.8 cm，茎叶角度较大，下部叶片分布稍密；叶形宽椭圆，无叶柄，叶尖渐尖，叶面较皱，叶缘波浪状，叶耳中，叶片主脉粗细中等，主侧脉夹角大，叶色绿，叶肉组织尚细致，叶片较厚；花序密集，花色淡红。移栽至现蕾 36 d，移栽至中心花开放 38 d，大田生育期 86 d。

抗 病 性 抗黑胫病，田间表现为叶部病害轻。

竹溪大柳条

品种编号 HBSSN107

品种来源 湖北省十堰市竹溪县佛台乡地方晒烟品种，湖北省烟草科学研究院保存。

特征特性 株式塔形，株高 70.2 ~ 111.0 cm，叶数 14.0 ~ 19.6 片，茎围 7.0 ~ 11.1 cm，节距 2.3 ~ 6.3 cm，腰叶长 37.6 ~ 77.7 cm、宽 10.2 ~ 26.8 cm，茎叶角度小，下部叶片分布稍密，株型紧凑；叶形长椭圆，无叶柄，叶尖尾状，叶面较皱，叶缘波浪状，叶耳小，叶片主脉较粗，主侧脉夹角小，叶色深绿，叶肉组织尚细致，叶片较厚；花序松散，花色淡红。移栽至现蕾 40 ~ 55 d，移栽至中心花开放 42 ~ 66 d，大田生育期 97 ~ 102 d。田间长势中等，腋芽生长势较强，不耐肥。亩产量 75.19 ~ 129.10 kg，上中等烟率 31.78% ~ 65.14%。

外观质量 原烟颜色深黄至红黄，结构疏松至尚疏松，身份中等至稍薄，油分有至少，光泽尚鲜明，色度中至弱。单叶重 10.2 g。

化学成分　总植物碱含量 1.85% ～ 4.49%，总氮含量 1.88% ～ 3.43%，总糖含量 8.25% ～ 21.30%，还原糖含量 19.60%，钾含量 1.29% ～ 4.19%。

评吸质量　香气质中等至较好，香气量尚足至较足，浓度中等至较浓，劲头中等，杂气有至较轻，有刺激性，余味尚舒适至较舒适，燃烧性中等。

抗 病 性　中感黑胫病、赤星病和 PVY，感青枯病、根结线虫病、TMV 和 CMV，中抗烟蚜。

竹溪白花烟

竹溪大柳条

竹溪人头烟

品种编号 HBSSN108

品种来源 湖北省十堰市竹溪县石安地方晒烟品种，湖北省烟草科学研究院保存。

特征特性 株式筒形，株高 115.6 ~ 120.4 cm，茎围 7.7 ~ 9.7 cm，节距 4.9 ~ 8.1 cm，叶数 12.2 ~ 17.0 片，腰叶长 59.9 ~ 67.1 cm、宽 35.0 ~ 41.2 cm，茎叶角度大，下部叶片分布稍密，叶片略下披；叶形宽椭圆，无叶柄，叶尖渐尖，叶面较皱，叶缘波浪状，叶耳中偏大，叶片主脉粗细中等，主侧脉夹角较大，叶色绿，叶肉组织粗糙，叶片厚薄中等；花序密集，花色淡红。移栽至现蕾 36 ~ 37 d，移栽至中心花开放 38 ~ 43 d，大田生育期 86 ~ 114 d。亩产量 97.57 kg，上等烟率 8.66%，上中等烟率 78.71%。

外观质量 原烟颜色淡棕色，结构尚疏松，身份中等，油分有，色度中。

化学成分 总植物碱含量 3.09%，总氮含量 3.81%，总糖含量 6.27%，还原糖含量 4.26%，钾含量 3.93%。

抗 病 性 中抗黑胫病，中感赤星病、CMV、TMV 和 PVY，感青枯病。

竹溪人头烟

竹溪小柳子 -1

品种编号 HBSSN109

品种来源 湖北省十堰市竹溪县葛洞地方晒烟品种，湖北省烟草科学研究院保存。

特征特性 株式筒形，株高 128.8 ~ 144.0 cm，茎围 8.5 ~ 9.3 cm，节距 5.7 ~ 8.2 cm，叶数 14.0 ~ 18.0 片，腰叶长 67.3 ~ 70.1 cm、宽 35.3 ~ 35.7 cm，茎叶角度较大，上下叶片分布稍均匀，株型尚紧凑；叶形长椭圆，无叶柄，叶尖渐尖，叶面较皱，叶缘波浪状，叶耳中，叶片主脉较粗，主侧脉夹角小，叶色深绿，叶肉组织稍粗糙，叶片厚薄中等；花序密集，花色淡红。移栽至现蕾 38 ~ 44 d，移栽至中心花开放 40 ~ 46 d，大田生育期 110 ~ 116 d。

抗 病 性　感黑胫病，田间表现为叶部病害轻。

竹溪小柳子 –1

竹溪小柳子 –3

品种编号　HBSSN110

品种来源　湖北省十堰市竹溪城关镇地方晒烟品种，湖北省烟草科学研究院保存。

特征特性　株式塔形，株高 123.8 cm，茎围 9.1 cm，节距 5.8 cm，叶数 14.0 片，腰叶长 74.1 cm、宽 37.6 cm，茎叶角度甚大，下部叶片分布密，叶片下披；叶形宽椭圆，无叶柄，叶尖钝尖，叶面略皱，叶缘微波状，叶耳大，叶片主脉粗细中等，主侧脉夹角大，叶色深绿，叶肉组织稍粗糙，叶片较厚；花序密集，花色淡红。移栽至现蕾 37 d，移栽至中心花开放 40 d，大田生育期 113 d。

抗 病 性　中感黑胫病，田间表现为叶部病害轻。

竹溪小柳子 –3

竹溪小人头烟

品种编号　HBSSN111

品种来源　湖北省十堰市竹溪县石安地方晒烟品种，湖北省烟草科学研究院保存。

特征特性　株式橄榄形，株高108.8 cm，茎围8.6 cm，节距5.9 cm，叶数15.0片，腰叶长62.8 cm、宽35.7 cm，茎叶角度大，腋芽生长势强；叶形椭圆，无叶柄，叶尖渐尖，叶面平，叶缘微波状，叶耳中，叶片主脉粗细中等，主侧脉夹角较大，叶色绿，叶肉组织尚细致，叶片厚薄中等；花序松散，花色淡红。移栽至现蕾41 d，移栽至中心花开放44 d，大田生育期115 d。

抗 病 性　抗黑胫病，田间表现为叶部病害轻。

竹溪小人头烟

竹溪小叶子烟

品种编号　HBSSN112

品种来源　湖北省十堰市竹溪县石安地方晒烟品种，湖北省烟草科学研究院保存。

特征特性　株式塔形，株高109.1～121.0 cm，茎围8.5～10.2 cm，节距5.0～6.5 cm，叶数13.0～17.6片，腰叶长60.5～64.3 cm、宽35.9～39.4 cm，茎叶角度大，下部叶片分布较密，叶片平展略下披，腋芽生长势强；叶形宽卵圆形，无叶柄，叶尖渐尖，叶面平，叶缘平滑，叶耳小，叶片主脉粗细中等，主侧脉夹角甚大，叶色深绿，叶肉组织尚细致，叶片厚薄中等；花序密集，花色淡红。移栽至现蕾41～43 d，移栽至中心花开放43～46 d，大田生育期86～115 d。

抗 病 性　抗黑胫病，田间表现为叶部病害轻。

秭归土烟

品种编号　HBSSN113

品种来源　湖北省宜昌市秭归县地方晒烟品种，湖北省烟草科学研究院保存。

特征特性　株式塔形，株高102.0～107.4 cm，茎围7.1～8.0 cm，节距6.7cm，叶数13.0～14.0片，

腰叶长54.9 ～ 58.6 cm、宽30.4 ～ 31.6cm，茎叶角度大，下部叶片分布较密，叶片平展略下披，腋芽生长势较强；叶形椭圆，无叶柄，叶尖渐尖，叶面略皱，叶缘波浪状，叶耳小，叶片主脉粗细中等，主侧脉夹角甚大，叶色绿，叶肉组织尚细致，叶片厚薄中等；花序密集，花色淡红。移栽至现蕾38 ～ 39 d，移栽至中心花开放40 d，大田生育期86 ～ 115 d。

抗 病 性　抗黑胫病，田间表现为叶部病害轻。

竹溪小叶子烟

秭归土烟

二、省外晒烟种质资源

GQH

品种编号　HBSSW001

品种来源　四川省什邡市地方晒烟品种，湖北省烟草公司十堰市公司于2009年从川渝中烟工业有限责任公司引进，湖北省烟草科学研究院保存。

特征特性　株式筒形，株高 109.0 ~ 132.0 cm，叶数 19.0 ~ 25.0 片，茎围 8.1 ~ 10.6 cm，节距 3.8 ~ 5.1 cm，腰叶长 49.1 ~ 54.5 cm、宽 30.6 ~ 31.6 cm，茎叶角度较大；叶形长卵圆形，有短叶柄，叶尖渐尖，叶面较皱，叶缘波浪状，叶耳小，叶片主脉粗细中等，主侧脉夹角大，叶色绿，叶肉组织细致，叶片较厚；花序松散，花色白。移栽至现蕾 47 ~ 62 d，移栽至中心花开放 57 ~ 67 d，大田生育期 102 ~ 110 d。耐肥。亩产量 129.10 ~ 136.89 kg，上中等烟率 16.99%。

外观质量　原烟颜色褐黄、深黄，结构疏松至尚疏松，身份稍厚至较薄，油分有至稍有，光泽较暗，色度中。单叶重 8.2 g。

化学成分　总植物碱含量 1.81% ~ 2.32%，总氮含量 1.95% ~ 2.87%，总糖含量 9.63% ~ 19.40%，钾含量 1.32% ~ 1.54%。

评吸质量　香气质中等，香气量尚充足，浓度较淡至中等，劲头较小至中等，有杂气，刺激性有至微有，余味尚舒适，燃烧性中等。

抗 病 性　抗黑胫病，田间表现为叶部病害轻。

GQH

GXKL

品种编号　HBSSW002

品种来源　四川省什邡市地方晒烟品种，湖北省烟草公司十堰市公司于 2009 年从川渝中烟工业有限责任公司引进，湖北省烟草科学研究院保存。

特征特性　株式塔形，株高 74.8 ~ 76.3 cm，叶数 19.0 ~ 22.4 片，茎围 9.2 ~ 10.7 cm，节距 2.6 ~ 3.5 cm，腰叶长 57.6 ~ 63.8 cm、宽 28.9 ~ 34.4 cm，茎叶角度中等；叶形长椭圆，无叶柄，叶尖渐尖，叶面较皱，叶缘微波状，叶耳小，叶片主脉粗细中等，主侧脉夹角较大，叶色绿，叶肉组织尚细致，叶片厚薄中等；花序密集，花色淡红。移栽至现蕾 49 ~ 65 d，移栽至中心花开放 54 ~ 72 d，大田生育期 99 ~ 105 d。田间长势中等，耐肥。亩产量 129.1 ~ 214.98 kg，上中等烟率 23.62%。

　　外观质量　原烟正黄至深黄，结构疏松至尚疏松，身份适中，油分有至多，光泽鲜明，色度强。单叶重 10.4 g。

　　化学成分　总植物碱含量 2.70% ~ 3.31%，总氮含量 2.08% ~ 2.78%，总糖含量 16.32% ~ 20.38%，钾含量 0.91% ~ 1.09%。

　　评吸质量　香气质中等，香气量尚充足，浓度较淡至中等，劲头较小至中等，有杂气，有刺激性，余味较苦辣至尚舒适，燃烧性中等。

　　抗 病 性　抗黑胫病，田间表现为叶部病害轻。

GXKL

半坤村晒烟

　　品种编号　HBSSW003

　　品种来源　云南省元江县半坤村地方晒烟品种，湖北省烟草公司十堰市公司于 2012 年从中国烟草遗传育种研究（北方）中心引进，湖北省烟草科学研究院保存。

　　特征特性　株式筒形，株高 138.0 ~ 198.3 cm，叶数 22.4 ~ 28.8 片，茎围 7.5 ~ 10.7 cm，节距 4.4 ~ 8.2 cm，腰叶长 48.9 ~ 70.3 cm、宽 20.0 ~ 34.5 cm，茎叶角度甚大，株型松散；叶形椭圆，无叶柄，叶尖钝尖，叶面较皱，叶缘微波状，叶耳大，叶片主脉较细，主侧脉夹角甚大，叶色黄绿，叶肉组织稍粗糙，叶片厚薄中等；花序松散，花色淡红。移栽至现蕾 55 ~ 66 d，移栽至中心花开放 65 ~ 72 d，大田生育期 99 ~ 120 d。田间长势中等，耐肥。亩产量 89.40 ~ 129.86 kg，上中等烟率 2.60% ~ 92.96%。

　　外观质量　原烟颜色正黄、红黄至红棕，结构疏松至尚疏松，身份适中至稍薄，油分有至多，光泽尚鲜明至鲜明，色度强至中。单叶重 8.3 g。

　　化学成分　总植物碱含量 1.25% ~ 3.41%，总氮含量 2.71% ~ 3.35%，总糖含量 1.66% ~ 11.75%，还原糖含量 0.97% ~ 4.20%，钾含量 0.91% ~ 2.75%。

　　评吸质量　香气质较好至中等，香气量尚充足至有，浓度中等，劲头中等至大，杂气有至微有，有刺激性，余味尚舒适，燃烧性中等。

抗 病 性 抗PVY，中感黑胫病、根结线虫病和CMV，感青枯病、赤星病、TMV和烟蚜。

半坤村晒烟

半密叶子

品种编号 HBSSW004

品种来源 浙江省桐乡市地方晒烟品种，湖北省烟草公司十堰市公司于2012年从中国烟草遗传育种研究（北方）中心引进，湖北省烟草科学研究院保存。

特征特性 株式塔形，株高106.9 ~ 121.3 cm，叶数19.0 ~ 24.0 片，茎围7.4 ~ 9.2 cm，节距3.4 ~ 4.1 cm，腰叶长48.2 ~ 50.2 cm、宽27.8 cm，茎叶角度中等偏小，株型紧凑；叶形长卵圆形，有叶柄，叶尖渐尖，叶面较平，叶缘平滑，叶耳小，叶片主脉较细，主侧脉夹角较大，叶色绿，叶肉组织细致，叶片较厚；花序松散，花色淡红。移栽至现蕾49 ~ 56 d，移栽至中心花开放57 ~ 65 d，大田生育期99 ~ 104 d。田间长势中等，耐肥。亩产量114.40 ~ 132.49 kg，上中等烟率43.56%。

外观质量 原烟颜色正黄，结构疏松至稍密，身份适中，油分有，光泽鲜明，色度强。单叶重10.0 g。

化学成分 总植物碱含量4.14% ~ 5.33%，总氮含量3.26% ~ 3.59%，总糖含量4.78% ~ 6.21%，钾含量1.37% ~ 1.62%。

评吸质量 香气质中等，香气量尚充足，浓度中等，劲头中等至较大，有杂气，有刺激性，余味尚舒适，燃烧性中等。

抗 病 性 抗黑胫病，田间表现为叶部病害轻。

半铁泡

品种编号 HBSSW005

品种来源 四川省什邡市地方晒烟品种，由湖北省农业科学院经济作物研究所引进，湖北省烟草科学研究院保存。

特征特性 株式塔形，打顶株高 120.9 cm，有效叶片 13～15 片，茎围 7.7 cm，节距 6.7 cm，腰叶长 49.3 cm、宽 32.8 cm，茎叶角度较大，株型松散；叶形心脏形，有叶柄，叶尖急尖，叶面稍皱，叶缘微波状，叶耳小，叶片主脉较细，主侧脉夹角中等，叶色绿，叶肉组织细致，叶片厚薄中等；花序密集，花色淡红。移栽至现蕾 43 d，移栽至中心花开放 54 d，大田生育期 113～118 d。田间长势弱，耐肥。亩产量 118.0 kg。

外观质量 原烟颜色深黄色，结构稍密，身份适中，油分有，光泽尚鲜明。

化学成分 总植物碱含量 3.06%，总氮含量 2.69%，总糖含量 12.80%，钾含量 1.13%。

评吸质量 香气质中等，香气量尚充足，浓度中等，劲头中等，有杂气，有刺激性，余味尚舒适，燃烧性中等。

抗病性 中感黑胫病，感青枯病，叶面病害轻。

半密叶子

半铁泡

辰溪香烟

品种编号 HBSSW006

品种来源 湖南省湘西地区辰溪县地方晒烟品种，湖北省烟草公司十堰市公司于 2012 年从中国烟草遗传育种研究（北方）中心引进，湖北省烟草科学研究院保存。

特征特性 株式塔形，株高 57.0 ～ 71.0 cm，叶数 18.0 ～ 21.9 片，茎围 10.2 ～ 10.9 cm，节距 2.1 ～ 2.5 cm，腰叶长 62.7 ～ 63.0 cm、宽 29.4 ～ 33.7 cm，茎叶角度较大；叶形披针形，有叶柄，叶尖渐尖，叶面较皱，叶缘微波状，叶耳小，叶片主脉粗细中等，主侧脉夹角中等偏小，叶色绿，叶肉组织细致，叶片厚薄中等；花序密集，花色淡红。移栽至现蕾 56 ～ 65 d，移栽至中心花开放 64 ～ 72 d，大田生育期 99 ～ 105 d。田间长势中等，不耐肥。亩产量 190.30 ～ 207.55 kg，上中等烟率 8.35%。

外观质量 原烟颜色赤黄、深黄，结构疏松，身份适中，油分有，光泽尚鲜明，色度中。单叶重 11.6 g。

化学成分 总植物碱含量 2.93% ～ 4.51%，总氮含量 2.25% ～ 3.72%，总糖含量 11.88% ～ 14.99%，钾含量 0.97% ～ 1.13%。

评吸质量 香气质中等，香气量尚充足，浓度较淡，劲头较小，有杂气，有刺激性，余味尚舒适，燃烧性中等。

抗 病 性 抗黑胫病，田间表现为叶部病害轻。

辰溪香烟

赤水烟

品种编号 HBSSW007

品种来源 贵州省道真仡佬族苗族自治县石笋坪地方晒烟品种，湖北省烟草公司十堰市公司于 2012 年从中国烟草遗传育种研究（北方）中心引进，湖北省烟草科学研究院保存。

特征特性 株式塔形，株高 107.8 ～ 134.9 cm，叶数 16.0 ～ 18.0 片，茎围 7.0 ～ 7.2 cm，节距 4.7 cm，腰叶长 45.4 ～ 50.1 cm、宽 29.2 ～ 32.1 cm，茎叶角度大；叶形宽卵圆形，有短叶柄，叶尖急尖，叶面皱，叶缘皱折，叶耳中等偏小，叶片主脉细，主侧脉夹角大，叶色深绿，叶肉组织尚细致，叶片厚薄中等；花序密集，花色淡红。移栽至现蕾 39 d，移栽至中心花开放 51 ～ 62 d，大田生育期 97 ～ 112 d。田间长势中等，耐肥。亩产量 101.9 kg。

外观质量 原烟颜色赤黄、褐红，结构尚疏松，身份稍厚，油分有，光泽鲜明至较暗。

化学成分 总植物碱含量 3.08% ～ 3.94%，总氮含量 3.10% ～ 4.34%，总糖含量 2.12% ～ 7.65%，还原糖含量 3.95%，钾含量 0.87%。

评吸质量 香气质较差至中等，香气量尚充足至足，浓度较淡至较大，劲头较小至中等，有杂气，刺激性有至微有，余味较苦辣，燃烧性中等。

抗 病 性 中感黑胫病、根结线虫病，感青枯病。

赤水烟

寸三皮

品种编号 IIBSSW008

品种来源 湖南省长沙市宁乡市地方晒烟品种，湖北省烟草公司十堰市公司于 2012 年从中国烟草遗传育种研究（北方）中心引进，湖北省烟草科学研究院保存。

特征特性 株式塔形，株高 51.9 ～ 128.0 cm，叶数 17.4 ～ 22.4 片，茎围 10.1 ～ 11.8 cm，节距 1.9 ～ 8.7 cm，腰叶长 63.5 ～ 74.4 cm、宽 26.3 ～ 39.0 cm，茎叶角度大；叶形长椭圆，无叶柄，叶尖尾状，叶面略皱，叶缘微波状，叶耳中，叶片主脉粗细中等，主侧脉夹角中等，叶色黄绿，叶肉组织稍粗糙，叶片厚薄中等偏厚；花序密集，花色白。移栽至现蕾 46 ～ 64 d，移栽至中心花开放 55 ～ 70 d，大田生育期 99 ～ 113 d。前期生长缓慢，后期长势强，耐肥。亩产量 102.90 ～ 185.15 kg，上中等烟率 2.44% ～ 84.05%。

外观质量 原烟颜色正黄至红黄，结构疏松至稍密，身份适中至稍厚，油分有至稍有，光泽尚鲜明，色度中。单叶重 7.17 g。

化学成分 总植物碱含量1.34% ~ 4.29%，总氮含量1.65% ~ 3.00%，总糖含量3.37% ~ 12.11%，还原糖含量4.37% ~ 4.83%，钾含量0.83% ~ 4.80%。

评吸质量 香气质中等至较好，香气量有至较足，浓度中等至较浓，劲头中等，杂气有至较轻，刺激性有，余味尚舒适，燃烧性中等。

抗 病 性 抗黑胫病，中抗赤星病和PVY，中感青枯病、TMV和CMV。

寸三皮

大宁旱烟

品种编号 HBSSW009

品种来源 山西省临汾市大宁县地方晒烟品种，湖北省烟草科学研究院保存。

特征特性 株式筒形，株高103.4 ~ 162.3 cm，叶数17.2 ~ 26.4片，茎围6.3 ~ 9.8 cm，节距3.1 ~ 5.9 cm，腰叶长45.7 ~ 67.7 cm、宽19.8 ~ 26.8 cm，茎叶角度中等；叶形长椭圆，无叶柄，叶尖急尖，叶面略皱，叶缘波浪状，叶耳小，叶片主脉粗细中等，主侧脉夹角中偏大，叶色浅绿，叶肉组织稍粗糙，叶片较厚；花序密集，花色淡红。移栽至现蕾45 ~ 59 d，移栽至中心花开放47 ~ 65 d，大田生育期99 ~ 118 d。田间长势弱，耐肥，不耐旱。亩产量66.00 ~ 167.26 kg，上等烟率13.04% ~ 30.12%，上中等烟率70.41% ~ 91.67%。

外观质量 原烟颜色正黄至红黄，结构疏松至稍密，身份适中至较厚，油分有至多，光泽鲜明，色度浓至强。单叶重7.4 ~ 8.1 g。

化学成分 总植物碱含量1.48% ~ 4.06%，总氮含量1.72% ~ 2.87%，总糖含量10.41% ~ 19.94%，还原糖含量14.21%，钾含量0.94% ~ 2.80%。

评吸质量 香气质中等至好，香气量尚足至足，浓度较淡至中等，劲头适中至较大，杂气有至微有，刺激性有至微有，余味尚舒适，燃烧性中等。

抗 病 性　中抗根结线虫病和CMV,中感黑胫病、赤星病、TMV、PVY和丛顶病,感青枯病和烟蚜。

大宁旱烟

大肉香

品种编号　HBSSW010

品种来源　产地不详,湖北省烟草公司十堰市公司于2012年从中国烟草遗传育种研究(北方)中心引进,湖北省烟草科学研究院保存。

特征特性　株式塔形,株高161.4 ~ 172.6 cm,叶数26.6 ~ 31.0片,茎围8.6 ~ 9.1 cm,节距3.9 ~ 4.4 cm,腰叶长47.1 ~ 57.6 cm、宽25.2 ~ 26.9 cm,上下叶片分布均匀,茎叶角度中;叶形宽椭圆,无叶柄,叶尖渐尖,叶面略皱,叶缘波浪状,叶耳中偏大,叶片主脉细,主侧脉夹角较大,叶色绿,叶肉组织稍粗糙,叶片较厚;花序密集,花色淡红偏白。移栽至现蕾54 d,移栽至中心花开放62 ~ 72 d,大田生育期95 ~ 100 d。田间长势中等,不耐肥。亩产量82.30 ~ 150.76 kg,上中等烟率14.17% ~ 88.78%。

外观质量　原烟颜色深黄至红黄,结构疏松至尚疏松,身份适中,油分有,光泽尚鲜明,色度中。单叶重9.1 g。

化学成分　总植物碱含量1.34% ~ 4.57%,总氮含量1.63% ~ 2.79%,总糖含量6.75% ~ 16.90%,还原糖含量14.55%,钾含量1.23% ~ 1.79%。

评吸质量　香气质中等,香气量尚充足,浓度中等,劲头中等,有杂气,有刺激性,余味尚舒适,燃烧性中等。

抗 病 性　抗PVY,中抗根结线虫病,感黑胫病、青枯病和CMV。

大肉香

大叶密合

品种编号 HBSSW011

品种来源 广东省肇庆市封开县地方晒黄烟品种，湖北省烟草科学研究院于 2016 年从中国烟草总公司广东省公司引进，湖北省烟草科学研究院保存。

特征特性 株式筒形，株高 145.0 ~ 156.4 cm，叶数 23.0 ~ 29.0 片，茎围 8.5 ~ 9.4 cm，节距 3.9 ~ 5.8 cm，腰叶长 48.0 ~ 61.4 cm、宽 28.0 ~ 37.4 cm，上下叶片分布尚均匀，茎叶角度较大；叶形心脏形，有叶柄，叶尖钝尖，叶面略皱，叶缘波浪状，叶耳小，叶片主脉细，主侧脉夹角较大，叶色绿，叶肉组织尚细致，叶片厚薄中等；花序密集，花色淡红。移栽至中心花开放 54 d，大田生育期 90 ~ 100 d。田间长势强。亩产量 136.85 kg，上等烟率 15.38%。上中等烟率 88.65%。

外观质量 原烟深黄至红黄，结构尚疏松至稍密，身份适中至稍厚，油分多，色度浓至强。

化学成分 总植物碱含量 2.39%，总氮含量 2.10%，总糖含量 15.48%，还原糖含量 3.35%，钾含量 2.92%。

评吸质量 香气质较好，香气量尚足，香气尚足，浓度中等，劲头较大，微有杂气，微有刺激性，吃味纯净，燃烧性强。

抗 病 性 抗青枯病，中感赤星病、TMV、CMV 和 PVY，易感黑胫病。

奉节大叶子烟

品种编号 HBSSW012

品种来源 重庆市奉节县地方晒烟品种，湖北省烟草科学研究院保存。

特征特性 株式塔形，株高 166.0 cm，茎围 9.5 cm，节距 4.0 cm，叶数 17.6 片，腰叶长 62.8 cm、宽 35.7 cm，下部叶片着生较密，茎叶角度大；叶形椭圆，有短叶柄，叶尖渐尖，叶面略皱，叶缘波浪状，叶耳小，叶片主脉粗细中等，主侧脉夹角较大，叶色绿，叶肉组织细致，叶片较厚；花序密集，花色淡红。移栽至现蕾 46 d，移栽至中心花开放天数 60 d，大田生育期 110 d。

抗病性 抗黑胫病，田间表现为叶部病害轻。

大叶密合

奉节大叶子烟

奉节小毛烟

品种编号 HBSSW013

品种来源 重庆市奉节县地方晒烟品种，湖北省烟草科学研究院保存。

特征特性 株式塔形，株高 128.3 cm，茎围 11.5 cm，节距 2.5 cm，叶数 15.8 片，腰叶长 66.3 cm、宽 35.0 cm，下部叶片着生较密，茎叶角度较大；叶形椭圆，无叶柄，叶尖渐尖，叶面较皱，叶缘微波状，叶耳大，叶片主脉粗细中等，主侧脉夹角较小，叶色浓绿，叶肉组织细致，叶片较厚；花序密集，花色淡红。移栽至现蕾 44 d，移栽至中心花开放天数 59 d，大田生育期 109 d。

抗 病 性　抗黑胫病，田间表现为叶部病害轻。

奉节小毛烟

奉节叶子烟

品种编号　HBSSW014

品种来源　重庆市奉节县地方晒烟品种，湖北省烟草科学研究院保存。

特征特性　株式筒形，株高 143.4 cm，茎围 10.4 cm，节距 3.5 cm，叶数 17.2 片，腰叶长 63.0 cm、宽 35.1 cm，下部叶片着生相对较密，茎叶角度大；叶形椭圆，无叶柄，叶尖钝尖，叶面皱，叶缘皱折，叶耳大，叶片主脉较细，主侧脉夹角大，叶色绿，叶肉组织尚细致，叶片厚薄中等；花序密集，花色淡红。移栽至现蕾 46 d，移栽至中心花开放天数 60 d，大田生育期 112 d。

抗 病 性　抗黑胫病，田间表现为叶部病害轻。

奉节叶子烟

公会晒黄烟（浅色）

品种编号 HBSSW015

品种来源 广西壮族自治区贺州市公会镇地方晒黄烟品种，湖北省烟草科学研究院保存。

特征特性 株式筒形，株高 133.1 ~ 186.0 cm，叶数 31.0 ~ 46.0 片，茎围 11.0 ~ 12.1 cm，节距 2.6 ~ 3.6 cm，腰叶长 46.8 ~ 63.3 cm、宽 23.0 ~ 31.6 cm，茎叶角度较小，株型紧凑；叶形椭圆，无叶柄，叶尖钝尖，叶面略皱，叶缘波浪状，叶耳中，叶片主脉较细，主侧脉夹角较大，叶色浅绿，叶肉组织稍粗糙，叶片厚薄中等；花序密集，花色淡红。移栽至现蕾 65 ~ 68 d，移栽至中心花开放 73 ~ 76 d，大田生育期 103 ~ 109 d。田间长势中等，耐肥。亩产量 147.52 ~ 201.74 kg，上等烟率 29.80%，上中等烟率 45.57% ~ 90.88%。

外观质量 原烟颜色正黄至红黄，结构疏松至尚疏松，身份适中至稍薄，油分有至稍有，光泽尚鲜明，色度浓至强。单叶重 7.2 g。

化学成分 总植物碱含量1.02% ~ 3.24%,总氮含量1.90% ~ 2.75%,总糖含量11.39% ~ 21.81%,还原糖含量8.89%，钾含量1.54% ~ 2.67%。

评吸质量 香气质中等，香气量尚足，浓度中等，劲头中等至较大，杂气有至较轻，刺激性微有至略大，余味尚舒适，燃烧性强。

抗 病 性 抗TMV，中抗青枯病、根结线虫病、赤星病和PVY，中感黑胫病，感CMV，高感烟蚜。

公会晒黄烟（浅色）

公会晒黄烟（深色）

品种编号 HBSSW016

品种来源 广西壮族自治区贺州市公会镇地方晒黄烟品种，湖北省烟草科学研究院保存。

特征特性 株式塔形，株高 134.7 ~ 180.0 cm，茎围 6.0 ~ 11.3 cm，节距 3.8 ~ 5.9 cm，叶数

28.0 ~ 33.0 片, 腰叶长 40.2 ~ 60.3 cm、宽 23.7 ~ 31.7 cm, 茎叶角度中等, 株型紧凑; 叶形椭圆, 无叶柄, 叶尖急尖, 叶面略皱, 叶缘波浪状, 叶耳中, 叶片主脉粗细中等, 主侧脉夹角甚大, 叶色浅绿, 叶肉组织稍粗糙, 叶片厚薄中等; 花序分散, 花色淡红。移栽至现蕾 53 d, 移栽至中心花开放 65 ~ 112 d, 大田生育期 107 ~ 137 d。田间长势中等, 耐肥, 耐寒, 不耐旱。亩产量 60.80 ~ 165.70 kg。

外观质量 原烟颜色深黄, 结构疏松至稍密, 身份适中至薄, 油分有至多, 光泽鲜明。

化学成分 总植物碱含量 1.02% ~ 3.49%, 总氮含量 2.15% ~ 2.26%, 总糖含量 11.39% ~ 18.03%, 钾含量 1.41%。

评吸质量 香气质中等, 香气量尚足至足, 浓度中等至较浓, 劲头中等至较大, 有杂气, 有刺激性, 余味尚舒适, 燃烧性中至强。

抗 病 性 中抗青枯病和根结线虫病, 高感丛顶病, 感白粉病。

公会晒黄烟 (深色)

含瑞大瓢把烟 -1

品种编号 HBSSW017

品种来源 重庆市奉节县含瑞乡地方晒烟品种, 湖北省烟草科学研究院保存。

特征特性 株式橄榄形, 株高 137.0 cm, 茎围 10.8 cm, 节距 4.8 cm, 叶数 17.8 片, 腰叶长 72.5 cm、宽 36.6 cm, 上下叶片分布较均匀, 茎叶角度中等; 叶形椭圆, 无叶柄, 叶尖急尖, 叶面皱, 叶缘波浪状, 叶耳小, 叶片主脉粗细中等, 主侧脉夹角较大, 叶色绿, 叶肉组织细致, 叶片厚薄中等; 花序分散, 花色淡红。移栽至现蕾 51 d, 移栽至中心花开放 68 d, 大田生育期 112 d。

抗 病 性 抗黑胫病, 田间表现为叶部病害轻。

含瑞大瓢把烟 –1

含瑞大瓢把烟 –2

品种编号 HBSSW018

品种来源 重庆市奉节县含瑞乡地方晒烟品种，湖北省烟草科学研究院保存。

特征特性 株式橄榄形，株高 95.9 ~ 154.0 cm，茎围 8.2 ~ 9.4 cm，节距 4.0 ~ 6.4 cm，叶数 13.0 ~ 16.3 片，腰叶长 47.0 ~ 63.2 cm、宽 24.2 ~ 31.6 cm，下部叶片着生较密，茎叶角度大；叶形长卵圆，有短叶柄，叶尖渐尖，叶面较皱，叶缘波浪状，叶耳小，叶片主脉粗细中等，主侧脉夹角中等偏大，叶色绿，叶肉组织尚细致，叶片较厚；花序密集，花色淡红。移栽至现蕾 49 ~ 63 d，移栽至中心花开放 60 ~ 69 d，大田生育期 110 ~ 113 d。亩产量 99.78 ~ 127.51 kg，上中等烟率 28.45% ~ 66.78%。

外观质量 原烟颜色红黄至褐红，结构尚疏松至稍密，身份适中至稍厚，油分稍有至有，色度强至中。

化学成分 总植物碱含量 4.37%，总氮含量 1.06%，总糖含量 6.52%，还原糖含量 4.09%，钾含量 2.05%。

抗 病 性 中抗 TMV 和 CMV，中感 PVY，感黑胫病和青枯病。

含瑞大瓢把烟 –2

含瑞大乌烟

品种编号　HBSSW019

品种来源　重庆市奉节县含瑞乡地方晒烟品种，湖北省烟草科学研究院保存。

特征特性　株式塔形，株高96.5 ~ 119.7 cm，茎围8.5 ~ 9.6 cm，节距1.1 ~ 5.1 cm，叶数19.0 ~ 26.8 片，腰叶长53.6 ~ 73.7 cm、宽27.9 ~ 32.7 cm，下部叶片着生密，茎叶角度大；叶形椭圆，无叶柄，叶尖渐尖，叶面较平，叶缘微波状，叶耳中，叶片主脉稍细，主侧脉夹角大，叶色深绿，叶肉组织细致，叶片厚薄中等；花序密集，花色淡红。移栽至现蕾43 ~ 65 d，移栽至中心花开放46 ~ 73 d，大田生育期114 ~ 116 d。亩产量155.64 kg。

外观质量　原烟颜色棕黄，结构疏松，身份适中，油分稍有，色度中。

抗病性　抗黑胫病，田间表现为叶部病害轻。

含瑞大乌烟

蒋家烟

品种编号　HBSSW020

品种来源　湖南省怀化市地方晒烟品种，湖北省烟草公司十堰市公司于 2012 年从中国烟草遗传育种研究（北方）中心引进，湖北省烟草科学研究院保存。

特征特性　株式塔形，株高 115.8 ~ 206.4 cm，有效叶片 26.0 ~ 32.4 片，茎围 10.2 ~ 11.4 cm，节距4.0 ~ 5.2 cm，腰叶长65.8 ~ 66.8 cm、宽28.2 ~ 31.3 cm，茎叶角度中等，株型紧凑；叶形长椭圆，无叶柄，叶尖渐尖，叶面较平，叶缘微波状，叶耳中偏小，叶片主脉稍粗，主侧脉夹角较大，叶色绿，叶肉组织稍粗糙，叶片厚薄中等；花序密集，花色淡红。移栽至现蕾50 ~ 56 d，移栽至中心花开放60 ~ 64 d，大田生育期105 ~ 112 d。田间长势强，耐肥。亩产量159.40 ~ 185.30 kg，上中等烟率34.70% ~ 90.89%。

外观质量　原烟颜色红黄至红棕，结构尚疏松至紧密，身份适中至稍厚，油分有，光泽尚鲜明，色度强。

化学成分　总植物碱含量 4.23% ~ 5.03%，总氮含量 2.86% ~ 3.29%，总糖含量 4.38% ~ 10.95%，还原糖含量 2.75%，钾含量 0.98% ~ 1.86%。

评吸质量　香气质中等，香气量尚充足，浓度中等，劲头中等，有杂气，刺激性有至微有，余味尚舒适，燃烧性中等。

抗　病　性　抗黑胫病，中感青枯病和 TMV，感 CMV 和 PVY。

蒋家烟

金英

品种编号　HBSSW021

品种来源　广东省清远市地方晒烟品种，湖北省烟草公司十堰市公司于 2012 年从中国烟草遗传育种研究（北方）中心引进，湖北省烟草科学研究院保存。

特征特性　株式橄榄形，株高 121.0 ~ 167.4 cm，茎围 6.0 ~ 8.9 cm，节距 2.5 ~ 4.0 cm，叶数 31.0 ~ 35.5 片，腰叶长 35.9 ~ 54.2 cm、宽 12.4 ~ 20.5 cm，茎叶角度甚大，株型松散，叶形披针形，有长叶柄，叶尖渐尖，叶面较平，叶缘皱折，叶耳小近无，叶片主脉稍粗，主侧脉夹角中等，叶色绿，叶肉组织尚细致，叶片较厚；花序松散，花色淡红。移栽至现蕾 53 ~ 66 d，移栽至中心花开放 60 ~ 72 d，大田生育期 95 ~ 116 d。田间长势中等，耐肥。亩产量 101.10 ~ 134.75 kg，上中等烟率 40.00% ~ 90.83%。

外观质量　原烟颜色正黄至红黄，结构疏松至尚疏松，身份适中，油分稍有至多，光泽尚鲜明，色度中至强。单叶重 9.1 g。

化学成分　总植物碱含量 3.28% ~ 4.20%，总氮含量 2.41% ~ 3.28%，总糖含量 0.16% ~ 12.65%，还原糖含量 1.81%，钾含量 1.02% ~ 2.83%。

评吸质量 香气质中等,香气量尚充足至有,浓度中等,劲头中等,杂气有至微有,刺激性有至微有,余味尚舒适至较舒适,燃烧性中等至强。

抗病性 中抗青枯病,中感根结线虫病,感黑胫病、赤星病、TMV、CMV和PVY,高感烟蚜。

金英

龙岩晒烟

品种编号 HBSSW022

品种来源 福建省龙岩市地方晒烟品种,湖北省烟草公司十堰市公司于2012年从中国烟草遗传育种研究(北方)中心引进,湖北省烟草科学研究院保存。

特征特性 株式椭圆形,打顶株高136.5～211.2 cm,茎围8.7～10.2 cm,节距6.2～6.3 cm,叶数30.0～31.8片,腰叶长59.5～65.0 cm、宽21.2～27.7 cm,茎叶角度甚大,上下叶片分布均匀,叶片下披;叶形长卵圆,有叶柄,叶尖渐尖,叶面平,叶缘平滑,叶耳小,叶片主脉稍细,主侧脉夹角大,叶色绿,叶肉组织细致,叶片厚薄中等;花序松散,花色淡红。移栽至现蕾63 d,移栽至中心花开放72～78 d,大田生育期116～134 d。田间长势中等,耐肥。亩产量118.20～141.52 kg,上等烟率12.09%,上中等烟率91.33%。

外观质量 原烟颜色红黄至红棕,结构尚疏松,身份适中至稍厚,油分有,光泽鲜明,色度浓。

化学成分 总植物碱含量3.35%～4.74%,总氮含量2.65%～3.04%,总糖含量6.03%～18.85%,还原糖含量17.18%,钾含量0.79%～3.28%。

评吸质量 香气质中等至较好,香气量尚充足,浓度较淡至中等,劲头较小至中等,杂气有至微有,刺激性有至微有,余味尚舒适,燃烧性中。

抗 病 性　中抗 PVY，中感青枯病和根结线虫病，感黑胫病和赤星病，高抗烟蚜。

龙岩晒烟

穆棱护脖香

品种编号　HBSSW023

品种来源　黑龙江省穆棱市地方晒烟品种，湖北省烟草公司十堰市公司于 2011 年从中国烟草遗传育种研究（北方）中心引进，湖北省烟草科学研究院保存。

特征特性　株式塔形，株高 134.3 ~ 137.9 cm，茎围 6.7 ~ 9.4 cm，节距 4.1 ~ 7.3 cm，叶数 11.7 ~ 14.9 片，腰叶长 42.5 ~ 69.8 cm、宽 21.8 ~ 37.8 cm，茎叶角度大，下部叶片着生较密；叶形椭圆，无叶柄，叶尖渐尖，叶面较平，叶缘微波状，叶耳大，叶片主脉粗细中等，主侧脉夹角较大，叶色深绿，叶肉组织尚细致，叶片较厚；花序松散，花色红。移栽至现蕾 37 ~ 50 d，移栽至中心花开放 43 ~ 60 d，大田生育期 102 ~ 110 d。田间长势弱，腋芽生长势较强，耐肥。亩产量 85.46 ~ 115.13 kg，上中等烟率 36.57% ~ 63.32%。

外观质量　原烟颜色深黄至褐黄，结构疏松至尚疏松，身份适中至稍薄，油分有至稍有，光泽鲜明，色度弱至中。单叶重 7.5 g。

化学成分　总植物碱含量 3.24% ~ 7.08%，总氮含量 2.74% ~ 3.35%，总糖含量 1.77% ~ 6.79%，还原糖含量 1.57%，钾含量 1.17% ~ 2.42%。

评吸质量　香气质中等至较好，香气量尚足至较足，浓度中等，劲头中等至较大，杂气有至较轻，有刺激性，余味尚舒适，燃烧性中。

抗 病 性　中感黑胫病、青枯病和赤星病，感 TMV、CMV 和 PVY，高感烟蚜。

穆棱护脖香

宁乡晒烟

品种编号 HBSSW024

品种来源 湖南省长沙市宁乡市地方晒烟品种，湖北省烟草科学研究院保存。

特征特性 株式塔形，株高 127.4 ~ 151.7 cm，茎围 14.3 cm，节距 3.8 cm，叶数 28.0 ~ 28.9 片，腰叶长 68.0 ~ 69.5 cm、宽 29.9 ~ 31.9 cm，叶片上下分布较均匀，茎叶角度中等偏大，株型紧凑；叶形长椭圆，无叶柄，叶尖渐尖，叶面略皱，叶缘皱折，叶耳中，叶片主脉稍粗，主侧脉夹角大，叶色绿，叶肉组织尚细致，叶片厚薄中等；花序松散，花色淡红。移栽至现蕾 80 d，移栽至中心花开放 89 d，大田生育期 117 ~ 124 d。前期生长慢，耐肥。亩产量 154.10 ~ 191.30 kg，上中等烟率 53.90%。

外观质量 原烟颜色深黄，结构稍疏松，身份适中，油分有，光泽鲜明。

化学成分 总植物碱含量 2.21%，总氮含量 2.10%，总糖含量 14.90%，钾含量 1.45%。

评吸质量 香气质中等，香气量尚足，浓度较淡至中等，劲头较小至中等，有杂气，微有刺激性，余味尚舒适，燃烧性中等至强。

抗 病 性 抗黑胫病，田间表现为叶部病害轻。

牛舌头

品种编号 HBSSW025

品种来源 山东省临沂市地方晒烟品种，湖北省烟草科学研究院保存。

特征特性 株式筒形，株高 119.1 cm，茎围 7.0 cm，节距 6.0 cm，叶数 13.00 ~ 16.00 片，腰叶长 42.0 cm、宽 25.2 cm，茎叶角度大；叶形宽椭圆，无叶柄，叶尖渐尖，叶面略皱，叶缘微波状，叶耳中，叶片主脉粗细中等，主侧脉夹角大，叶色绿，叶肉组织细致，叶片厚薄中等；花序松散，花色淡红。移栽至现蕾 37 d，移栽至中心花开放 47 d，大田生育期 103 ~ 112 d。田间长势弱，耐肥。亩产量 56.1 kg。

外观质量　原烟颜色青黄，结构紧密，身份稍厚，油分少，光泽鲜明。

化学成分　总植物碱含量2.54%，总氮含量2.41%，总糖含量14.19%，钾含量0.87%。

评吸质量　香气质中等，香气量尚足，浓度中等，劲头中等，有杂气，有刺激性，余味尚舒适，燃烧性中等。

抗 病 性　抗黑胫病，田间表现为叶部病害轻。

宁乡晒烟

牛舌头

泡杆烟

品种编号　HBSSW026

品种来源　云南省施甸县地方晒烟品种，湖北省烟草公司十堰市公司于2012年从中国烟草遗传育种研究（北方）中心引进，湖北省烟草科学研究院保存。

特征特性 株式筒形，株高 110.3 ～ 211.0 cm，茎围 6.4 ～ 10.8 cm，节距 5.4 ～ 9.1 cm，叶数 15.5 ～ 22.0 片，腰叶长 36.3 ～ 59.3 cm、宽 21.0 ～ 42.5 cm，上下叶片分布较均匀，茎叶角度甚大；叶形宽椭圆，无叶柄，叶尖钝尖，叶面略皱，叶缘皱折，叶耳大，叶片主脉稍细，主侧脉夹角甚大，叶色深绿，叶肉组织稍粗糙，叶片厚薄中等；花序松散，花色淡红。移栽至现蕾 39 ～ 44 d，移栽至中心花开放 42 ～ 65 d，大田生育期 109 ～ 116 d。中间长势中等，耐肥。亩产量 80.8 ～ 140.3 kg，上等烟率 33.37%，上中等烟率 82.58%。

外观质量 原烟颜色红黄至红棕，结构疏松至稍密，身份适中，油分稍有至多，光泽尚鲜明至鲜明，色度强。

化学成分 总植物碱含量 3.21% ～ 4.62%，总氮含量 2.19% ～ 2.79%，总糖含量 5.54% ～ 8.26%，还原糖含量 6.50%，钾含量 0.59%。

评吸质量 香气质中等，香气量尚足，浓度较淡至中等，劲头较小至中等，杂气有至微有，有刺激性，余味较苦辣至尚舒适，燃烧性中等。

抗 病 性 高抗炭疽病，抗赤星病，感黑胫病、青枯病、TMV、CMV、PVY 和丛顶病。

泡杆烟

平南土烟

品种编号 HBSSW027

品种来源 广西壮族自治区平南县地方晒烟品种，湖北省烟草公司十堰市公司于 2012 年从中国烟草遗传育种研究（北方）中心引进，湖北省烟草科学研究院保存。

特征特性 株式塔形，株高 102.7 ～ 123.4 cm，茎围 7.8 ～ 10.9 cm，节距 2.4 ～ 3.8 cm，叶数 24.2 ～ 26.0 片，腰叶长 38.8 ～ 53.4 cm、宽 16.4 ～ 26.1 cm，茎叶角度较大；叶形长椭圆，无叶柄，叶尖渐尖，叶面平，叶缘波浪状，叶耳中，叶片主脉稍细，主侧脉夹角较大，叶色深绿，叶肉组织稍粗糙，叶片厚薄中等；花序密集，花色淡红。移栽至现蕾 54 ～ 63 d，移栽至中心花开放 61 ～ 70 d，大田生育期93 ~ 99 d。田间长势强,腋芽生长势强,耐肥。亩产量127.77 ~ 152.80 kg,上等烟率5.38%,上中等烟率78.64% ~ 83.15%。

外观质量　原烟颜色正黄至红黄,结构疏松至尚疏松,身份适中,油分有,光泽鲜明,色度强至中。单叶重5.05 g。

化学成分　总植物碱含量1.66% ~ 3.90%,总氮含量2.14% ~ 3.36%,总糖含量3.25% ~ 12.71%,还原糖含量1.56%,钾含量0.97% ~ 3.17%。

评吸质量　香气质中等至较好,香气量较足至足,浓度中等至较浓,劲头中等,杂气有至较轻,有刺激性,余味尚舒适至较舒适,燃烧性中等。

抗 病 性　抗黑胫病,中抗青枯病,中感根结线虫病、赤星病和PVY,感TMV和CMV,高感烟蚜。

平南土烟

青梗

品种编号　HBSSW028

品种来源　广东省南雄市地方晒黄烟品种,湖北省烟草公司十堰市公司于2012年从中国烟草遗传育种研究（北方）中心引进,湖北省烟草科学研究院保存。

特征特性　株式塔形,株高154.0 ~ 190.2 cm,茎围8.0 ~ 9.9 cm,节距5.0 ~ 6.8 cm,叶数18.6 ~ 27.7片,腰叶长53.3 ~ 60.4 cm、宽21.3 ~ 29.3 cm,茎叶角度较大,株型松散;叶形长卵圆,有叶柄,叶尖尾尖,叶面较皱,叶缘微波状,叶耳小近无,主叶片脉粗细中等,主侧脉夹角较大,叶色绿,叶肉组织细致,叶片厚薄中等;花序松散,花色淡红偏白。移栽至现蕾51 ~ 65 d,移栽至中心花开放57 ~ 73 d,大田生育期99 ~ 122 d。适应性广,田间长势中等,腋芽生长势较强,耐旱,不耐肥,亩产量95.62 ~ 158.00 kg,上等烟率7.54%,上中等烟率79.69%。

外观质量 原烟颜色正黄至浅红黄,结构尚疏松至稍密,身份适中,油分有至多,光泽尚鲜明至鲜明,色度中至强。

化学成分 总植物碱含量1.09% ~ 4.41%,总氮含量1.53% ~ 3.18%,总糖含量13.35% ~ 21.20%,还原糖含量10.16% ~ 20.00%,钾含量1.24% ~ 3.41%。

评吸质量 香气质中等至较好,香气量有至较足,浓度中等至较浓,劲头较小至中等,杂气有至较轻,有刺激性,余味尚舒适,燃烧性中等至强。

抗 病 性 中抗黑胫病,中感赤星病和PVY,感青枯病、根结线虫、TMV和CMV,高感白粉病和烟蚜。

青梗

曲靖二号

品种编号 HBSSW029

品种来源 云南省曲靖市从曲靖一号中系统选育而成的晒烟品种,湖北省烟草公司十堰市公司于2012年从中国烟草遗传育种研究(北方)中心引进,湖北省烟草科学研究院保存。

特征特性 株式塔形,株高84.2 ~ 155.0 cm,茎围6.7 ~ 14.3 cm,节距2.4 ~ 6.0 cm,叶数15.8 ~ 26.0片,腰叶长43.8 ~ 72.3 cm、宽14.0 ~ 34.2 cm,茎叶角度甚大,叶片稍下披,株型松散;叶形长椭圆,无叶柄,叶尖渐尖,叶面平,叶缘平滑,叶耳中,叶片主脉稍粗,主侧脉夹角大,叶色绿,叶肉组织细致,叶片厚薄中等;花序松散,花色淡红。移栽至现蕾33 ~ 54 d,移栽至中心花开放46 ~ 62 d,大田生育期95 ~ 109 d。田间长势中等,耐肥。亩产量42.32 ~ 119.18 kg,上中等烟率26.63% ~ 90.93%。

外观质量 原烟颜色正黄至红棕,结构疏松,身份适中至稍薄,油分多,光泽尚鲜明,色度中至强。单叶重7.1 g。

　　化学成分　总植物碱含量2.71%～3.71%，总氮含量2.33%～3.64%，总糖含量8.13%～16.52%，还原糖含量14.00%，钾含量0.74%～2.96%。

　　评吸质量　香气质中等至较好，香气量有至尚足，浓度中等，劲头中等，有杂气，有刺激性，余味较苦辣至尚舒适，燃烧性中等。

　　抗病性　中抗赤星病、CMV和PVY，中感黑胫病、青枯病、TMV和丛顶病。

曲靖二号

仍尔土烟

　　品种编号　HBSSW030

　　品种来源　四川省昭觉县地方晒烟品种，湖北省烟草公司十堰市公司于2012年从中国烟草遗传育种研究（北方）中心引进，湖北省烟草科学研究院保存。

　　特征特性　株式塔形，株高82.7～122.8 cm，茎围4.0～6.1 cm，节距4.0～5.7 cm，叶数12.5～15.0片，腰叶长38.7～45.0 cm、宽14.0～21.9 cm，茎叶角度甚大，叶片稍下披，株型松散；叶形椭圆，无叶柄，叶尖渐尖，叶面较平，叶缘微波状，叶耳大，叶片主脉稍细，主侧脉夹角大，叶色绿，叶肉组织稍粗糙，叶片较厚；花序松散，花色淡红。移栽至现蕾36～41 d，移栽至中心花开放47～50 d，大田生育期95～100 d。田间长势弱，腋芽生长势强，耐肥。亩产量54.70～92.01 kg，上中等烟率28.45%～72.67%。

　　外观质量　原烟颜色深黄至红棕，结构尚疏松至稍密，身份适中至稍厚，油分有，光泽尚鲜明，色度中至强。单叶重8.2 g。

　　化学成分　总植物碱含量4.91%～5.64%，总氮含量2.90%～3.43%，总糖含量1.87%～8.23%，还原糖含量1.25%，钾含量0.48%～2.98%。

评吸质量　香气质中等至较好，香气量尚充足，浓度中等，劲头中等，有杂气，刺激性有至微有，余味尚舒适，燃烧性中。

抗病性　中抗PVY，中感根结线虫病、TMV和CMV，感青枯病。

仍尔土烟

双店大叶子烟

品种编号　HBSSW031

品种来源　重庆市奉节县双店村地方晒烟品种，湖北省烟草科学研究院保存。

特征特性　株式筒形，株高140.4 cm，茎围12.6 cm，节距4.5 cm，叶数16.4片，腰叶长75.4 cm、宽38.3 cm，中、下部叶片着生较密，茎叶角度中，株型紧凑；叶形椭圆，无叶柄，叶尖渐尖，叶面皱，叶缘波浪状，叶耳中，叶片主脉稍粗，主侧脉夹角小，叶色绿，叶肉组织尚细致，叶片厚薄中等；花序密集，花色淡红。移栽至现蕾45 d，移栽至中心花开放天数61 d，大田生育期112 d。

抗病性　抗黑胫病，田间表现为叶部病害轻。

双店乌烟

品种编号　HBSSW032

品种来源　重庆市奉节县双店村地方晒烟品种，湖北省烟草科学研究院保存。

特征特性　株式筒形，株高161.2 cm，茎围10.5 cm，节距4.7 cm，叶数17.2片，腰叶长65.2 cm、宽40.1 cm，叶片平展，茎叶角度甚大；叶形宽卵圆，无叶柄，叶尖渐尖，叶面较皱，叶缘微波状，叶耳小，叶片主脉稍细，主侧脉夹角大，叶色绿，叶肉组织稍细致，叶片厚薄中等；花序密集，花色淡红。移栽至现蕾51 d，移栽至中心花开放天数65 d，大田生育期112 d。亩产量96.29 kg，上中等烟率 68.01%。

外观质量 原烟颜色褐色，结构尚疏松，身份稍薄，油分稍有，色度中。

化学成分 总植物碱含量3.89%，总氮含量3.08%，总糖含量4.87%，还原糖含量3.97%，钾含量2.49%。

抗 病 性 中感青枯病、CMV 和 PVY，中抗 TMV。

双店大叶子烟

双店乌烟

塘蓬

品种编号 HBSSW033

品种来源 原名密节企叶，广东省廉江市塘蓬镇地方晒烟品种，湖北省烟草科学研究院保存。

特征特性 株式椭圆形，株高 119.3 ~ 180.7 cm，茎围 8.4 ~ 11.7 cm，节距 3.7 ~ 4.8 cm，叶数 22.0 ~ 26.7 片，腰叶长 49.3 ~ 56.8 cm、宽 16.0 ~ 20.4 cm，茎叶角度小，叶片直立，株型紧凑；叶形披针形，有长叶柄，叶尖尾状，叶面较皱，叶缘波浪状，叶耳小近无，叶片主脉稍粗，主侧脉夹角大，叶色绿，叶肉组织稍粗糙，叶片厚薄中等；花序松散，花色淡红。移栽至现蕾 51 d，移栽至中心花开放 59 d，大田生育期 105 ~ 111 d。田间长势中等，腋芽长势弱，耐肥，抗风，耐寒，不耐旱。亩产量 102.60 ~ 157.00 kg。

外观质量　原烟颜色红黄至红棕，结构疏松至尚疏松，身份适中，油分稍有，光泽鲜明至尚鲜明，色度弱。

化学成分　总植物碱含量 1.32% ~ 3.58%，总氮含量 2.07% ~ 3.35%，总糖含量 2.72% ~ 15.39%，还原糖含量 1.73% ~ 14.50%，钾含量 2.17% ~ 2.42%。

评吸质量　香气质中等至尚好，香气量有至尚足，浓度较浓，劲头中等，有杂气，有刺激性，余味尚舒适，燃烧性中等至强。

抗病性　对白粉病免疫（隐性基因遗传），中抗 TMV 和赤星病，感黑胫病、青枯病、根结线虫病、CMV 和 PVY，高感丛顶病，蚜虫危害极少。

塘蓬

铁杆子

品种编号　HBSSW034

品种来源　四川省什邡市地方晒烟品种，湖北省烟草科学研究院保存。

特征特性　株式塔形，株高 131.2 ~ 140.0 cm，茎围 6.9 ~ 12.4 cm，节距 4.9 ~ 9.0 cm，叶数 17.6 ~ 20.0 片，腰叶长 49.9 ~ 77.0 cm、宽 27.4 ~ 48.0 cm，叶片上下分布较均匀，茎叶角度中等偏大，株型松散；叶形椭圆，无叶柄，叶尖渐尖，叶面略皱，叶缘波浪状，叶耳中，叶片主脉稍细，主侧脉夹角大，叶色绿，叶肉组织稍粗糙，叶片厚薄中等；花序密集，花色淡红偏白。移栽至现蕾 39 ~ 52 d，移栽至中心花开放 46 ~ 58 d，大田生育期 111 ~ 124 d。田间长势中至强，不耐肥，亩产量 96.40 ~ 181.39 kg。

外观质量 原烟颜色正黄至红黄，结构尚疏松至疏松，身份稍厚至适中，油分有至较多，光泽鲜明。

化学成分 总植物碱含量 2.12% ~ 2.55%，总氮含量 2.22% ~ 2.27%，总糖含量 8.43% ~ 16.78%，还原糖含量 6.05%，钾含量 0.83%。

评吸质量 香气质中等，香气量尚足，浓度中等，劲头中等，有杂气，有刺激性，余味尚舒适，燃烧性中等。

抗 病 性 中抗赤星病，感黑胫病、青枯病及根结线虫病。

铁杆子

巫山大南烟

品种编号 HBSSW035

品种来源 重庆市巫山县地方晒烟品种，湖北省烟草科学研究院保存。

特征特性 株式塔形，株高 98.1 ~ 110.3 cm，茎围 9.5 ~ 9.9 cm，节距 4.5 ~ 4.9 cm，叶数 15.0 ~ 19.0 片，腰叶长 67.7 ~ 75.1 cm、宽 32.4 ~ 33.3 cm，下部叶片着生较密，茎叶角度大，腋芽生长势较强；叶形长椭圆，无叶柄，叶尖渐尖，叶面略皱，叶缘波浪状，叶耳中，叶片主脉稍细，主侧脉夹角中等，叶色绿，叶肉组织细致，叶片厚薄中等；花序松散，花色淡红。移栽至现蕾 39 ~ 44 d，移栽至中心花开放天数 42 ~ 47 d，大田生育期 113 ~ 116 d。

抗 病 性 抗黑胫病，田间表现为叶部病害轻。

巫山大南烟

巫溪大青烟 -1

品种编号 HBSSW036

品种来源 重庆市巫溪县地方晒烟品种,湖北省烟草科学研究院保存。

特征特性 株式塔形,株高 90.6 ~ 139.0 cm,茎围 8.5 ~ 9.0 cm,节距 3.8 ~ 5.2 cm,叶数 13.0 ~ 19.6 片,腰叶长 57.0 ~ 64.2 cm、宽 28.8 ~ 34.2 cm,下部叶片着生较密,茎叶角度甚大,叶片稍下披;叶形长卵圆,有短叶柄,叶尖渐尖,叶面较平,叶缘微波状,叶耳小,叶片主脉稍粗,主侧脉夹角中等,叶色深绿,叶肉组织尚细致,叶片稍厚;花序密集,花色淡红。移栽至现蕾 44 ~ 66 d,移栽至中心花开放 47 ~ 69 d,大田生育期 101 ~ 120 d。

抗 病 性 感黑胫病,田间表现为叶部病害轻。

巫溪大青烟 -2

品种编号 HBSSW037

品种来源 重庆市巫溪县地方晒烟品种,湖北省烟草科学研究院保存。

特征特性 株式塔形,株高 88.0 ~ 111.2 cm,茎围 8.7 ~ 9.4 cm,节距 5.6 cm,叶数 15.0 ~ 16.2 片,腰叶长 58.0 ~ 67.3 cm、宽 29.8 ~ 34.7 cm,下部叶片着生较密,茎叶角度甚大,叶片下披;叶形椭圆,无叶柄,叶尖渐尖,叶面较平,叶缘微波状,叶耳小,叶片主脉粗细中等,主侧脉夹角较大,叶色深绿,叶肉组织稍粗糙,叶片厚薄中等偏厚;花序松散,花色淡红。移栽至现蕾 40 ~ 50 d,移栽至中心花开放天数 43 ~ 56 d,大田生育期 102 ~ 115 d。

抗 病 性 感黑胫病,田间表现为叶部病害轻。

巫溪大青烟 –1

巫溪大青烟 –2

武鸣牛利

品种编号 HBSSW038

品种来源 广西壮族自治区南宁市武鸣地方晒烟品种，湖北省烟草公司十堰市公司于 2011 年从中国烟草遗传育种研究（北方）中心引进，湖北省烟草科学研究院保存。

特征特性 株式塔形，株高 129.2 ~ 142.7 cm，茎围 6.6 ~ 8.3 cm，节距 3.7 ~ 5.6 cm，叶数 19.0 ~ 24.0 片，腰叶长 44.7 ~ 52.5 cm、宽 17.9 ~ 24.2 cm，上下叶片分布尚均匀，茎叶角度较大，叶片稍下披，株型松散；叶形披针形（呈长剑或牛舌状），有叶柄，叶尖渐尖，叶面平，叶缘微波状，无叶耳，叶片主脉粗细中等，主侧脉夹角中等偏大，叶色绿，叶肉组织细致，叶片较厚；花序松散，花色淡红。移栽至现蕾 37 ~ 43 d，移栽至中心花开放 49 ~ 53 d，大田生育期 101 ~ 112 d。田间长势弱，耐肥，亩产量 74.50 ~ 79.10 kg。

外观质量 原烟颜色棕色或褐黄色，结构尚疏松至稍密，身份适中至较厚，油分有至稍有，光泽尚鲜明，色度中。

化学成分 总植物碱含量 2.44% ~ 5.19%，总氮含量 2.42% ~ 2.89%，总糖含量 8.08% ~ 10.81%，钾含量 0.72% ~ 1.64%。

评吸质量 香气质中等至尚好，香气量有至尚足，浓度中等至较大，劲头中等至较大，杂气有至微有，有刺激性，余味较苦辣至尚舒适，燃烧性中等。

抗病性 抗黑胫病，中感 PVY，感 TMV 和 CMV，易感赤星病。

武鸣牛利

仙游密节企叶

品种编号 HBSSW039

品种来源 福建省仙游县地方晒烟品种，湖北省烟草公司十堰市公司于 2012 年从中国烟草遗传育种研究（北方）中心引进，湖北省烟草科学研究院保存。

特征特性 株式塔形，株高 95.0 ~ 125.3 cm，茎围 6.0 ~ 6.9 cm，节距 2.6 ~ 3.7 cm，叶数 21.0 ~ 26.0 片，腰叶长 32.0 ~ 47.3 cm、宽 11.4 ~ 22.4 cm，茎叶角度大，株型松散；叶形长卵圆形，有长叶柄，叶尖渐尖，叶面较平，叶缘波浪状，叶耳小，叶片主脉细，主侧脉夹角较大，叶色绿，叶肉组织细致,叶片较厚;花序松散,花色淡红。移栽至现蕾49 d,移栽至中心花开放56 ~ 71 d,大田生育期99 ~ 106 d。田间长势中等,耐肥,抗风,耐寒,不耐旱。亩产量69.70 ~ 117.12 kg,上等烟率8.74%,上中等烟率85.34%。

外观质量 原烟颜色红黄,结构尚疏松,身份适中,油分有,光泽尚鲜明,色度中。

化学成分 总植物碱含量2.07% ~ 5.41%,总氮含量2.57% ~ 3.33%,总糖含量3.37% ~ 8.00%,还原糖含量1.56%,钾含量0.83% ~ 4.24%。

评吸质量 香气质中等至较好,香气量尚足至足,浓度中等至较浓,劲头中等,杂气有至较轻,有刺激性,余味尚舒适至较舒适,燃烧性中等。

抗 病 性 抗白粉病和CMV,感黑胫病、青枯病、根结线虫、赤星病、TMV和PVY,高感烟蚜。

仙游密节企叶

延吉自来红

品种编号 HBSSW040

品种来源 吉林省延吉市地方晒烟品种,湖北省烟草公司十堰市公司于2011年从中国烟草遗传育种研究(北方)中心引进,湖北省烟草科学研究院保存。

特征特性 株式橄榄形,株高96.4 ~ 103.2 cm,茎围7.8 ~ 8.5 cm,节距3.3 ~ 5.1 cm,叶数12.8 ~ 14.1片,腰叶长56.1 ~ 73.7 cm、宽28.7 ~ 37.2 cm,茎叶角度小,叶片直立,株型紧凑;叶形椭圆,无叶柄,叶尖急尖,叶面较平,叶缘微波状,叶耳中,叶片主脉较粗,主侧脉夹角大,叶色绿,叶肉组织稍粗糙,叶片厚薄中等偏厚;花序密集,花色红。移栽至现蕾37 ~ 54 d,移栽至中心花开放43 ~ 63 d,大田生育期97 ~ 102 d。田间长势中等,耐肥,亩产量69.79 ~ 101.55 kg,上中等烟率41.85% ~ 62.56%。

外观质量 原烟颜色红黄,结构疏松至稍密,身份适中至稍厚,油分少至多,光泽尚鲜明,色度弱至强。单叶重 13.0 g。

化学成分 总植物碱含量 3.82% ~ 5.88%，总氮含量 2.58% ~ 3.91%，总糖含量 4.51% ~ 11.85%，还原糖含量 4.24%，钾含量 1.37% ~ 1.84%。

评吸质量 香气质中等，香气量有至尚充足，浓度中等至较浓，劲头中等，有杂气，有刺激性，余味尚舒适，燃烧性中至强。

抗病性 中抗 PVY，感黑胫病、青枯病、根结线虫病和赤星病，高感 TMV。

延吉自来红

云阳柳叶烟

品种编号 HBSSW041

品种来源 重庆市云阳县地方晒烟品种，湖北省烟草公司十堰市公司于 2012 年从中国烟草遗传育种研究（北方）中心引进，湖北省烟草科学研究院保存。

特征特性 株式塔形，株高 45.8 ~ 77.0 cm，茎围 10.5 ~ 11.4 cm，节距 1.9 ~ 2.9 cm，叶数 19.0 ~ 21.2 片，腰叶长 54.4 ~ 67.5 cm、宽 26.7 ~ 29.7 cm，下部叶片着生密，茎叶角度大；叶形长椭圆，无叶柄，叶尖渐尖，叶面皱，叶缘微波状，叶耳中，叶片主脉较细，主侧脉夹角较大，叶色深绿，叶肉组织稍粗糙，叶片厚薄中等；花序松散，花色淡红偏白。移栽至现蕾 51 ~ 58 d，移栽至中心花开放 56 ~ 64 d，大田生育期 100 ~ 108 d。田间长势中等，耐肥。亩产量 123.80 ~ 161.94 kg，上中等烟率 35.92%。

外观质量 原烟颜色红黄，结构疏松，身份适中至较薄，油分有至少，光泽鲜明，色度中。单叶重 9.1 g。

化学成分 总植物碱含量 5.27% ~ 5.07%，总氮含量 3.82% ~ 3.86%，总糖含量 3.03% ~ 5.12%，钾含量 1.08% ~ 1.63%。

评吸质量 香气质中等，香气量尚足至较足，浓度中等，劲头较大，有杂气，有刺激性，余味尚舒适，燃烧性中等。

抗病性 抗黑胫病，田间表现为叶部病害轻。

云阳柳叶烟

转枝莲

品种编号　HBSSW042

品种来源　贵州省遵义市地方晒烟品种，湖北省烟草公司十堰市公司于 2012 年从中国烟草遗传育种研究（北方）中心引进，湖北省烟草科学研究院保存。

转枝莲

特征特性　株式塔形，株高 71.8 ~ 151.6 cm，茎围 9.0 ~ 11.7 cm，节距 2.5 ~ 5.2 cm，叶数 21.2 ~ 31.0 片，腰叶长 57.6 ~ 82.0 cm、宽 21.8 ~ 29.8 cm，下部叶片着生密，茎叶角度甚大，叶片下披；叶形披针形，有叶柄，叶尖渐尖，叶面皱折，叶缘皱折，叶耳小，叶片主脉较粗，主侧脉夹角小，叶色绿，叶肉组织细致，叶片厚薄中等；花序密集，花色淡红。移栽至现蕾 53 ~ 66 d，移栽至中心花开放 61 ~ 72 d，大田生育期 99 ~ 105 d。田间长势中等，耐肥，亩产量 161.30 ~ 191.54 kg。

外观质量　原烟颜色深黄至红黄，结构疏松至稍密，身份适中至稍厚，油分有至稍有，光泽鲜明，色度中。单叶重 9.67 g。

化学成分　总植物碱含量 2.80% ~ 4.38%，总氮含量 2.23% ~ 3.48%，总糖含量 3.02% ~ 14.53%，还原糖含量 2.37%，钾含量 0.97% ~ 1.09%。

评吸质量　香气质中等，香气量尚足，浓度较淡至中等，劲头较小至中等，有杂气，刺激性有至微有，余味尚舒适，燃烧性中等。

抗 病 性　中抗黑胫病、根结线虫病和 PVY，感青枯病、赤星病和 CMV，抗烟蚜。

三、黄花烟种质资源

南雄黄烟

品种编号　HBHGN001

品种来源　广东省南雄市地方晒黄烟品种，湖北省烟草科学研究院保存。

特征特性　株式筒形，打顶株高 36.4 cm，有效叶片 9 ~ 11 片，茎围 5.4 cm，节距 6.5 cm，腰叶长 29.3 cm、宽 22.6 cm，茎叶角度甚大，腋芽生长势较强；叶形心脏形，有叶柄，叶尖钝尖，叶面较皱，叶缘波浪状，无叶耳，叶片主脉细，主侧脉夹角较小，叶色深绿，叶肉组织细致，叶片较厚；花序松散，花色黄。移栽至现蕾 24 d，移栽至中心花开放 29 d，大田生育期 90 ~ 95 d。田间长势弱，耐肥。亩产量 30.00 kg。

外观质量　原烟颜色土黄色，身份厚，油分少，结构尚疏松，光泽尚鲜明。

化学成分　总植物碱含量 5.88%，总氮含量 3.14%，总糖含量 9.75%，氯含量 1.97%，钾含量 1.50%。

评吸质量　香气质中等，香气量尚充足，浓度中等，劲头较大，有杂气，微有刺激性，余味较苦辣至尚舒适，燃烧性差至中等。

抗 病 性　抗黑胫病，田间表现为叶部病害轻。

杨家扒兰花烟

品种编号　HBHGN002

品种来源　湖北省地方晒烟品种，湖北省烟草科学研究院保存。

特征特性　株式筒形，打顶株高 109.4 cm，有效叶片 11 ~ 12 片，茎围 5.2 cm，节距 5.7 cm，腰叶长 29.0 cm、宽 20.6 cm，茎叶角度甚大，腋芽生长势强；叶形卵圆形，有叶柄，叶尖钝尖，叶面较平，叶缘平滑，无叶耳，叶片主脉粗细中等，主侧脉夹角较大，叶色深绿，叶肉组织细致，叶片厚薄中等；花序松散，花色黄。移栽至现蕾 32 d，移栽至中心花开放 34 d，大田生育期 86 d。

抗病性　抗黑胫病，田间表现为叶部病害轻。

南雄黄烟

杨家扒兰花烟

秭归兰花烟

品种编号　HBHGN003

品种来源　湖北省宜昌市秭归县芸苔荒地方晒烟品种，湖北省烟草科学研究院保存。

特征特性　株式筒形，株高 80.7 cm，茎围 4.8 cm，节距 5.4 cm，有效叶数 10 ~ 12 片，中部叶长 24.7 cm、宽 15.2 cm，茎叶角度较大，腋芽生长势强；叶形宽卵圆形，有叶柄，叶尖钝尖，叶面较平，叶缘平滑，叶耳无，叶片主脉细，主侧脉夹角较小，叶色绿，叶肉组织细致，叶片厚薄中等；花序密集，花色黄。移栽至现蕾 25 d，移栽至中心花开放天数 29 d，全生育期 168 d。

抗病性　抗黑胫病，田间表现为叶部病害轻。

秭归兰花烟